ZUM ERMÜDUNGSVERHALTEN EINBETONIERTER KOPFBOLZENDÜBEL UNTER REALITÄTSNAHER BEANSPRUCHUNG IM VERBUNDBRÜCKENBAU

Vom Fachbereich

Architektur / Raum- und Umweltplanung / Bauingenieurwesen

der Universität Kaiserslautern

zur Verleihung des akademischen Grades

DOKTOR – INGENIEUR (Dr.-Ing.)

genehmigte

DISSERTATION

von

DIPL.-ING. ANDREAS LEFFER

aus Saarbrücken

Dekan:	Prof. Dr.-Ing. W. Böhm
1. Berichterstatter:	Prof. Dr.-Ing. H. Bode
2. Berichterstatter:	Prof. Dr.-Ing. G. Hanswille
3. Berichterstatter:	Prof. Dr.-Ing. M. Feldmann
Tag der Einreichung:	26.06.2002
Tag der mündlichen Prüfung:	11.12.2002
Vorsitzender:	Prof. Dr.-Ing. W. Ramm

Kaiserslautern 2002

D 386

Andreas Leffer

ZUM ERMÜDUNGSVERHALTEN EINBETONIERTER KOPFBOLZENDÜBEL UNTER REALITÄTSNAHER BEANSPRUCHUNG IM VERBUNDBRÜCKENBAU

ibidem-Verlag
Stuttgart

Bibliografische Information Der Deutschen Bibliothek

Die Deutsche Bibliothek verzeichnet diese Publikation in der Deutschen Nationalbibliografie; detaillierte bibliografische Daten sind im Internet über <http://dnb.ddb.de> abrufbar.

∞

Gedruckt auf alterungsbeständigem, säurefreien Papier
Printed on acid-free paper

ISBN: 3-89821-268-8

Printed in Germany

VORWORT

Die vorliegende Arbeit entstand während meiner Tätigkeit als wissenschaftlicher Mitarbeiter im Fachgebiet Stahlbau der Universität Kaiserslautern in den Jahren 1998 bis 2002.

Mein herzlicher Dank gilt besonders Herrn Prof. Dr.-Ing. H. Bode für das Vertrauen, dass er in mich und meine Arbeit gesetzt hat. Ich möchte mich für die vielfältige fachliche, aber auch menschliche Unterstützung bedanken, vor allem aber dafür, dass er trotz seiner leider angeschlagenen Gesundheit dennoch das Referat für diese Arbeit übernommen hat. Die Zeit am Lehrstuhl und die vielen (oft auch Nerven raubenden) Stunden im Labor für Konstruktiven Ingenieurbau werde ich immer in bleibender Erinnerung behalten. Für die große Unterstützung, die ich dort durch unsere Arbeiter, durch Kollegen und Studenten erfahren habe, möchte ich mich herzlich bedanken.

Herrn Prof. Dr.-Ing. G. Hanswille und Herrn Prof. Dr.-Ing. M. Feldmann danke ich für die Übernahme der Korreferate und Herrn Prof. Dr.-Ing. W. Ramm für die Übernahme des Vorsitzes der Prüfungskommission.

Herrn Prof. Dr.-Ing. M. Feldmann möchte ich für sein reges Interesse und die vielen Anregungen danken, mit denen er in nur kurzer Zeit noch zur Fertigstellung dieser Arbeit beigetragen hat. Ich wünsche Ihm an dieser Stelle viel Erfolg und das nötige Quäntchen Glück bei der Erfüllung seiner neuen großen Herausforderung.

Meinen Kollegen, allen voran Herrn Dr.-Ing. C. Odenbreit und Herrn Dr.-Ing. M. Mensinger, danke ich für Ihre mehr als freundschaftliche Unterstützung, für die ständige Gesprächsbereitschaft und vor allem für Ihre unermüdlichen Ermunterungen, trotz mancher Widrigkeiten nicht aufzugeben.

Herrn Dr.-Ing. habil. R. Meiswinkel und Herrn Dr.-Ing. H. Rahm danke ich für Ihre Unterstützung und die Weiterentwicklung von FEMAS zur Durchführung zahlreicher FEM Berechnungen.

Bedanken möchte ich mich auch bei Herrn Dipl.-Ing. G. Leffer, der mich mit Rat und Tat bei den Untersuchungen des Schweißdetails unterstützt hat, die sehr wesentlich zum Verständnis der Problematik beigetragen haben.

Den Studierenden, die mich durch die gewissenhafte Anfertigung Ihrer Studien- und Diplomarbeiten unterstützt haben, möchte ich ganz herzlich für Ihr Engagement und Ihre Geduld danken.

Den „Jungs“, zum einen meinen langjährigen HiWis Herrn Dipl.-Ing. D. Tschickardt, Herrn Dipl.-Ing. T. Pinger und Herrn Dipl.-Ing. A. Schmackpfeffer und zum anderen Herrn Dipl.-Ing. H. Gesella, Herrn Dipl.-Ing. J. Klein und Herrn Dipl.-Ing. B. Abeln, kann ich einfach nur Danke sagen für eine in jeder Hinsicht großartige gemeinsame Zeit, die ich sicher nie vergessen werde. Ich wünsche Ihnen auf Ihrem weiteren beruflichen und privaten Weg alles Gute und dass sie all das schaffen mögen, wovon sie immer geträumt haben.

Abschließend möchte ich mich bei meinem Vater bedanken, der mir in den Jahren meiner beruflichen Ausbildung stets den "Rücken frei" gehalten hat, mir immer ein Vorbild an Einsatz und Leistungsbereitschaft war und der immer die Zeit und die richtigen Worte gefunden hat, mir ein Stück weiter zu helfen.

Saarbrücken, im Dezember 2002

Andreas Leffer

INHALTSVERZEICHNIS

Zusammenfassung

Die vorliegende Arbeit behandelt das Ermüdungsverhalten einbetonierter Kopfbolzendübel (KD) in Vollbetonplatten. Dabei wird das im Rahmen der Harmonisierung der Europäischen Normung bevorstehende Nachweiskonzept für den Nachweis der Ermüdung anhand eines deduktiven Vorgehens überprüft.

Es werden Zweifeldverbundträger unter einer realitätsnahen Belastungsfolge vorgestellt. Mit Hilfe einer neu entwickelten Messmethode können die sukzessiven Versagensvorgänge entlang der nichtruhend beanspruchten Verbundfuge exakt beschrieben werden.

Aus den Trägerversuchen werden *Wöhler*linien (Ermüdungsfestigkeitskurven) abgeleitet, welche zum einen die Beurteilung der Lebensdauern unter Anwendung elementar statischer Methoden zur Berechnung der auftretenden Dübelbeanspruchungen (Nennspannungskonzept) ermöglichen. Zum anderen werden Wöhlerlinien vorgestellt, die auf der Grundlage einer nichtlinearen Berechnung unter Berücksichtigung der Dübelnachgiebigkeit verwendet werden können. In beiden Fällen kann die *Miner*-Regel als lineare Schadensakkumulationshypothese angewendet werden, allerdings muss zwischen der Beanspruchungsart (Wechsel- oder Schwellbeanspruchung) unterschieden werden.

Anhand neuer, wegkontrollierter Push-Out Versuche wird eine analytische Beziehung zur Beschreibung des zyklischen Materialverhaltens abgleitet, die es ermöglicht, die nichtlinearen Dübelkräfte unter Berücksichtigung der Dübelnachgiebigkeit und des Schlupfzuwachses bei gegebenem oder gemessenem Schlupfverlauf direkt, sozusagen „von Hand“, zu berechnen.

Außerdem wird mit Hilfe dieser Versuche ein eigenständiges, neues Bemessungskonzept („Örtliches Konzept“) in ersten Ansätzen erarbeitet, welches auf der Bezugsgröße Schlupf basiert. Dazu werden die analytischen Ansätze des bekannten Örtlichen Konzeptes transformiert.

In einem eigenen Kapitel wird das Schweißdetail „aufgeschweißter Kopfbolzendübel“ unter Verwendung des „Bolzenschweißens mit Hubzündung“ hinsichtlich seiner Eignung für die Anwendung in nicht ruhend beanspruchten Konstruktionen mit Makroschliffen untersucht.

Abstract

This thesis deals with the (high – cycle) fatigue behavior of headed shear studs under cyclic loading. The design rules for the verification of the fatigue endurance according to EC4, part 2 are checked with both beam and push-tests.

Six large-scale tests on the fatigue behaviour of headed studs in the hogging region of continuous composite beams have been performed. For this purpose a new simulation of the crossing of vehicles has been developed in order to investigate the fatigue behaviour of the shear connection in the hogging region under realistic loading. A new method to measure the moment of shear stud failure allows the ongoing failure process along the longitudinal shear connection to be described exactly.

Two new sets of fatigue strength curves are derived from the beam tests. They can be applied using either nominal stress ranges or using the stress ranges derived from a non-linear calculation with respect to the studs' ductility. In both cases Miner's rule can be used as the damage accumulation law, however it has to be distinguished between unidirectional or alternating cyclic loading.

With a new set of displacement controlled push-tests, an analytical relationship for the description of cyclic material behaviour of headed shear studs is derived. This can be used to calculated the non-linear shear forces under consideration of the studs' ductility and the incremental slip development for a given or a measured slip development without using FEM.

Besides that, the push-tests are used to derive a new design concept, using the slip as the determinant factor (modified local approach concept). The well known analytical relationships from the classical local approach concept are transformed.

In an independent chapter of this thesis, the suitability of the standard welding detail for its application in structures under non-static loading is discussed.

1 Einleitung

1.1 Allgemeines

25 v. Chr. verfasste der römische Baumeister und Architektur-Theoretiker *Vitruvius-Pollio* sein zehnteiliges Buch „De architectura".

Firmitatis, Utilatis, Venustatis waren die von *Vitruv* postulierten Prinzipien, die bis zum heutigen Tag ihre Gültigkeit behalten haben. Firmitatis ist die Haltbarkeit und die Standfestigkeit, wir sprechen heute im allgemeinen von der Tragfähigkeit. Utilatis steht für die Nützlichkeit und Zweckentsprechung, im heutigen Verständnis handelt es sich um die Gebrauchstauglichkeit; mit Venustatis schließlich ist die Schönheit gemeint, der erfreuliche Anblick, Ästhetik und humane Proportion [1.1].

Bei der statischen Auslegung von Bauteilen, also der Beurteilung vor allem der Tragfähigkeit, war man dabei lange Zeit allein auf bereits vorhandene Erfahrungen angewiesen, wobei man keine Aussage darüber treffen konnte, wie ein Bauteil bei sich ändernder Belastung zu dimensionieren sei. Erst *Galileo Galilei* beschrieb in seinen 1638 veröffentlichten *Discorsi* [1.2], dass die Zusammenhänge zwischen den geometrischen Abmessungen eines Bauteiles und seiner Belastbarkeit teilweise nichtlinear sein können. Bis zur Mitte des 19. Jahrhunderts schufen dann zahlreiche Wissenschaftler die Grundlagen zur Auslegung eines Bauteiles unter statischer Belastung. Erwähnt seien hier beispielhaft: *Hooke* (*Hooke*'sches Gesetz, 1678), *Jakob Bernoulli* (Balkenbiegung, um 1700), *Euler* (Knickung, 1744), *Kirchhoff* (Plattentheorie, um 1860) und *de Saint-Vernant* (Torsion, um 1860).

Mit der Erfindung der Dampfmaschine und dem damit verbundenen Beginn der industriellen Revolution stellten sich ganz neue Anforderungen an die Baukonstruktionen, die von *Vitruv* formulierten Prinzipien erhielten eine andere Tragweite, und die Begriffe Dauerhaftigkeit und Gebrauchstauglichkeit erfuhren ganz neue Dimensionen. Bauteile, die lange ihre Funktion erfüllt hatten, versagten, obwohl das Belastungsniveau unverändert blieb. Daher mussten erstmals Konzepte zur Lebensdauerprognose von Bauteilen unter schwingender Beanspruchung entwickelt werden.

Die Widerstandsfähigkeit von Werkstoffen und Bauteilen gegenüber häufig wiederholten oder schwingenden Belastungen ist meist niedriger als gegenüber einmaliger statischer Belastung. Dieses Phänomen lässt sich durch den strukturellen Aufbau der Werkstoffe und mit mikro- und makroskopischen Verformungs- und Versagensvorgängen erklären. Sie werden in ihrer Verallgemeinerung als Werkstoff- oder Materialermüdung bezeichnet [1.3].

Der Ermüdungsprozess ist streng an die ständige Beanspruchungsumkehr gebunden und wird von ihr gesteuert. Die Differenz zwischen dem oberen und unteren Beanspruchungswert, die Beanspruchungsschwingbreite, ist die zur Beschreibung dieser Prozesse herausragende Beanspruchungsgröße. Gleichwertig ist die halbe Schwingbreite, die sogenannte Beanspruchungsamplitude. Erste systematische Untersuchungen des Zusammenhanges zwischen Belastungshöhe und der ertragbaren

Schwingspielzahl führte der Ingenieur *August Wöhler* etwa um 1860 an Eisenbahnachsen durch. Die von ihm gewählte Ergebnisdarstellung in Diagrammform ist auch heute noch gebräuchlich. Die Anfänge der systematischen Betriebsfestigkeitsforschung liegen nur etwa 65 Jahre zurück. Erst Ende der dreißiger Jahre wurde dieses Forschungsgebiet durch *E. Gaßner* für die Belange des Flugzeugbaus entwickelt [1.4]. Bereits 1965 hatte die Forschung auf dem Gebiet der Materialermüdung eine rasante Entwicklung erfahren, die Anzahl der wissenschaftlichen Publikationen stieg überproportional an. Bild 1.1 zeigt die Entwicklung nur der Veröffentlichungen der ASTM (**A**merican **S**ociety for **T**esting and **M**aterials) [1.5].

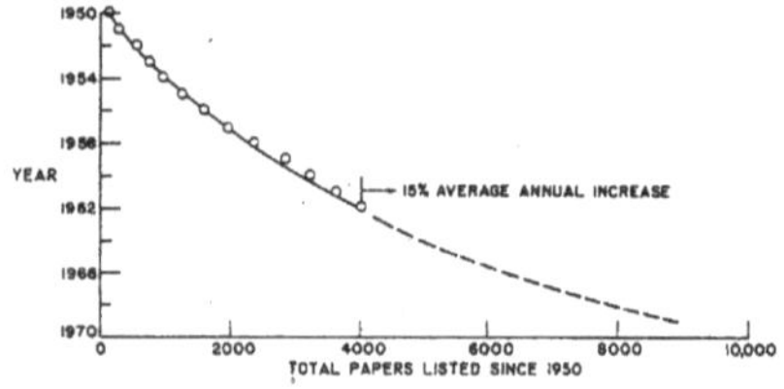

Bild 1.1 Entwicklung der Veröffentlichungen der ASTM-Publikationen von 1950 bis 1965 [1.5]

Manson [1.5] kommentierte diese Zahl der ASTM-Publikationen wie folgt:

"It is quite clear that, if a person wished to keep up with literature and read one report per working day, he would fall behind the order of 1 year for every year that he read. This would be true if he started with the knowledge of the existing literature; catching up the backlog would be almost impossible."

Die Vielzahl von Einflüssen und Einflussfaktoren, Bild 1.2, führten zu dieser schnellen Entwicklung dieses Forschungsgebietes. Nach *Seeger* [1.3] lassen sie sich in folgende Einflussgruppen ordnen: Lastfolgen, Beanspruchung, Werkstoff, Fertigung, Versagen, Umgebung.

Einflussgrößen zur Charakterisierung der *Lastfolge* sind beispielsweise das Spannungsverhältnis R bzw. $\overline{\mathrm{R}}$ und die Form (der Völligkeitsgrad) des Spannungskollektivs.

Die *Beanspruchung* in einem Bauteil resultiert aus seiner Geometrie bzw. Gestalt und der Belastungskonfiguration, d. h. aus der Art, dem Ort, der Richtung und der Anzahl der angreifenden Lasten. Sich daraus ergebende Einflussgrößen sind beispielsweise Spannungskonzentrationsfaktoren und Spannungsgradienten sowie örtliche und globale ein- und mehrachsige Spannungszustände.

Bild 1.2 Einfluss auf das Ermüdungsverhalten nach [1.5]

Der *Werkstoff* ist beispielsweise durch die chemische Zusammensetzung, den Gefügezustand (die Wärmebehandlung) sowie durch statische und zyklische Werkstoffkennwerte charakterisiert. Einflüsse aus der *Fertigung* sind z. B. Oberflächenrauhigkeiten, Eigenspannungen, Randschichtverfestigungen, Einschlüsse, Poren, Lunker, Schweißnaht-Einbrandkerben, Risse, usw. Das *Versagen* kann durch das Auftreten von definierten Anrissen oder durch den totalen Bruch des Bauteiles gekennzeichnet sein. Umgebungseinflüsse resultieren aus Temperatur- und Korrosionseinwirkungen.

Der überwiegende Teil der Forschung beschäftigte sich bisher mit metallischen Werkstoffen, gekerbten als auch kerbfreien Proben und Bauteilen sogenannter Mono-Bauweisen, d.h. Bauteile reiner Stahl– oder Metallkonstruktionen.

Die ständig wachsenden Anforderungen an die Wirtschaftlichkeit neuer Ingenieurbauwerke, sowohl was die Herstellung als auch Betrieb und Unterhaltung eines Bauwerkes angeht (Stichwort: lifecycle costs), führen jedoch dazu, dass die Grenzen zwischen den einzelnen Bauweisen immer weiter verschwimmen. Die „Mischbauweise" ist ein Schlagwort, dass gerade in jüngerer Vergangenheit immer mehr Einzug im Bauwesen erhält. Die Mischbauweise steht in diesem Zusammenhang als Oberbegriff für die sinnvolle und ingenieurmäßige Kombination unterschiedlicher Werkstoffe, entsprechend ihren spezifischen Eigenschaften. Eine schwierige Aufgabe insofern, als das wirkliche Tragverhalten solcher Strukturen oft von zumindest physikalisch nichtlinearem Verhalten geprägt wird.

Unter nicht ruhenden Beanspruchungen treten bei der Kombination unterschiedlicher Werkstoffe *zusätzliche* betriebsfestigkeitsrelevante Einflussparameter auf, die das sehr komplexe Gebiet der Betriebsfestigkeitsforschung weiter auffächern.

Gegenstand der vorliegenden Arbeit ist das Ermüdungsverhalten eines typischen Bauteils der Mischbauweise, dem aufgeschweißten, einbetonierten Kopfbolzendübel (KD). KD werden vor allem als Verbindungsmittel zur Übertragung der Schubkräfte in der Verbundfuge zwischen Stahlprofil und Betongurt im Stahl-Beton-Verbundbau eingesetzt wird, Bild 1.3 und Bild 1.4.

Der KD hat sich im Bereich des Hoch- und Industriebaus ebenso wie im Brückenbau (Bild 1.4) als Verbundmittel weitgehend durchgesetzt. Vor allem im Brückenbau sind sie infolge der Verkehrsbelastung planmäßig nicht ruhenden Beanspruchungen unterworfen, die zudem stochastischen Charakter haben.

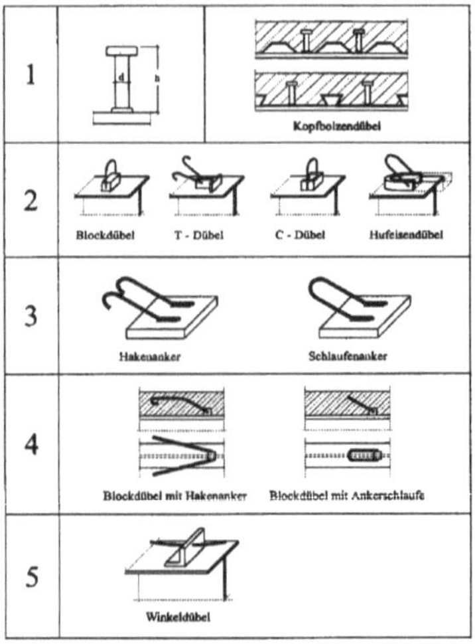

Bild 1.3 In Eurocode 4 geregelte Verbundmittel [1.8]

Für einbetonierte Kopfbolzendübel unter nicht ruhender Beanspruchung können generell die in Bild 1.6, Bild 1.5 und Bild 1.7 dargestellten Versagensformen beobachtet werden [1.9]. Die Typen „A“ und „B“ treten in der Regel im Feldbereich von Verbundträgern auf, wohingegen der Versagenstyp „C“ im negativen Momentenbereich beobachtet werden kann.

Bild 1.4 Verdübelung einer Verbundbrücke (Fotoquelle: DSD, Dillinger Stahlbau)

Hier kommt es durch das Absinken der Nulllinie infolge der Rissbildung im gezogenen Betongurt zu signifikanten Normalspannungsschwingbreiten im Obergurt des Stahlprofils, wodurch der Riss, der vom Rand der Kerbe ausgeht in den Stahlträgerflansch abgelenkt werden kann (senkrecht zur Richtung der Hauptzugspannungen). Der Versagenstyp „C“ führt zu einem globalen Versagen des Trägers innerhalb weniger zehntausend Lastwechsel, siehe Bild 1.8.

Bild 1.5 Versagenstyp „B“: Rissbeginn am Fuß des Schweißwulstes und Verlauf durch oder unterhalb der Schweißeinflusszone im Flansch

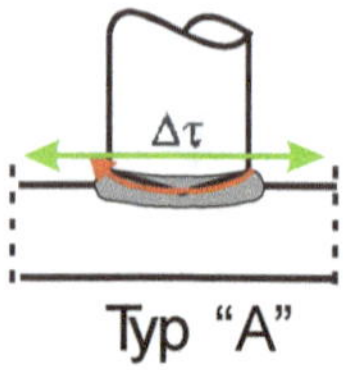

Stahlseite: Schweißwulst "steht" noch

Betonseite: Heraus "geschälter" Bolzen

Bild 1.6 Versagenstyp „A“: Rissbeginn am Bolzenschaft und Rissfortschritt durch den Schaft bzw. durch den Schweißwulst

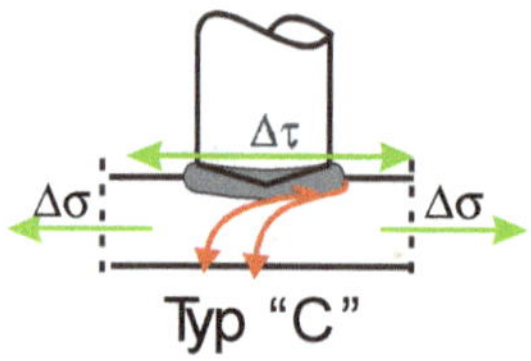

Bild 1.7 Versagenstyp „C“: Rissbeginn am Fuß des Schweißwulstes und Rissfortschritt durch den Flansch

Bild 1.8 Globales Trägerversagen infolge Versagenstyp „C“

1.2 Tragverhalten von Kopfbolzendübeln

Im statischen Fall existieren diverse Ingenieurmodelle [1.6 - 1.9] zur Beschreibung des lokalen Tragverhaltens. Ein wesentlicher Anteil der Schubkraft wird direkt über den Bolzenfuß abgetragen (Traganteil A). Die hohen Betonpressungen am Bolzenfuß führen bei Laststeigerung zu örtlichen Schädigungen des Betons am Bolzenfuß. Der innere Hebelarm wächst dadurch an, und der Bolzen wird verstärkt auf Biegung beansprucht (Traganteil B). Die Behinderung der vertikalen Dübelkopfverschiebung erzeugt eine Zugkraft im Dübelschaft und eine entsprechende Druckkraft zwischen Dübelkopf und Trägerflansch, die eine Traglaststeigerung durch Reibung zur Folge hat (Traganteile C und D).

Durch die Betonumgebung entsteht ein komplexes lokales Wechselspiel zwischen Beton, Dübelstahl und Schweißwulst, welches zudem bei statischer und erst recht unter zyklischer Belastung zeitlich veränderlich ist. Diese Veränderungen werden von *Oehlers* in [1.35] beschrieben. Der Tragmechanismus kann mit dem Tragverhalten eines auf einer Betonfläche gebetteten Stahlträgers angenähert werden, Bild 1.10.

Bild 1.10 zeigt eine allgemeine Druckverteilung entlang der Stahl-Beton Kontaktfläche für eine konstante Kraft 2F für verschiedene Kombinationen der Materialeigenschaften. Nimmt man den E-Modul des Stahlteiles E_s als unendlich groß an, so würde sich eine konstante Druckverteilung einstellen und der Hebelarm e der Resultierenden einer Hälfte würde gerade e = h/2 betragen.

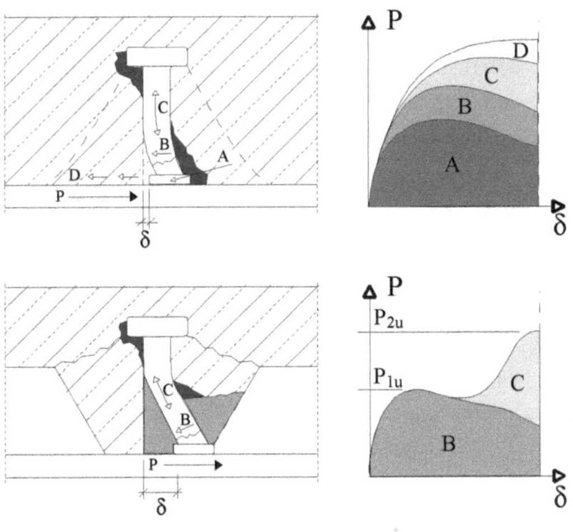

Bild 1.9 Tragmodell für Kopfbolzendübel in Vollbetonplatten und bei Verwendung von Profilblechen mit hohen Stegen im Grenzzustand der Tragfähigkeit [1.6 – 1.9]

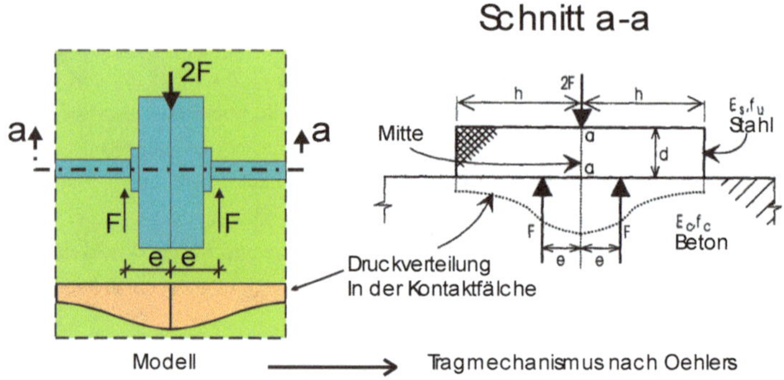

Bild 1.10 Lokales Dübeltragverhalten [1.35]

Der Querschnitt in der Mitte (Linie a-a in Bild 1.10 rechts) müsste demnach eine Querkraft F und ein Biegemoment der Größe F·h/2 aufnehmen. Im umgekehrten Fall, wenn $E_s \approx 0$ ist, kann das Stahlprofil als ein dünnes Blatt Papier idealisiert werden, und die resultierende Kraft F jeder Seite würde ziemlich exakt auf einer Linie mit der einwirkenden Kraft 2F liegen, $\Rightarrow e \approx 0$. Der Querschnitt a-a ist dann nur durch die Querkraft F beansprucht.

Mit den Materialeigenschaften des Betons verhält es sich gerade umgekehrt, eine Steigerung von E_c entspricht der Reduktion von E_s und umgekehrt. Die Größe der Exzentrizität e und damit die Größe der zusätzlichen Biegebeanspruchungen am Bolzenfuß sind demnach abhängig von dem Verhältnis E_c/E_s. Wird die Kraft 2F gesteigert, wird der Hebelarm e solange konstant bleiben, bis sich das Verhältnis E_c/E_s ändert; die Spannungen im Beton und auch im Stahl steigen an.

Erfährt der Beton früher als der Stahlteil eine Schädigung, so bedeutet dies eine Reduktion von E_c und hat eine Steigerung des Hebelarmes e zur Folge. Dadurch werden die Biegebeanspruchungen im Stahlteil weiter erhöht. Eine weitere Laststeigerung wird E_c zunehmend reduzieren, der Hebelarm e und damit auch die Biegebeanspruchungen wachsen weiter an, und zwar solange, bis erste Schäden an der maximal beanspruchten Stelle des Stahlteiles auftreten (Rissbeginn).

Der Rissbeginn entspricht einer Reduktion von E_s und führt damit zu einer Reduktion von e und einem Abbau der Biegebeanspruchungen am Bolzenfuß. Dies hat wiederum eine Steigerung der lokalen Pressungen zur Folge und damit eine neuerliche Zerstörung des Betons. Dies führt zu einer weiteren Reduktion von E_c, usw.

Diese Vorgänge sind schon im statischen Fall sehr komplex. Unter nicht ruhender Beanspruchung werden die Verhältnisse noch komplizierter, dennoch sind die lokalen Vorgänge ähnlich. Die zuvor beschriebenen Schädigungen im Beton oder im Stahlteil sind allerdings weniger auf Laststeigerungen zurück zu führen, sondern auf die wiederholte zyklische Beanspruchung.

Für nichtruhende Beanspruchungen auf dem Gebrauchslastniveau gibt es keine analytischen Ansätze zur Ermittlung der lokalen Dehnungen oder Spannungen unter Berücksichtigung dieser zyklischen Veränderungen. Darüber hinaus können diese auch nicht gemessen werden. Offensichtlich können die tatsächlich vorhandenen Spannungsschwingbreiten nur sehr ungenau abgeschätzt werden. Bedenkt man die Tatsache, dass bei „normalen" Betriebsfestigkeitsnachweisen reiner Stahlbaudetails die Beanspruchungen möglichst exakt zu bestimmen sind, z. B. auch unter Berücksichtigung von Sekundärspannungen in geschweißten Fachwerkkonstruktionen, und dass bereits in diesen Fällen z. T. erhebliche Abweichungen der Lebensdauerprognose von der tatsächlichen Lebensdauer auftreten, so ist zu erwarten, dass für den Fall der einbetonierten KD entsprechend weitaus größere Abweichungen akzeptiert werden müssen.

1.3 Zielsetzung der Arbeit

Mit der bevorstehenden Einführung der Europäischen Normung existiert für einbetonierte Kopfbolzendübel ein vollständiges, aus dem Stahlbau abgeleitetes Nachweisverfahren für den Grenzzustand der Tragfähigkeit einschließlich der Ermüdung einbetonierter KD, siehe Abschnitt 1.4. Dieses Konzept wurde <u>induktiv</u> an kraftgeregelten Scherversuchen unter zyklischer Einstufenbelastung erarbeitet, und die Übertragbarkeit auf reale Brückentragwerke wurde unter Einhaltung gewisser konstruktiver Randbedingungen vorausgesetzt, Abschnitt 1.4.4.

Zielsetzung dieser Arbeit ist es, dass Nachweiskonzept anhand eines <u>deduktiven</u> Vorgehens zu überprüfen und gegebenenfalls zu verbessern. Dazu werden großmaßstäbliche, durchlaufende Trägerversuche durchgeführt und vorgestellt, die einer realitätsnahen Belastungsfolge, im Gegensatz zu der sonst üblichen Einstufenbelastung, ausgesetzt werden. Die Versuchsträger werden entsprechend EC4, Teil 2 bemessen, und ihr wirkliches Ermüdungsverhalten wird mit den Bemessungsergebnissen verglichen. Mit neu erarbeiteten Messmethoden gelingt es, das tatsächliche Verhalten des hochgradig nichtlinearen Tragsystem, insbesondere die Versagensvorgänge entlang der nicht ruhend beanspruchten Verbundfuge, besser nachvollziehen und beschreiben zu können.

Es wird gezeigt, dass die Ermittlung der Dübelkräfte mit elementaren statischen Methoden keine ausreichend exakten Eingangswerte liefert, um die erreichbaren Lastwechselzahlen in jedem Fall sicher prognostizieren zu können. Erst durch die Berücksichtigung der Dübelnachgiebigkeit und des zyklischen Materialverhaltens einbetonierter KD wird es möglich, die Lebensdauern mit dem EC4-Konzept besser beschreiben zu können.

Werden diese nichtlinearen Einflüsse vernachlässigt, so zeigt sich, dass eine sichere Abschätzung der Dübellebensdauern mit einer deutlich konservativeren Ermüdungsfestigkeitskurve „erkauft" werden muss.

Eine allgemeingültige Beschreibung des zyklischen Materialverhaltens liegt bislang nicht vor. Ein möglicher Ansatz wird im Rahmen dieser Arbeit an neuen weggeregelten Push-Out Versuchen erarbeitet. Mit Hilfe dieses Ansatzes werden die Umlagerungsprozesse entlang der nicht ruhende beanspruchten Verbundfuge mit Hilfe der Methode der FEM gezeigt.

Darüber hinaus bietet der erarbeitete Ansatz die Möglichkeit, die Dübelkräfte für einen gegebenen Träger mit einem bekannten Schlupfverlauf „von Hand" berechnen zu können. Außerdem wird ein Örtliches Konzept in ersten Ansätzen erarbeitet, mit dessen Hilfe dann auch Restnutzungsdauerprognosen möglich wären. Allerdings reicht die durchgeführte Anzahl der Versuche noch nicht aus, um die analytischen Beziehungen in endgültiger Form zu präsentieren.

Mit Scherversuchen, die einer Belastung mit gemessenen Originalwegkollektiven der Trägerversuche ausgesetzt wurden, werden die tatsächlichen Auswirkungen von Modellunterschieden zwischen Scher- und Trägerversuchen auf das Ermüdungsverhalten untersucht. Es wird sich zeigen, dass weniger der Versuchsaufbau, als vielmehr die „richtigen" Eingangsdaten entscheidend für die Vergleichbarkeit der Ergebnisse sind.

Die vorliegende Arbeit liefert einen Beitrag zur weiteren Klärung des Ermüdungsverhaltens aufgeschweißter, einbetonierter Kopfbolzendübel. Die Schwerpunkte der Forschungsarbeit liegen dabei nicht auf Seiten der Bauwerksbelastung, sondern in den Bereichen der Übertragungsfunktion zur Bestimmung der ermüdungswirksamen Spannungen, des zyklischen Materialverhaltens einbetonierter KD und der Erarbeitung eines gegenüber Eurocode 4 modifizierten Konzeptes. Dies kann dann sowohl zum Nachweis gegen Ermüdung als auch zur Abschätzung der Restlebensdauer einbetonierter KD verwendet werden.

Darüber hinaus wird das Gebiet der Fertigung und Schweißdetails mit bewertet und das Standardschweißverfahren „Bolzenschweißen mit Hubzündung" hinsichtlich seiner Eignung für nicht ruhende Beanspruchungen diskutiert.

1.4 Zum Nachweis der Ermüdungsfestigkeit einbetonierter KD nach ENV 1994-2:1997 (EC 4, Teil 2) [1.13]

1.4.1 Das Nachweiskonzept

Durch die Harmonisierung der Europäischen Normung wird in [1.13] und [1.14] ein einheitliches Nachweiskonzept für den Grenzzustand der Ermüdung eingeführt, und damit werden teilweise stark vereinfachende, nationale Regelungen, z. B. in [1.15], durch neuere ersetzt. Bei der Erarbeitung des Betriebsfestigkeitsnachweises für Bauteile des Verbundbaus hat man sich streng an dem baupraktisch üblichen Nachweisformat des reinen Stahlbaus orientiert.

Das bedeutet:

- Verwendung von Nennspannungen.

- Übertragung des Anpassungsfaktors λ und der Anpassungsbeiwerte λ_1 - λ_4 aus dem Eisenbahnbrückenbau. Einzige Besonderheit ist hier der KD. Aufgrund einer anderen *Wöhler*linienneigung (vgl. Bild 1.11) muss hier der λ-Wert neu berechnet werden.
- Die ertragbaren Lastspielzahlen werden unter Verwendung schadensäquivalenter Schwingbreiten mit Hilfe von *Wöhler*linien (Ermüdungsfestigkeitskurven) berechnet.
- Zur Ermittlung der schadensäquivalenten Schwingbreiten wird die lineare Schädigungshypothese nach *Palmgren* und *Miner* verwendet.

Der Ermüdungsnachweis ist entsprechend den Regelungen des EC3 [1.16] demnach wie folgt zu führen:

$$\gamma_{Ff} \cdot \Delta\sigma_E \leq \frac{\Delta\sigma_R(\text{Kerbgruppe}, N_E)}{\gamma_{Mf}} \qquad \text{Gl. 1.1}$$

mit:

$\Delta\sigma_E$, N_E schadensäquivalente Schwingbreite mit zugehöriger Lastspielzahl.

$\Delta\sigma_R$ Kerbfallklasse, die entsprechend dem Konstruktionsdetail den Tabellen 9.8.1 bis 9.8.7 des EC3 zu entnehmen ist.

γ_{Ff} Teilsicherheitsbeiwert für die Ermüdungsbelastung, im allgemeinen $\gamma_{Ff} = 1{,}0$.

γ_{Mf} Teilsicherheitsbeiwert für die Ermüdungsfestigkeit.

γ_{Mf} variiert zwischen 1,00 und 1,35 abhängig davon, ob die betrachtete Stelle schwer zugänglich ist und ob beim Ermüdungsbruch begrenzte Folgen auftreten (schadenstolerant) oder ob das ganze Tragwerk versagt (nicht schadenstolerant).

1.4.1.1 Erforderliche Nachweise im Stahl-Beton Verbundbau

Im Grenzzustand der Ermüdung ist bei Verbundkonstruktionen ein Nachweis erforderlich für:

a) Aufgeschweißte Kopfbolzendübel

b) Baustahl

c) Beton- und Spannstahl (wird hier nicht näher erläutert)

Hiervon ist im EC4, Teil 2 nur der Nachweis der Verbundmittel vollständig geregelt. Für den Nachweis des Beton- und Spannstahls bzw. des Baustahls werden nur die Randbedingungen zur Ermittlung der Spannungen angegeben (anzusetzende Lastkombination, zu verwendendes Ermüdungslastmodell, Berücksichtigung der Rissbildung, usw.). Für die Ermittlung des Ermüdungswiderstandes wird auf die entsprechenden Normen des Massivbaus [1.18] und des Stahlbaus [1.16] verwiesen.

Zu a) Kopfbolzen unter Schubbeanspruchung:

Liegt keine Zugbeanspruchung des Flansches vor, ist nur die Schubbeanspruchung des Dübels nachzuweisen.

$$\gamma_{Ff} \cdot \gamma_{Mf,v} \Delta\tau_E / \Delta\tau_C \leq 1{,}0 \qquad \text{Gl. 1.2}$$

Dabei ist:

$\Delta\tau_E$ Schadensäquivalente Schwingbreite

$\Delta\tau_c = 95 N/mm^2$ der Bezugswert der Ermüdungsfestigkeit für $\Delta\tau_R$ bei $N_c = 2 \cdot 10^6$ Lastwechseln,

γ_{Ff} (= 1,0) der Teilsicherheitswert nach Abschnitt 9.3(1) in EC3, Teil 2 (ENV 1993-2:1997), und

$\gamma_{Mf,v} = 1{,}0$

Mit der Festlegung von $\gamma_{Mf,v} = 1{,}0$ wurden Kopfbolzendübel nach Tabelle 9.3.1 des EC3, Teil 1 [1.16] als zugängliche, schadenstolerante Bauteile eingestuft, die zudem regelmäßig überprüft und unterhalten werden.

Die zur Ermittlung der schadensäquivalenten Schwingbreite notwendige *Wöhler*linie wird mit folgender Bemessungsgleichung, formal identisch mit den Ermüdungsfestigkeitskurven reiner Stahlbauteile, definiert:

$$\log N = \log a - m \log \Delta\tau_R \qquad \text{Gl. 1.3}$$

mit:

N Anzahl der ertragbaren Spannungsspiele

m Neigungsexponent m = 8

a Konstante, abhängig von der Ermüdungsfestigkeit und Neigung mit dem Wert: $\log_{10} a = 22{,}123$

$\Delta\tau_R$ Schubspannungsschwingbreite, $\Delta\tau_R = 4\, \Delta P_R / (\pi d^2)$

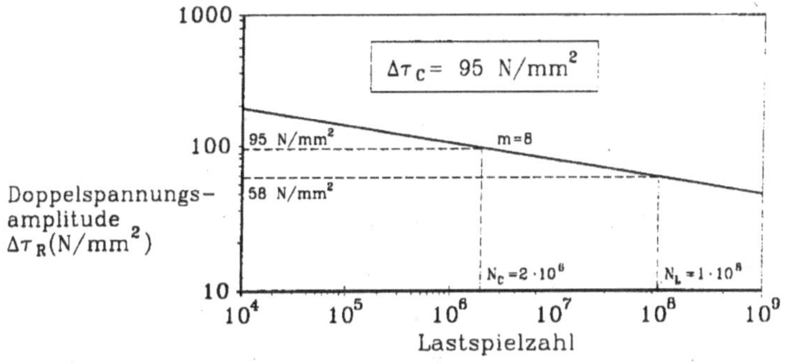

Bild 1.11 Ermüdungsfestigkeitskurve für Kopfbolzen bei Schub nach EC 4, Teil 2

Zu b) Baustahl:

Generell ist für alle gekerbten Stahlbauteile ein Nachweis gegen Ermüdung zu führen. Im Rahmen dieser Arbeit wird nur der Kerbfall des aufgeschweißten Kopfbolzendübels auf dem Stahlträgerobergurt betrachtet, Bild 1.12 (Kerbfall (KF) 80 nach [1.16]).

80	 ⑥	⑥Die Auswirkung geschweißter Kopfbolzendübel auf den Grundwerkstoff

Bild 1.12 Kerbfall 80 nach [19], Blech mit aufgeschweißtem KD unter Längsspannungen

Treten unter der nichthäufigen Lastkombination bei Berücksichtigung der Verkehrslasten nach den Kapiteln 4 und 6 in EC1, Teil 3 [1.17] im Stahlgurt Zugspannungen auf, sollte die äquivalente Spannungsschwingbreite $\Delta\sigma_E$ berücksichtigt werden:

$$\gamma_{Ff} \cdot \gamma_{Mf,a} \Delta\sigma_E / \Delta\sigma_C \leq 1{,}0 \qquad \text{Gl. 1.4}$$

mit:

$\Delta\sigma_c$ der Bezugswert der Ermüdungsfestigkeit für $\Delta\sigma_R$ für die maßgebende Kerbfallklasse bei $N_c = 2 \cdot 10^6$ Lastwechseln nach Abschnitt 9.6.2.1 in EC3, Teil 1 [19], Bild 1.13.

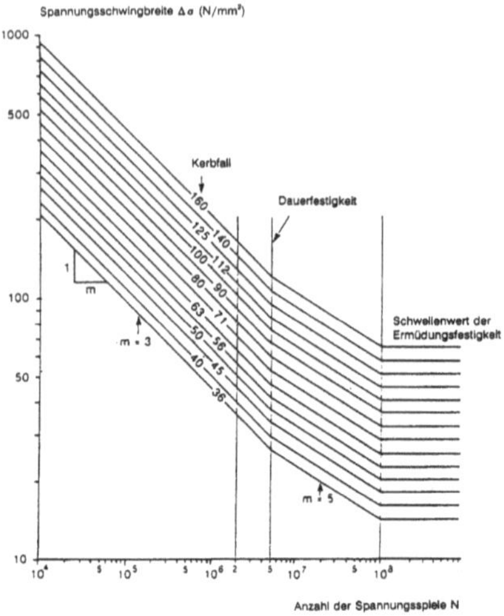

Bild 1.13 Ermüdungsfestigkeitskurven für Spannungsschwingbreiten der Längsspannungen [1.16]

Die Bemessungsgleichungen der Ermüdungsfestigkeitskurve für den KF 80 unter Längsspannungen lauten:

$$\log N = 12{,}001 - 3 \log \Delta\sigma_R \text{ für } N \leq 5 \cdot 10^6 \text{ Lastwechsel} \quad \text{Gl. 1.5}$$

$$\log N = 15{,}536 - 5 \log \Delta\sigma_R \text{ für } N > 5 \cdot 10^6 \text{ Lastwechsel} \quad \text{Gl. 1.6}$$

Interaktion Dübelschub – Normalspannungen im Obergurt

Die gleichzeitige Wirkung der Schwingbreiten der Flanschnormalspannung und der Dübelschubspannung ist zusätzlich nachzuweisen.

$$\gamma_{Ff} \cdot (\gamma_{Mf,a} \Delta\sigma_E / \Delta\sigma_c + \gamma_{Mf,v} \Delta\tau_{E,c} / \Delta\tau_c) \leq 1{,}3 \quad \text{Gl. 1.7}$$

$$\gamma_{Ff} \cdot (\gamma_{Mf,a} \Delta\sigma_{E,c} / \Delta\sigma_c + \gamma_{Mf,v} \Delta\tau_E / \Delta\tau_c) \leq 1{,}3 \quad \text{Gl. 1.8}$$

Dabei handelt es sich bei den Spannungsschwingbreiten $\Delta\tau_{E,c}$ und $\Delta\sigma_{E,c}$ jeweils um die zugehörigen Schwingbreiten zu $\Delta\sigma_E$ und $\Delta\tau_E$.

1.4.2 Spannungsberechnung im Grenzzustand der Tragfähigkeit einschließlich Ermüdung [1.13]

Der Nachweis der Ermüdung erfolgt prinzipiell unter (nicht ruhenden) Gebrauchslasten, denn Ermüdung ist ein Grenzzustand der Tragfähigkeit mit Lasten auf dem Gebrauchslastniveau. Dabei sollten die Schnittgrößen und Spannungen auf der Grundlage einer elastischen Tragwerksberechnung ermittelt werden. Es sind dabei folgende Auswirkungen zu berücksichtigen:

- Schubverformungen der Betongurtes
- Belastungsgeschichte
- Die Rissbildung im gezogenen Betongurt und das Mitwirken des Betons zwischen den Rissen
- Kriechen und Schwinden des Betons
- Plastische Verformungen des Bau- und Bewehrungsstahls
- Nachgiebigkeit der Verbundfuge

1.4.3 Hintergrund und Entstehung des Nachweiskonzeptes

Die in EC 4, Teil 2 angegebene *Wöhler*linie wurde aus einer statistischen Neuauswertung international verfügbarer, kraftgeregelter Einstufenversuche zum Ermüdungsverhalten abgeleitet. Die Ableitung und die ihr zugrunde gelegten Versuchsdaten sind ausführlich von *Roik* und *Hanswille* in [1.9] beschrieben worden.

Nach [1.9] wird das Ermüdungsverhalten der KD generell von folgenden „globalen" Einflussgrößen gesteuert, deren Auswirkungen jedoch unterschiedlich stark gewichtet sind:

- Doppelamplitude der Dübelkräfte, Doppelspannungsamplitude $\Delta\tau$
- Oberlast, Schwell- und Wechselbeanspruchung
- Betongüte
- Durchmesser und Höhe des Dübels
- Einfluss des Schweißwulstes
- Einfluss von Querdruckspannungen
- Einfluss von Spannungswechseln $\Delta\sigma$ im Flansch des Stahlträgers
- Einfluss der Betonierrichtung

Wie auch im Stahlbau üblich, handelt es sich bei der Ermittlung der Ermüdungsfestigkeitskurven für einbetonierte KD um eine experimentelle Betriebsfestigkeitsermittlung. Die Standardversuche für den einbetonierten Kopfbolzendübel sind Scherversuche, sogenannte Push-Out Versuche, die i.d.R. auch für die Ermittlung der statischen Tragfähigkeit herangezogen werden. Die Gestalt der verwendeten Versuchskörper zeigt Bild 1.14.

Ein Push-Out Versuch stellt einen Ausschnitt aus einem Verbundträger dar, wobei sich aus der Geometrie des Versuchskörpers zwangsläufig „Modellungenauigkeiten" ergeben.

Roik und *Hanswille* zeigen in [1.9] anhand von Stabwerkmodellen, dass das Tragverhalten unter gewissen Geometrievoraussetzungen aber im Wesentlichen vergleichbar ist, Bild 1.15 und Bild 1.16. Im EC 4, Teil 1 [1.25] wurde deswegen mittlerweile auch die Geometrie der Push-Out Versuche genormt, um zusätzliche Ergebnisabweichungen, die allein schon geometriebedingt sein können, einzuschränken, siehe Bild 1.14 rechts.

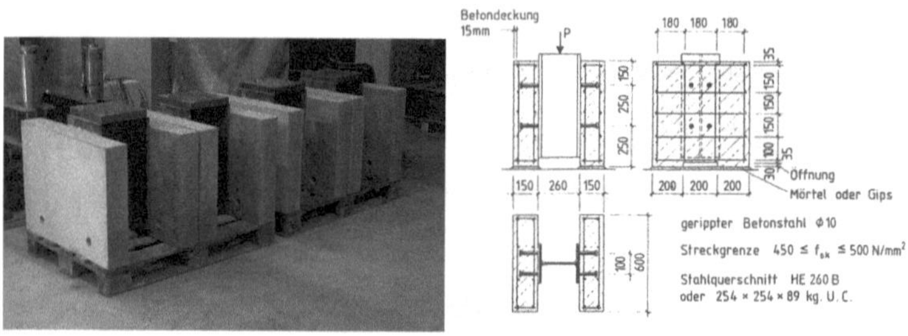

Bild 1.14 Push-Out Versuchskörper und Standardgeometrie nach [1.25]

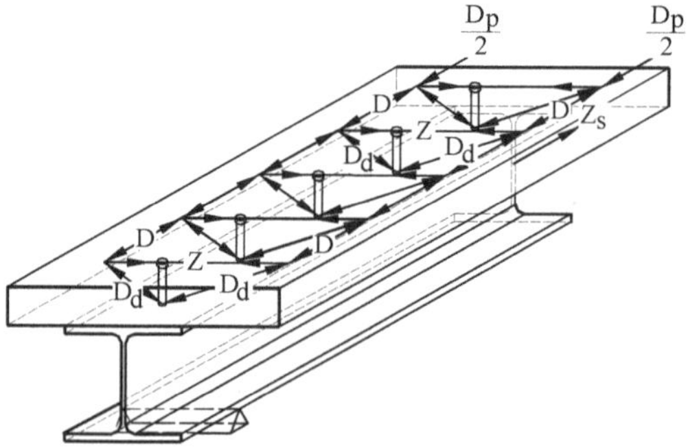

Bild 1.15 Kraftfluss innerhalb eines üblichen Verbundträgers.

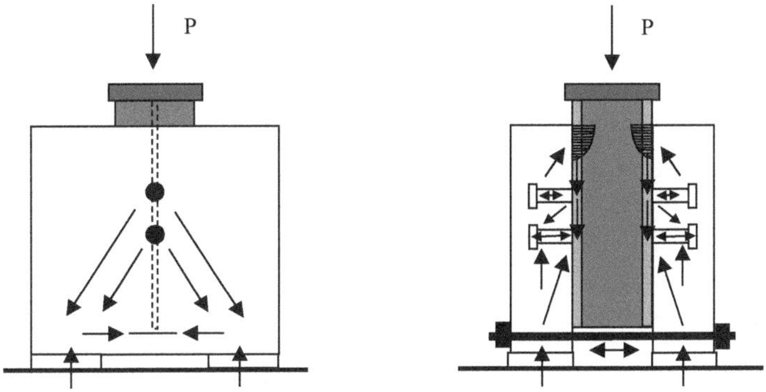

Bild 1.16 Stabwerksmodell für den Standard Push-Out Versuch [1.10],[1.9]

Bild 1.15 und Bild 1.16 zeigen, dass trotz prinzipieller Übereinstimmung des Kraftflusses die Übertragbarkeit der Ergebnisse nicht ganz unproblematisch ist. Dies wurde bereist von *Mensinger* [1.10] und anderen ausführlich dargelegt.

Der Grund für die Durchführung von Push-Out Versuchen ist vor allem die Komplexität und die schwierige Auswertung von Trägerversuchen. Ein Verbundträger ist ein innerlich hochgradig statisch unbestimmtes System. Die Dübel werden deswegen indirekt durch die auftretenden Biegebeanspruchungen des Trägers belastet. Die Dübelkraft ist daher nicht proportional zur aufgebrachten Belastung, sondern sie ist von den Steifigkeitsverhältnissen aller am Tragverhalten beteiligten Komponenten abhängig.

Die Beanspruchungen der Dübel müssen bei einem Trägerversuch aus zusätzlichen Messergebnissen zurück gerechnet werden, da sie nicht direkt gemessen werden können. Eine Möglichkeit besteht darin, Dehnungsquerschnitte mit Hilfe von Dehnungsmessstreifen (DMS) aufzuzeichnen und daraus die anteiligen Normalkräfte im Stahl- und im Betonquerschnitt in verschiedenen Schnitten zu berechnen. Die Differenz der Normalkräfte zwischen zwei Schnitten entspricht der zu übertragenden Längsschubkraft, die in erster Näherung gleichmäßig auf die in diesem Abschnitt aufgeschweißten Dübel verteilt werden kann. Diese Methode ist aus mehreren Gründen aber nur näherungsweise möglich:

- Bei niedriger Belastung auf dem Unterlastniveau sind die Dehnungen im Stahlträgerobergurt oft so klein, dass diese im Bereich der Messtoleranzen der DMS liegen. Dies ist vorwiegend im ungerissenen Bereich (positiver Momentenbereich) der Fall, da hier die Nulllinie dann i.d.R. nahe dem oder sogar im Stahlträgerobergurt liegt.

- Treten bei höheren Belastungen Plastizierungen in den äußeren Fasern des Stahlquerschnittes auf, so lassen sich die Normalkräfte nicht mehr ohne weiteres nach der Elastizitätstheorie zurückrechnen.
- Eine Rückrechnung der Dübelkräfte setzt ein System ohne veränderliche Gliederung voraus. Treten erste Dübelbrüche auf, so ist eine derartige Auswertung gar nicht mehr möglich, da sich ein ständig änderndes Tragsystem einstellt.

Das Versagen einzelner Bolzen kann in einem Verbundträger bislang nur schwer und mit großem Aufwand festgestellt werden. Eine Möglichkeit dazu sind Ultraschallmessungen, siehe Bild 1.17.

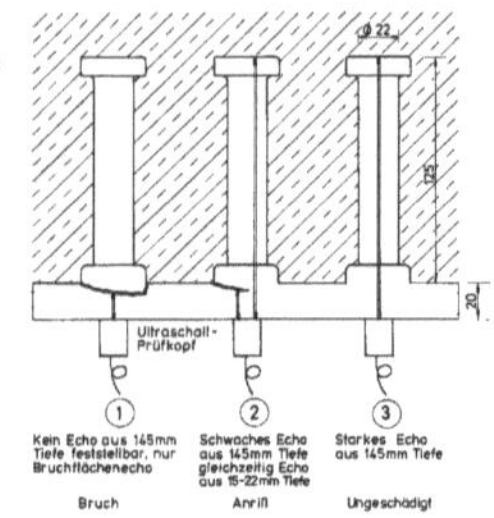

Bild 1.17 Ultraschallmessungen zur Bestimmung des Bolzenanrisses nach [1.26]

Eine andere Möglichkeit besteht in der gezielten Applikation von DMS auf der Unterseite des Stahlträgerobergurtes, nahe des Bolzenfußes [1.10],[1.26], Bild 1.18.

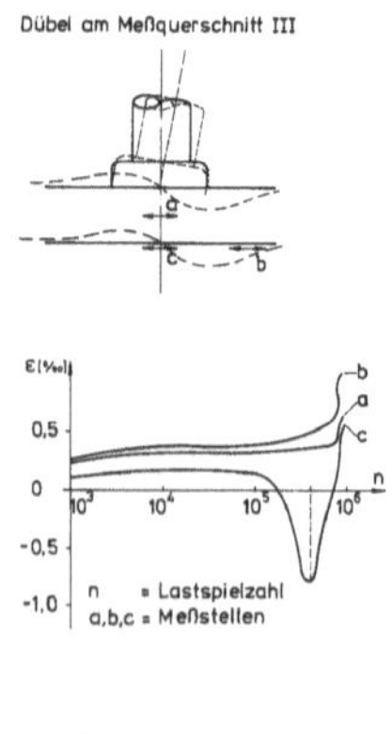

Bild 1.18 DMS-Messung zur Erfassung der Änderung lokaler Einspanneffekte bei fortschreitendem Ermüdungsriss

Bei solchen Messungen müssen entsprechend große Relativverschiebungen erzeugt werden, um den sich verändernden Dehnungszustand auch tatsächlich zu erfassen. Sie stellen vor allem in kraftgeregelten Push-Out Versuchen eine Alternative dar, da hier in der Regel größere Verformungen erzeugt werden als in einem Träger [1.10],[1.26].

Eine Alternative zur exakteren Bestimmung der Dübelkräfte stellen hier natürlich Finite-Element Berechnungen unter Berücksichtigung nichtlinearer Materialgesetze, der Rissbildung im Betongurt, der Elastizität der Verbundfuge und von Systemänderungen dar.

Solche Berechnungen sollten dann das zyklische Materialverhalten der Verbundfuge berücksichtigen. Entsprechende Materialgesetze liegen bislang nicht vor, ihre Implementierung in ein FE-Programm ist darüber hinaus schwierig. Auf dieses Problem wird in Kapitel 5 der vorliegenden Arbeit noch näher eingegangen, es wird die Ableitung vereinfachter zyklischer Materialgesetze gezeigt.

Der große Vorteil von Push-Out Versuchen ist demnach offensichtlich, da die Dübelbeanspruchungen durch die eingeleitete Kraft relativ genau bestimmt werden können. In Kombination mit den zugehörigen Schlupfmessungen liefert die Auswertung der Versuche mehr oder weniger eindeutige Ergebnisse. Wie „eindeutig" die Ergebnisse bei der Durchführung von nicht ruhend beanspruchten Push-Out Versuchen jedoch sein können, zeigt sich, wenn man die in [1.9] aufgeführten Versuchsreihen vergleichend gegenüberstellt. Bild 1.19 und Tabelle 1.1 zeigen eine Zusammenstellung der verschiedenen *Wöhler*linien und der erforderlichen Bestimmungsparameter, wie sie in unterschiedlichen Forschungsarbeiten erarbeitet wurden [1.27 – 1.32].

Tabelle 1.1 Differenzen der Bestimmungsparameter der *Wöhler*linien

Parameter	Maximalwert	Minimalwert	Schwankung
Neigungsexponent m	14,38 (*Akao*)	2,05 (*Slutter & Fisher*)	≈ 700 %
y-Achsenabschnitt	37,621 *(Slutter & Fisher)*	10,529 (*Hallam*)	≈ 360 %

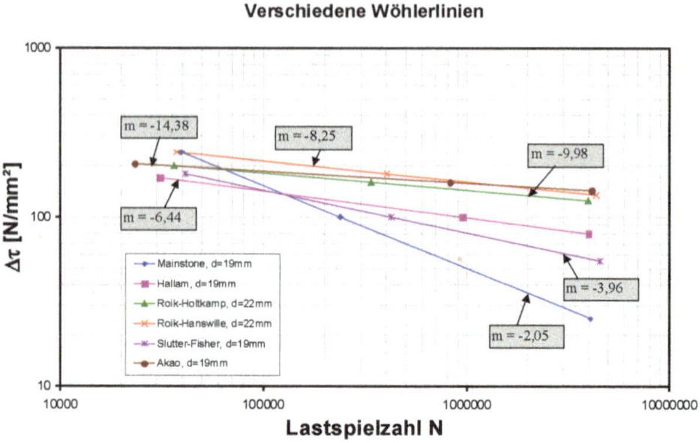

Bild 1.19 *Wöhler*linien verschiedener Forscher für unterschiedliche Einflussparameter [1.27 – 1.32]

Die theoretischen Auswirkungen dieser Schwankungen werden erst offenkundig, wenn man sich die physikalische Bedeutung der Bestimmungsparameter der *Wöhler*linie vor Augen führt: Der Neigungsexponent m wird auch als Material Parameter bezeichnet. Er variiert in der Regel zwischen 3 für geschweißte Stahlbauteile und ca. 20 für Beton und ist ein Maß für die Empfindlichkeit des Ermüdungsverhaltens eines Bauteils gegenüber Veränderungen der (Schub-)Spannungsschwingbreite. Je größer der Wert ist, um so anfälliger ist das Bauteil. Je nach Versuchsserie ist der Kopfbolzen also entweder wenig empfindlich gegenüber Veränderungen von $\Delta\tau$ (*Slutter & Fisher*) oder aber auch sehr empfindlich einzustufen (*Akao*). In Konsequenz dazu müssten die Schubspannungsschwingbreiten und deren Veränderungen nach *Akao* im Lauf der Lebensdauer sehr exakt oder nach *Slutter & Fisher* nur hinreichend genau erfasst werden.

Ähnlich verhält es sich mit dem y-Achsenabschnitt der *Wöhler*linie, der auch als Detail-Parameter bezeichnet werden kann. Er gibt an, wie empfindlich das betrachtete Bauteil generell im Hinblick auf ein mögliches Ermüdungsversagens ist. Je größer der Wert ist, um so niedriger ist die Ermüdungsanfälligkeit des Bauteils. Die z.T. erheblichen Differenzen haben mehrere Ursachen:

Zum einen wurden unterschiedliche Versuchsaufbauten bei der Durchführung der Push-Out Versuche verwendet, Bild 1.20. Zweitens zeigt eine nähere Betrachtung der Materialdaten, dass die Betondruckfestigkeiten innerhalb und zwischen den Testreihen sehr große Unterschiede aufweisen. Grundsätzlich sollten alle Versuchskörper einer Versuchsreihe aus dem gleichen Beton hergestellt werden, so dass zumindest innerhalb dieser Reihe eine Einflussgröße „wegfällt", und die Ergebnisse vergleichbar sind. Bei *Hallam* [1.28] weisen die hier ausgewerteten Tests mit Δf_c = 30,4 N/mm² die größte Differenz auf, *Mainstone & Menzies* [1.29] (Δf_c = 14,2 N/mm²) und *Roik & Hanswille* [1.30] (Δf_c = 19,8 N/mm²) liegen deutlich darunter. Ein dritter Punkt zur Erklärung der Unterschiede ist die jeweils aufgebrachte Last bzw. die Lastamplitude. Während in den Auswertungen von *Mainsto-*

ne & Menzies und *Slutter & Fisher* sowohl Schwell- als auch Wechselbeanspruchungen berücksichtigt werden, sind bei den anderen nur schwellend beanspruchte Dübel einbezogen. Ein letzter Grund liegt noch im Durchmesser der verwendeten Dübel. Von den hier aufgelisteten Forschern haben nur *Roik et. al.* beide Testreihen mit KD22 und mit KD19 durchgeführt.

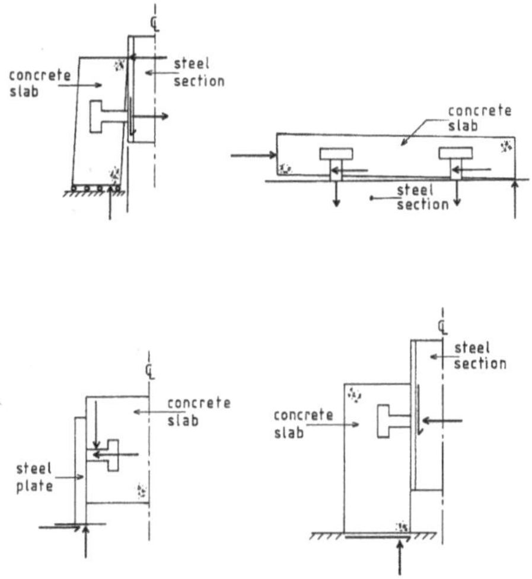

Bild 1.20 Unterschiedliche Push-Out Versuchsaufbauten internationaler Forschungsarbeiten (im Uhrzeigersinn: *Mainstone & Menzies* [1.29], *Slutter & Fisher* [1.27], Standard Push-Out Versuch, *Lo* [2.22])

Es war demnach erforderlich, Ausschlusskriterien zu formulieren, um die statistische Grundgesamtheit sinnvoll zu reduzieren. Die Auswertungen wurde nur für solche Versuchsergebnisse durchgeführt, die ausreichend dokumentiert sind und hinsichtlich der Probekörper folgende Kriterien erfüllen:

- die Betonelemente wurden in horizontaler Lage betoniert,
- es werden nur Versuche berücksichtigt, bei denen die Dübel mit Bolzenschweißverfahren aufgeschweißt wurden, welche die Ausbildung eines Schweißwulstes sicherstellen,
- die Versuche müssen eine ausreichende Querbewehrung aufweisen.

Mit den vorgegebenen Einschränkungen standen die folgenden 7 gut dokumentierten Versuchsreihen mit insgesamt 103 Versuchen zur Auswertung zur Verfügung:

Slutter & Fisher, 1966 (46 Versuche)

Mainstone & Menzies, 1967 (23 Versuche)

Roderick & Ansourian [1.33], 1976 (7 Versuche)

Hallam, 1976 (13 Versuche)

Akao, Kurita & Hiragi, 1982 (4 Versuche)

Roik & Holtkamp, 1989 (5 Versuche)

Roik & Hanswille, 1987 (5 Versuche)

In Bild 1.19 sind sechs der sieben *Wöhler*linien dargestellt, die sich aus der getrennten Auswertung der oben genannten Forscher ergeben. Durch das Aufstellen weiterer Restriktionen hinsichtlich des Versagensmechanismus, der Prüfkörpergeometrie, der Oberlast, des Beanspruchungsverhältnisses P_{min}/P_{max} und der Betongüte wurde dafür Sorge getragen, Ergebnisse zu erhalten, die aufgrund annähernd einheitlicher Randbedingungen vergleichbar sind und zu einer gemeinsamen Auswertung herangezogen werden können. Folgende Ausschlusskriterien wurden getroffen:

- In der Auswertung wurden nur solche Versuche berücksichtigt, in denen entweder der Versagensmechanismus A oder B (Versagen unter überwiegender Schubbeanspruchung, Bild 1.6 und Bild 1.5) auftrat.

- Bei der Untersuchung des Einflusses der Prüfkörpergeometrie zeigte sich, dass bei *Slutter & Fisher* im Gegensatz zu allen anderen Ergebnissen offensichtlich Zugkräfte einen überwiegenden Einfluss hatten. In den Bruchbildern fehlen die typischen Anzeichen für ein Schubversagen. Die Zugkräfte sind durch den einseitigen Versuchsaufbau und die dadurch exzentrische Krafteinleitung in die Betonplatte zu erklären. Aus diesem Grunde werden diese Versuchsergebnisse bei der Auswertung nicht berücksichtigt.

- Die Oberlast wird auf einen Wert von $0{,}6 \cdot P_u$ beschränkt, wobei P_u die statische Tragfähigkeit ist.

- Hinsichtlich der Beanspruchungsart wurde bei der Auswertung festgestellt, dass die *Wöhler*linie für wechselnde Beanspruchung ($R < 0$) oberhalb der für Schwellbeanspruchungen ($R = \tau_{min}/\tau_{max} > 0$) liegt. Es wird deshalb davon ausgegangen, dass das Ermüdungsverhalten unter Wechselbeanspruchung günstiger ist als unter Schwellbeanspruchung. Bei der Herleitung der *Wöhler*linie wurden deshalb nur Versuche mit $R > 0$ berücksichtigt.

- Da bei der überwiegenden Zahl der 7 Versuchsreihen eine Betonfestigkeit zwischen 20 N/mm² und 30 N/mm² vorhanden war, wurde eine Mindestfestigkeit von $f_c = 20$ N/mm² vorausgesetzt.

Durch die Anwendung dieser Einschränkungen reduzierte sich die Zahl der ausgewerteten Datensätze von 103 auf 18. Als Ergebnis der durchgeführten linearen Regression erhält man die folgende *Wöhler*liniengleichung (mit den charakteristischen Werten):

$$\log N = 25{,}34 - 9{,}20 \cdot \log \Delta\tau. \qquad \text{Gl. 1.9}$$

Zu Bemessungszwecken dient die Gleichung:

$$\log N = 22{,}123 - 8{,}0 \cdot \log \Delta\tau. \qquad \text{Gl. 1.3}$$

Bild 1.21 zeigt die Einordnung der EC4 *Wöhler*linie im Vergleich zu den *Wöhler*linien der einzelnen Forschungsarbeiten.

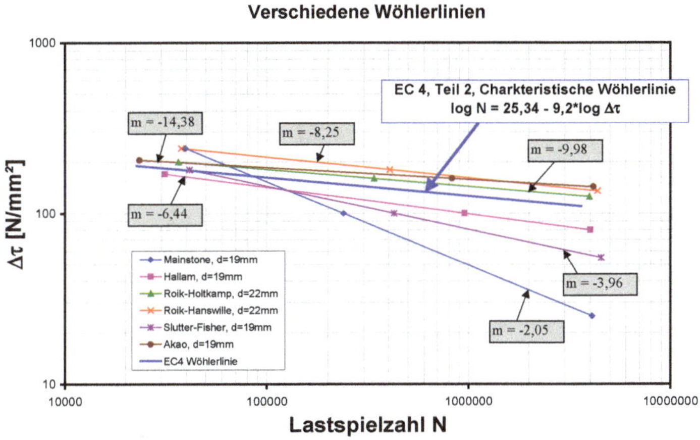

Bild 1.21 Die *Wöhler*linie des Hintergrundberichtes zum EC4, Teil2 im Vergleich zu internationalen Forschungsarbeiten

1.4.4 Anwendungsvoraussetzungen und –einschränkungen

Die Übertragung des stahlbauüblichen Konzeptes für Betriebsfestigkeitsuntersuchungen auf Verbundkonstruktionen ist nicht ohne weiteres möglich. Die Anwendung muss unter Umständen eingeschränkt oder zumindest an konstruktive Randbedingungen geknüpft werden. Dies hat vor allem zwei Ursachen:

1. Entkopplung des statischen Nachweises im Grenzzustand der Tragfähigkeit und des Ermüdungsnachweises unter nicht ruhenden Gebrauchslasten.

2. Anwendung des Nennspannungskonzeptes.

Beide Punkte sollen im folgenden auf ihre theoretische Übertragbarkeit auf Verbundkonstruktionen überprüft werden.

1.4.4.1 Zur Entkopplung des statischen Nachweises und des Nachweises gegen Ermüdung

Die Trennung der beiden Nachweise ist durch das nach Bild 1.22 angenommene Tragverhalten eines Stahlbaudetails unter nicht ruhender Beanspruchung möglich [22].

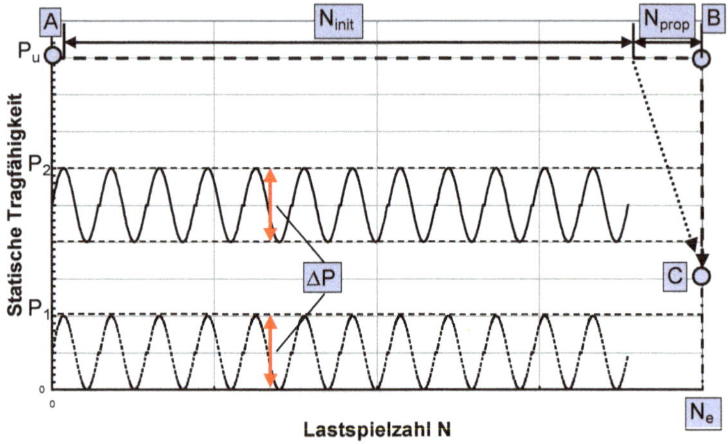

Bild 1.22 Entwicklung der statischen Tragfähigkeit P_u im Verlaufe der Lebensdauer nach [1.19].

Aus Versuchen gewinnt man die beiden Extrempunke **A** und **C: A** ist die statische Tragfähigkeit der Konstruktion, und **C** ist die Ermüdungsfestigkeit unter zyklischer Einstufenbelastung.

Das für die Stahlkonstruktion angenommene Verhalten ist durch die Umhüllende **A-B-C** gekennzeichnet: das Traglastniveau bleibt unverändert auf dem Ausgangsniveau zu Belastungsbeginn. Wird die Lebensdauer N_e der Konstruktion erreicht, so versagt diese infolge einer raschen Zunahme der Rissbreiten (Abfall von **B** nach **C**). Dieses Vorgehen wird wie folgt begründet:

Der Grenzzustand der Ermüdung für ein geschweißtes Stahldetail wird i.d.R. über eine bestimmte Rissgröße definiert, deren Einfluss auf die statische Tragfähigkeit vernachlässigbar ist. Zusätzlich geht man davon aus, dass der überwiegende Teil der Lastwechsel dazu „benötigt" wird, einen initialen Anriss zu erzeugen (N_{init}). Eine gegenseitige Beeinflussung der beiden Grenzzustände, die durch einen weiteren Risszuwachs (N_{prop}) zwangsläufig entstehen würde, ist durch die regelmäßige Inspektion zu verhindern. Risse sollen dadurch frühzeitig erkannt und repariert werden, die Bemessung einer reinen Stahlkonstruktion kann dadurch getrennt erfolgen für:

a) den Nachweis der statischen Tragfähigkeit,

b) den Nachweis ausreichender Ermüdungsfestigkeit unter Gebrauchslasten, unter der Voraussetzung:

c) einer Verhinderung der gegenseitigen Beeinflussung durch regelmäßige Inspektion.

Darüber hinaus ist für reine Stahlbaukonstruktionen bekannt, dass die Dauerfestigkeit hauptsächlich durch die Größe der Spannungsschwingbreite ΔP, weniger durch die Oberlast der zyklischen Belastung beeinflusst wird, siehe Bild 1.22 mit den unterschiedlichen Oberlasten P_1 und P_2.

Die Zusammenhänge verdeutlichen, dass das im Stahlbau übliche Nachweiskonzept nicht ohne weiteres auf die Verdübelung im Verbundbau übertragen werden kann. Zwar wird der Dübel als schadenstolerant und gut zugänglich eingestuft (vgl. Abschnitt 1.4.1), dies entspricht jedoch nicht der Realität, denn der Dübel ist einbetoniert und entzieht sich damit Sichtkontrollen. Möglichkeiten, einen Dübel zu inspizieren, zeigen Bild 1.17 und Bild 1.18. Bei der Vielzahl der aufgeschweißten KD auf einer Verbundbrücke (vgl. Bild 1.4) ist der damit verbundene Aufwand sofort ersichtlich. Hinzu kommt, dass vorhandene Anrisse nur mit erheblichen Mühen repariert werden könnten, da in diesen Fällen die Betonplatte geöffnet und im Anschluss auch wieder geschlossen werden müsste.

Die Frage nach dem Verhältnis zwischen der Lastspielzahl, die zur Erzeugung eines Anrisses führt, und der Lastspielzahl bis hin zum endgültigen Versagen ist nicht abschließend geklärt. Nach den Untersuchungen von *Mensinger* [1.10] hat es aber den Anschein, als ob die Risswachstumsphase den überwiegenden Teil der Lebensdauer ausmacht, wohingegen der Anriss relativ früh erfolgt. Dies bestätigen auch die Untersuchungen von *Oehlers & Coughlan* [1.37], *Oehlers & Foley* [1.36], *Mainstone & Menzies* [1.29], *Roderick & Ansourian* [1.33], u.a. Sie alle stellten einen frühzeitigen und fortlaufenden Abfall der statischen Tragfähigkeit mit zunehmender Lastspielzahl fest. *Oehlers* führte in [1.19] hierzu systematische Versuchsreihen mit KD13 durch und konnte einen linearen Abfall mit der Anzahl des Schwingspiele nachweisen, worauf in Abschnitt 1.5.1 näher eingegangen wird. Eigene Untersuchungen des Schweißdetails (Kapitel 6) werden zeigen, dass ein Anriss frühzeitig erfolgen muss.

Bezüglich der Schadenstoleranz ist anzunehmen, dass das Versagen einzelner KD sicherlich nicht zum sofortigen Versagen der Brücke führen wird, dennoch sind Reißverschlusseffekte denkbar. Bei einem Ausfall eines Dübels oder einer Dübelreihe wird der Dübelabstand der direkt benachbarten Dübel und demzufolge deren rechnerische Schubspannungsschwingbreite unter der Annahme starren Verbundes deutlich erhöht. Berücksichtigt man die sehr flache Neigung der Ermüdungsfestigkeitskurve einbetonierter KD unter Schubbeanspruchung (vgl. Bild 1.11), dann hättet diese Schwingbreitenerhöhung allerdings eine überproportionale Reduktion der rechnerisch zu erwartenden Lebensdauer zur Folge. Nach dem Ausfall weniger Dübel wäre dann mehr oder weniger unmittelbar mit einem sukzessiven Versagen der Verbundfuge zu rechnen.

1.4.4.2 Zur Anwendung des Nennspannungskonzeptes

Die Anwendung des Nennspannungskonzeptes in Kombination mit der linearen Schädigungshypothese nach *Palmgren & Miner* setzt einen zeitlich konstanten Zusammenhang zwischen einer aufgebrachten Last und einer daraus resultierenden lokalen Beanspruchung voraus. Das bedeutet, dass es entlang der nicht ruhend beanspruchten Verbundfuge zu keinen oder zumindest keinen nennenswerten Schubkraftumlagerungen kommen darf, der Zusammenhang zwischen aufgebrachter Last und lokaler Beanspruchung muss stets eindeutig und mit einem konstanten Funktional beschreibbar sein. Kräfteumlagerungen in der Verbundfuge können z. B. hervorgerufen werden durch:

- Die Rissbildung im gezogen Betongurt,
- die Nachgiebigkeit der Verbundmittel
- und eventuell auftretendes zyklisches elastisch-plastisches Materialverhalten.

Zur Rissbildung im gezogenen Betongurt:

Anhang L des EC4, Teil 2 [1.13] gibt an, auf welche Weise das Mitwirken des Betons zwischen den Rissen bei der Schnittgrößenbestimmung eines Verbundquerschnitts berücksichtigt werden kann. In Abschnitt L.5.4 werden dazu auch Hinweise zur Ermittlung von Spannungsschwingbreiten für Ermüdungslasten von Verbundmitteln angegeben. Das dort angegebene Verfahren geht davon aus, dass der Beton reißt, wenn unter der nicht häufigen Lastkombination nach EC1 in der Randfaser des Betongurtes die mittlere Betonzugfestigkeit erreicht wird. Damit wird ein Vorschädigungszustand unterstellt, der zu kleineren Dübelbeanspruchungen gegenüber dem ungeschädigten Querschnitt führt, da die Steifigkeit des Betongurtes reduziert wird. Das Verfahren sollte daher zur Bestimmung der Schwingbreiten der Dübelschubspannungen nur dann angewendet werden, wenn sichergestellt ist, dass diese Vorschädigung auch eintritt. Dies ist dann der Fall, wenn der Beton tatsächlich keine höhere Zugfestigkeit als die rechnerische aufweist und wenn die nicht häufige Lastkombination bereits tatsächlich aufgetreten ist.

Zur Nachgiebigkeit der Verbundmittel:

Die Verdübelung mit Kopfbolzendübeln ist grundsätzlich nachgiebig, bereits bei Belastung auf dem Gebrauchslastniveau kommt es zu ersten Plastizierungen der Dübel, die bei schwellender Beanspruchung eine Schubkraftumkehr bei der Entlastung zur Folge haben [1.10],[1.20 – 1,25]. Diese Nachgiebigkeit ist am stärksten bei der ersten Be- und Entlastung ausgeprägt, vgl. Bild 2.6.

Durch das Plastizieren einzelner Dübel und die Längenänderung des Betongurtes infolge der Rissbildung, ist der erforderliche Schlupf s_{pl} bei der Entlastung des immer noch elastischen Gesamtsystems (Bild 1.23, Pfad 12) stellenweise größer als der Wert am Ende der Entlastungsgeraden s_{pl}' einzelner Dübel. Dadurch kommt es zu einer Umkehr der Schubkraft. Alle weiteren Lastzyklen finden demnach von einem veränderten Grundlastniveau aus statt.

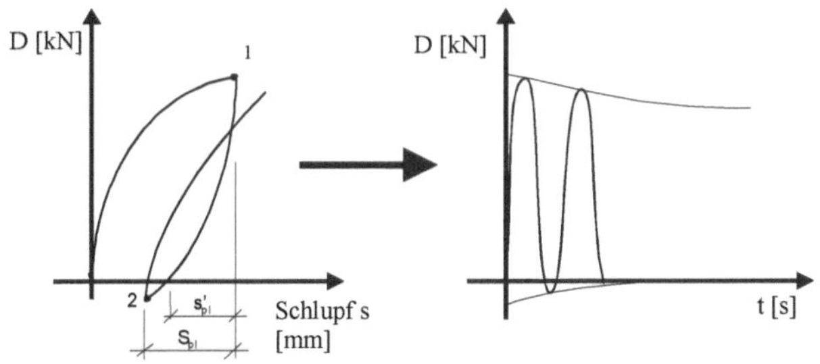

Bild 1.23 Last-Schlupf Beziehung eines Dübels innerhalb des „elastischen“ Gesamtsystems

Zum zyklischen, elasto-plastischen Materialverhalten:

Der Beton direkt vor dem Bolzenfuß ist lokal sehr hoch und mehraxial beansprucht. Dadurch kann es bei zyklischer Beanspruchung zu einer sukzessiven Zerstörung des Betons in einem lokal begrenzten Bereich um den Bolzenfuß kommen. Die Relativverschiebungen nehmen stetig zu, und das Tragverhalten wird zunehmend nichtlinear, vgl. Abschnitt 1.2. Die möglichen Schubkraftumlagerungen durch die Dübelnachgiebigkeit werden durch dieses zyklische, elastisch-plastische Verhalten noch verstärkt, vgl. Abschnitt 2.2.

1.4.5 Konstruktive Randbedingungen nach EC 4, Teil 2 [1.13]

Um diesen „natürlich“ vorhandenen Begebenheiten entgegen zu wirken, wurden in [1.13] konstruktive Randbedingungen verankert, die diese Einflussfaktoren minimieren sollen. Demnach muss:

- eine vollständige Verdübelung angeordnet werden, Teilverbund ist nicht zulässig.
- Die Dübel sind entsprechend den auftretenden Längsschubkräften zu verteilen, eine äquidistante Dübelanordnung ist nur abschnittsweise zulässig.
- Die maximale Dübeloberlast unter nicht ruhenden Gebrauchslasten ist auf den 0,6-fachen Wert der charakteristischen Dübeltragfähigkeit zu begrenzen.
- Eine plastische Tragwerksbemessung findet keine Anwendung.
- Die Rissbildung ist bei der Berechnung der Dübelkräfte zu berücksichtigen.

Werden diese Randbedingungen eingehalten, so ist die „Cousinen-Formel“ als Übertragungsfunktion zur Berechnung der auftretenden Dübelkräfte unter der Annahme eines vollständigen Zusammenwirkens der Teilquerschnitte (starrer Verbund) zulässig, Gl. 1.10.

$$T = \frac{V_z \cdot S_y}{I_y} \text{ [kN/m]} \qquad \text{Gl. 1.10}$$

In Kombination mit dem Dübelabstand e [m] und dem Dübeldurchmesser kann dann die vorhandene Dübelkraft bestimmt werden.

Damit scheinen die Voraussetzungen zur Anwendung des Nennspannungskonzeptes grundsätzlich gegeben. Inwiefern sich die Nachgiebigkeit und die fortschreitende Zerstörung des Umgebungsbetons dennoch auf eine Lebensdauerprognose auswirken, wird in Kapitel 3 experimentell überprüft.

1.5 Alternative Konzepte zur Bestimmung zur Bestimmung der Ermüdungsfestigkeit einbetonierter KD

1.5.1 Das Bemessungskonzept nach *Oehlers*

D.J. Oehlers ist einer der Forscher, die sich in den letzten Jahren am intensivsten mit dem statischen Tragverhalten und dem Ermüdungsverhalten von KD auseinander gesetzt haben [1.19,1.24,1.35 – 1.38,1.40 – 1.41].

Seine Forschungsarbeit führte zu einem eigenen Bemessungskonzept. Der wesentliche Unterschied zum Ermüdungskonzept nach EC4 besteht zunächst in der Aufhebung der Trennung zwischen dem Nachweis der statischen Tragfähigkeit und dem Nachweis der Ermüdung unter nicht ruhenden Gebrauchslasten. Dies hat mehrere Gründe.

Oehlers hat in [1.19] mit einer systematischen Versuchsreihe die Reduktion der statischen Tragfähigkeit mit fortschreitender Lastspielzahl bei KD13 festgestellt, vgl. Bild 1.24, und Abschnitt. 1.4.4.1. KD13 sind zwar nicht typisch für den Verbundbrückenbau, dennoch darf erwartet werden, dass sich das Tragverhalten bei größeren Bolzendurchmessern qualitativ ähnlich darstellt.

Demnach stellt sich für den einbetonierten KD, entgegen dem in Bild 1.22 dargestellten Verhalten reiner Stahlbauteile, das nach Bild 1.25 charakteristische Tragverhalten ein, und die Trennung des statischen Nachweises und des Ermüdungsnachweises müsste aufgehoben werden.

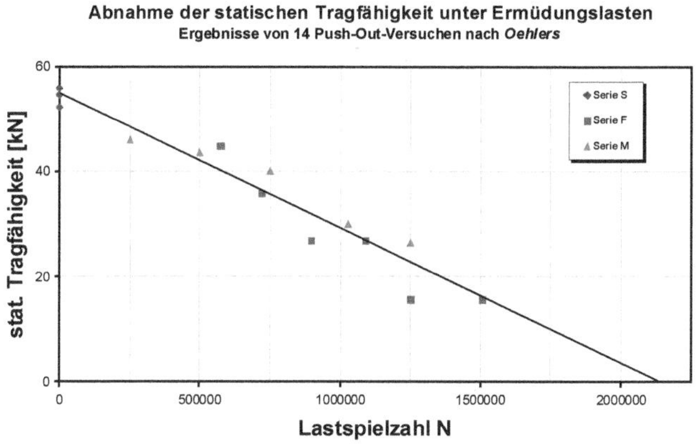

Bild 1.24 Abnahme der statischen Tragfähigkeit für KD 13 nach [1.19]

Oehlers definiert den Begriff der asymptotischen Dauerfestigkeit N_f, die durch Extrapolation der Geraden A-C ermittelt werden kann. N_f ist ein theoretischer Wert, der nur dann erreicht werden könnte, wenn der Ermüdungsriss erst durch den kompletten Querschnitt wandern würde, ohne dass es zuvor zum Bruch kommt. Die Gerade A-C-E wird wie folgt beschrieben:

$$N_f = \frac{N_e}{1 - \frac{P_m}{P_s}} \qquad \text{Gl. 1.11}$$

P_m ist dabei die im Laufe der Lebensdauer reduzierte statische Tragfähigkeit, P_s ist die ursprünglich vorhandene Tragfähigkeit und N_e die auftretende Lastspielzahl.

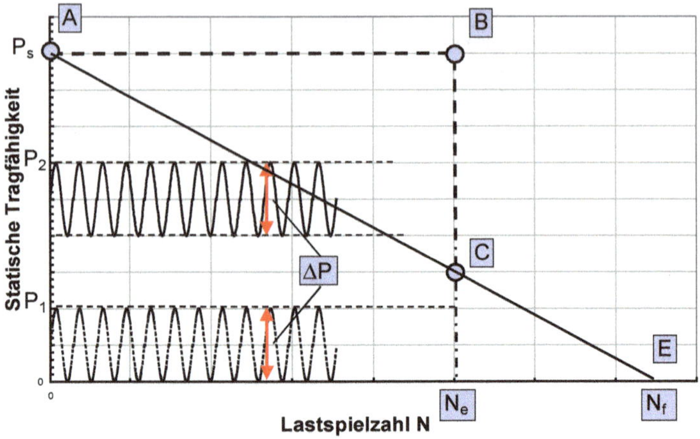

Bild 1.25 Reduktion der statischen Tragfähigkeit nach *Oehlers* [1.19]

Die theoretische Lastspielzahl N_f entspricht qualitativ den Lebensdauern, wie man sie mit üblichen *Wöhler*linien für Stahlbaudetails ermittelt, vgl. Abschnitt 1.4.4.1. *Oehlers* gibt für N_f folgende Gleichung im doppeltlogarithmischen Maßstab an:

$$\log N_f = K + m \log\left(\frac{R}{P_s}\right) \qquad \text{Gl. 1.12}$$

mit:

R Amplitude der aufgebrachten Belastung

m = -5,1

K = 3,120

Die Ableitung erfolgte durch eine Neuauswertung von 280 internationalen Push-Out Versuchen. Hierbei ist das Vorgehen bei der Auswertung vergleichbar mit der Herleitung der *Wöhler*linie des EC4. Im Gegensatz zu dem dort angesetzten Zusammenhang von N und $\Delta\tau$ wird hier N_f nicht alleine als eine Funktion von $\Delta\tau = R/A_s$ betrachtet. *Oehlers* fand mittels einer multiplen parallelen Regressionsanalyse heraus, dass bei diesem Verhältnis sogar die größten Streuungen von N_f auftreten. Die geringste Streuung stellt sich ein, wenn man die Lastamplitude ins Verhältnis zu der statischen Tragfähigkeit setzt ($N_f = f(R/P_s)$).

Für die Bestimmung der Konstanten K führte *Oehlers* 20 eigene Push-Out Versuche durch [1.38]. Die Auswertung erfolgte zusammen mit den Versuchsergebnissen von *Maeda* [1.39], da hier die statische Tragfähigkeit explizit bestimmt wurde. Obwohl dies die einzige Gemeinsamkeit zwischen beiden Versuchsreihen ist, stellte sich eine enge Korrelation ein und K wurde mittels einer Regression über den Mittelwert abgeleitet. Für Bemessungszwecke ist der charakteristische Wert von K bei der zweifachen Standardabweichung S erforderlich (m - 2S). Die getrennte Auswertung beider Serien brachte den Wert S = 0,704. Der charakteristische Wert K_{ch} kann dann über die folgende Gleichung ermittelt werden:

$$K_{ch} = 3{,}120 - \frac{0{,}704}{\sqrt{n}} \qquad \text{Gl. 1.13}$$

mit:

n = Dübelanzahl zwischen dem Bemessungspunkt und dem nächsten Wendepunkt der Biegelinie

Laut *Oehlers* ist die Einbeziehung von n deshalb erforderlich, weil die Dübel als Gruppe versagen und K_{ch} umgekehrt proportional zu $\sqrt{n}$ ist. Das ist darauf zurück zu führen, dass an den Wendepunkten der Biegelinie die anteilige Normalkraft im Betongurt bzw. im Stahlprofil gerade gleich Null ist, wegen M = 0. Die Verbundmittel müssen die Normalkraftdifferenz zwischen diesen Punkten ein- bzw. wieder ausleiten und wirken daher bei *Oehlers* als „Gruppe“ zusammen, siehe Bild 1.26. Nach *Johnson* [1.42] sollte n maximal mit 30 angesetzt werden.

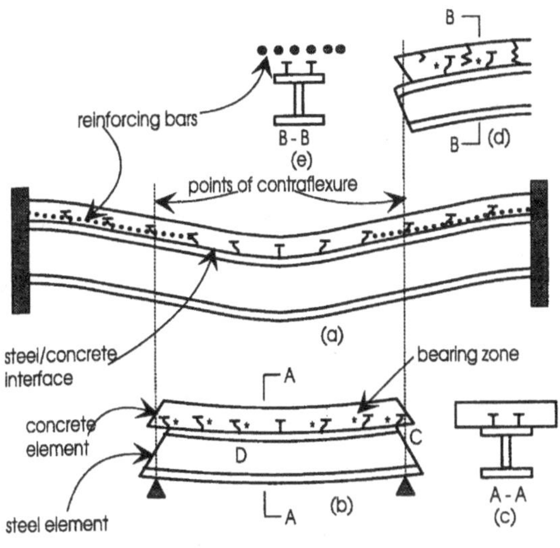

Bild 1.26 Trag- und Verformungsverhalten eines durchlaufenden Verbundträgers unter gleichförmiger Belastung, nach *Oehlers* [1.35], Festlegen des Faktors n

Das Gruppenversagen wurde in Versuchen von *Oehlers & Coughlan* [1.37] und Computersimulationen von *Oehlers & Singleton* [1.40] abgeleitet. Hierbei zeigte sich, dass jeder Lastzyklus ein Schlupfinkrement herbeiführt, was Kräfteumlagerungen in der Verbundfuge zur Folge hat. Durch die Berücksichtigung von n wird demnach indirekt die Nachgiebigkeit der Verbundmittel näherungsweise mit berücksichtigt.

Durch Einsetzen der Parameter, Umstellen der Gl. 1.12 und Gleichsetzen mit Gl. 1.13 erhält man folgende Formel für die charakteristische, asymptotische Dauerfestigkeit

$$(N_f)_{ch} = 10^{3{,}120-(0{,}704/\sqrt{n})}\left(\frac{R}{P_s}\right)^{-5{,}1} = \left(\frac{N_e}{1-\frac{P_m}{P_s}}\right) \qquad \text{Gl. 1.14}$$

Man kann erkennen, dass die Lebensdauer der Dübel direkt von der statischen Tragfähigkeit P_s abhängt und indirekt von der asymptotischen Dauerfestigkeit N_f, welche wiederum eine Funktion von P_s ist. Für eine exakte Vorhersage der ertragbaren Lastspielzahlen ist es also wichtig, die statische Tragfähigkeit möglichst genau zu bestimmen.

1.5.1.1 Zur statischen Tragfähigkeit nach *Oehlers*

Aufbauend auf der Arbeit von *Ollgaard* leitete *Oehlers* die folgende Gleichung für die statische Tragfähigkeit von Dübeln aus Push-Out Versuchen her:

$$P_{ps} = 5{,}3\,A_{sh} \cdot f_c^{0,35} \cdot \left(\frac{E_c}{E_s}\right)^{0,40} \cdot f_u^{0,65} \quad \text{(ps...\textbf{p}ush-out, \textbf{s}trength)} \qquad \text{Gl. 1.15}$$

Im Gegensatz zu den Bemessungsformeln nach EC4 verzichtet *Oehlers* hier ebenfalls auf eine Trennung in zwei Kriterien. Nach EC4 muss das Stahl- und das Betonversagen getrennt untersucht werden. Der kleinere Wert ist dann maßgebend für die maximal anzusetzende Dübeltragfähigkeit. Für kleine Betondruckfestigkeiten werden mit Gl. 1.15 etwas konservativere Werte als nach EC berechnet.

Die Übertragung der Funktion von Push-Out Versuchen auf die Tragfähigkeit von Dübeln in Verbundträgern P_{cb} (cb...composite beam) erfolgte über eine Reduktion des Vorfaktors um 19 % auf 4,3. Diese Abminderung ist nach *Oehlers* [1.41] erforderlich, um die Modellungenauigkeiten zwischen dem Tragverhalten in Push-Out Versuchskörpern und Trägerversuchen mit zu erfassen, vgl. Kap. 1.4.3.

Analog zur asymptotischen Dauerfestigkeit bezieht *Oehlers* auch bei der Herleitung der charakteristischen Tragfähigkeit das Gruppenversagen der Dübel über den Wert $\sqrt{n}$ mit ein, und man erhält Gl. 1.16:

$$(P_{cb})_{ch} = \left(4{,}3 - \frac{1{,}1}{\sqrt{n}}\right) A_{sh}\, f_c^{0{,}35} \left(\frac{E_c}{E_s}\right)^{0{,}4} f_u^{0{,}65} \text{ (ch...**ch**aractaristic)} \qquad \text{Gl. 1.16}$$

1.5.1.2 Zusammenfassung zum Nachweiskonzept von *Oehlers*

Das Bemessungskonzept nach *Oehlers* und das Konzept nach EC4, Teil 2 sind auf den ersten Blick sehr unterschiedlich, weisen am Ende aber im prinzipiellen Vorgehen doch einige Übereinstimmungen auf. Beide Konzepte verwenden Nennspannungen, die unter der Annahme starren Verbundes zwischen den beiden Verbundpartner ermittelt werden. In beiden Konzepten werden die ermüdungswirksamen Schwingbreiten über eine *Wöhler*linie beurteilt, die bei *Oehlers* jedoch nicht allein auf der Schwingbreite, sondern auf dem Verhältniswert Schwingbreite zu statischer Tragfähigkeit basiert.

Die Nachgiebigkeit oder besser die Möglichkeit zu Kräfteumlagerungen der Verbundmittel untereinander wird bei *Oehlers* näherungsweise über einen Parameter n berücksichtigt, der die Anzahl der Verbundmittel zwischen dem Bemessungspunkt und dem nächsten Wendepunkt der Biegelinie angibt.

Für ein reales Brückentragwerk ist es durch die Wanderlasten auch bei *Oehlers* nicht möglich, die relevanten Wendepunkte definitiv anzugeben, diese ändern sich ständig. In erster Näherung, als Ausgangspunkt einer iterativen Berechnung, soll $n = \infty$ gewählt werden, was analog dem EC4 der Annahme starren Verbundes entspricht.

Oehlers berücksichtigt das unterschiedliche Tragverhalten der Dübel in Push-Out- und in Trägerversuchen durch einen angepassten Beiwert bei der Ermittlung der statischen Tragfähigkeit.

Im EC4 finden weitere ermüdungsrelevante Parameter wie z. B. das Verhältnis zwischen Amplitude und statischer Tragfähigkeit oder gar eine Reduktion der statischen Tragfähigkeit und damit eine Kopplung des statischen und des Ermüdungsnachweises keine Berücksichtigung. Dadurch fügt sich der Nachweis für einbetonierte KD einheitlich in die sonstigen Bauteilnachweise der Europäischen Normung ein.

Als Schadensakkumulationshypothese verwenden beide Konzepte die *Palmgren – Miner* Regel!

Auf der Belastungsseite ist das Vorgehen beider Verfahren gleich. Hier ist im Rahmen der europäischen Normung der EC1 zu verwenden, *Oehlers* verwendet ein ähnliches Konzept.

Das Konzept von *Oehlers* ist komplexer und berücksichtigt mehr wissenschaftlich erarbeitete Einflussgrößen. Nichtlineare Effekte, die zweifelsfrei vorhanden sind, wurden auf baupraktisch sinnvolle und „einfache" Weise eingearbeitet. Dennoch wird sich in Kapitel 4 zeigen, dass auch das Nachweiskonzept von *Oehlers* das reale Tragverhalten nicht ausreichend exakt wiedergeben kann und grundsätzlich konservativere Ergebnisse liefert als das EC4-Konzept. In eigenen Versuchsnachrechnungen musste *Oehlers* immer noch Abweichungen zwischen Versuch und Berechnung von über 100% akzeptieren. In Bezug auf die Dübelermüdung scheint dies sogar ein noch akzeptables Resultat zu sein, da die Streubreiten gerade hier extrem groß sind, was alleine schon aus dem Fächer der verfügbaren *Wöhler*linien ersichtlich ist, vgl. Bild 1.19.

2 Neuere Forschungsarbeiten zum Ermüdungsverhalten einbetonierter Kopfbolzendübel

Der Nachweis der Betriebsfestigkeit erfolgt wie jeder statische Nachweis auch in drei Schritten. Zunächst müssen geeignete Lastannahmen zur Abschätzung der betriebsfestigkeitsrelevanten *Bauwerksbelastung* getroffen werden, danach werden unter Anwendung geeigneter *Übertragungsfunktionen* die lokalen Beanspruchungen im betrachteten Bauteil berechnet, und am Ende werden diese Beanspruchungen den vorhandenen Beanspruchbarkeiten, die i.d.R. durch die spezifischen verwendeten *Materialeigenschaften* definiert sind, gegenübergestellt. Zu allen Gebieten des Betriebsfestigkeitsnachweises der Verdübelung wurden in jüngerer Vergangenheit Forschungsarbeiten durchgeführt. Alleine an der Universität Kaiserslautern sind hier die Arbeiten von *Becker* [2.1], *Kretz* [1.34] und *Mensinger* [1.10] zu nennen.

2.1 Zur Bauwerksbelastung

Beim Nachweis der Ermüdungsfestigkeit sind die Bauwerksbelastungen durch die nicht ruhenden Gebrauchslasten gegeben. Hier besteht die besondere Schwierigkeit, dass diese stochastischen Charakter haben, vor allem im Straßenbrückenbau. Ein generelles Problem besteht für den Ingenieur darin, die zukünftige Verkehrsentwicklung hinsichtlich der Fahrzeuganzahl, aber auch der Fahrzeuggewichte sinnvoll abschätzen zu können. Man kann daher mit Bestimmtheit sagen, dass die größte Unsicherheit bei der Bemessung des Grenzzustandes der Ermüdung auf Seiten der anrechenbaren Bauwerksbelastung liegt.

Schütz kommentierte in [2.10] wie folgt: „So hat sich zwischen 1950 und 1980 die Verkehrsfrequenz verzehnfacht, die zulässigen Gewichte für Schwerfahrzeuge haben sich fast verdoppelt, die Anteile dieser Schwerfahrzeuge am Gesamtverkehr vergrößert und die Anträge auf Zulassung von Schwersttransporten vervielfacht."

Zur besseren Abschätzung und zur Erzeugung realistischer Verkehrslastkollektive existieren diverse Verkehrslastmodelle und zahlreiche Veröffentlichungen zu deren Erarbeitung und Entstehung. [2.2-2.11]. Im EC1, Teil 3 [2.12] werden für Straßenbrücken 4 Ermüdungslastmodelle, für Eisenbahnbrücken insgesamt 12 Betriebszugtypen, aus denen dann zwei Standardmischverkehre zusammengesetzt werden können, angegeben.

Mensinger setzte das Ermüdungslastmodell 4 des EC1 für Straßenbrücken, welches aus insgesamt 5 Typenfahrzeugen besteht, Bild 2.1, und dessen stochastische Modifikation nach *Pohl* [2.3], Bild 2.2, in seinem Programmsystem VERKEHR um, Bild 2.3.

Fahrzeugtyp			Verkehrsart			
1	2	3	4	5	6	7
			Große Entfernung	Mittlere Entfernung	Lokalverkehr	
Schwerfahrzeug	Achsabstand [m]	Ersatzachslast [kN]	Schwerverkehranteil [%]	Schwerverkehranteil [%]	Schwerverkehranteil [%]	Reifenart
	4,5	70 130	20,0	50,0	80,0	A B
	4,20 1,30	70 120 120	5,0	5,0	5,0	A B B
	3,20 5,20 1,30 1,30	70 150 90 90 90	40,0	20,0	5,0	A B C C C
	3,40 6,00 1,80	70 140 90 90	25,0	15,0	5,0	A B B B
	4,80 3,60 4,40 1,30	70 130 90 80 80	10,0	10,0	5,0	A B C C C

Bild 2.1. Gruppe von Ersatzfahrzeugen des Lastmodells 4 [EC1]

Zielsetzung war die Ermittlung realitätsnaher Beanspruchungskollektive für nicht ruhend beanspruchte Bauteile. Diese Beanspruchungskollektive sollen hinsichtlich der Bauteilermüdung auf der Grundlage des Nennspannungskonzeptes interpretiert sowie als Eingangsdaten für Zeitreihenversuche verwendet werden. Des weiteren sollte die Interpretation gemessener Beanspruchungsverläufe möglich sein. Das Programmsystem sollte sich zudem zur Durchführung umfangreicher Parameterstudien eignen. Als Übertragungsfunktion zur Berechnung der Dübelkraftkollektive findet die Cousinenformel Anwendung, die Kollektive werden auf der Grundlage von linearen Einflusslinien unter der Annahme konstanter Querschnittswerte erzeugt. Detailliertere Programmbeschreibungen, Anwendungsergebnisse und Leistungsumfang können [1.10,2.13,2.14] entnommen werden.

In der vorliegenden Arbeit wird die Problematik der relevanten Bauwerksbelastung nicht weiter behandelt, da über deren Entwicklung einerseits nur spekuliert werden kann. Außerdem stehen andererseits durch die Entwicklung von offenen Programmsystemen wie VERKEHR, dass über die Ermüdungslastmodelle des EC1 hinaus auch geeignet ist, beliebige, zukünftige Fahrzeugtypen zu generieren, die notwendigen Hilfsmittel zur Verfügung stehen, um jederzeit neue, angepasste Verkehrslastkollektive zu erzeugen. Um die aus der Bauwerksbelastung resultierenden Unsicherheiten nicht noch zu verstärken, müssen geeignete Übertragungsfunktionen und Materialgesetze zur Verfügung stehen, die das phänomenologische Verhalten so zuverlässig beschreiben, dass unabhängig von der Gestalt des Kollektivs eine sichere Aussage über das Ermüdungsverhalten möglich ist.

Lkw-typ	Geometrie und Lastverteilung	Auftretens-wahrschein-lichkeit [%]	Gesamtgewicht von Fahrzeug und Ladung Mittelwert [kN]	Stand.-abw. [kN]
Lkw 1	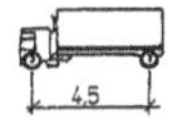 4,5	20		
Fahrzeug	0,60 0,40		50	20
Ladung	0,20 0,80		95	40
Lkw 2	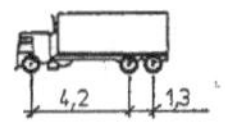 4,2 1,3	5		
Fahrzeug	0,60 0,20 0,20		50	20
Ladung	0,12 0,44 0,44		180	70
Lkw m. Anhänger	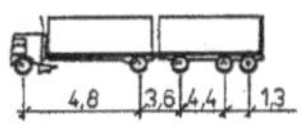 4,8 3,6 4,4 1,3	10		
Fahrzeug	0,30 0,22 0,18 0,15 0,15		135	50
Ladung	0,06 0,32 0,22 0,20 0,20		200	70
Sattelzug 1	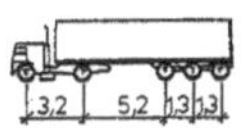 3,2 5,2 1,3 1,3	40		
Fahrzeug	0,36 0,25 0,13 0,13 0,13		135	50
Ladung	0 0,34 0,22 0,22 0,22		230	80
Sattelzug 2	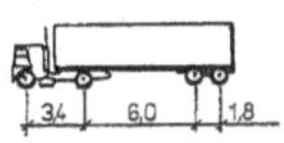 3,4 6,0 1,8	25		
Fahrzeug	0,40 0,28 0,16 0,16		110	40
Ladung	0,04 0,40 0,28 0,28		180	70

Bild 2.2 Lkw- Lastmodell „Langstreckenverkehr“ laut Vorschlag nach *Pohl* [2.3]

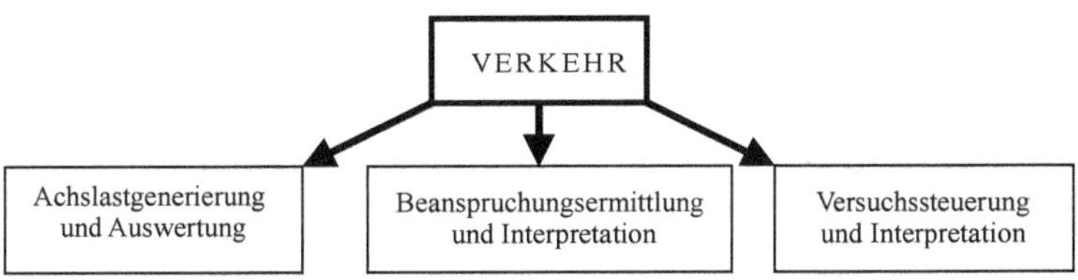

Bild 2.3 Grundmodule des Programmsystems VERKEHR [10]

2.2 Zur Übertragungsfunktion und zum (zyklischen) Materialverhalten einbetonierter KD unter nicht ruhender Beanspruchung

Die Übertragungsfunktion stellt den Zusammenhang zwischen globaler, betriebsfestigkeitsrelevanter Bauteilbelastung und lokalen Beanspruchungen (Zugspannungen im Stahlträger-Obergurt, Zugkräfte in der Bewehrung, Scherkräfte in der Verdübelung und in weiteren Verbindungen) her, vgl. Bild 2.4 [1.10].

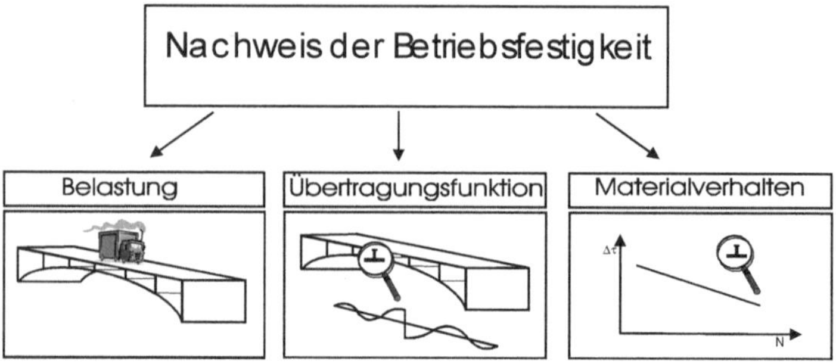

Bild 2.4 Bestandteile des Betriebsfestigkeitsnachweises [1.10]

2.2.1 Dübelkraftbestimmung nach den Methoden der elementaren Statik

Üblich ist die Berechnung der Dübelkräfte mit Gl. (1.10). Ohne die Berücksichtigung der Rissbildung im Betongurt stellt sie eine sehr einfache Näherung für die tatsächlich auftretenden Schubkräfte dar. Die Rissbildung des Betons könnte man mit Querschnittswerten für den gerissenen Zustand II berücksichtigen. Doch erst das Mitwirken des Betons zwischen den Rissen liefert angenähert richtige Beanspruchungen für den negativen Momentenbereich.

Doch damit sind die Steifigkeitsverhältnisse und die sich daraus ergebenden Kraftverläufe belastungsabhängig. Das heißt, es sind aufwendige nichtlineare Berechnungen durchzuführen, um genaue Dübelkräfte für den Betriebsfestigkeitsnachweis zu ermitteln. Inzwischen enthalten [1.13] und [1.14] für starren Verbund in ihren Anhängen Formeln und Hinweise, wie die Dübelkräfte, Kräfte in der Bewehrung und Spannungen im oberen Flansch unter Berücksichtigung der Rissbildung und des Mitwirkens des Betons zwischen den Rissen ermittelt werden können. Diese Vorschläge gehen auf Arbeiten von *Hanswille* zurück.

2.2.2 Die Differenzialgleichung des elastischen Verbundes

Das Differenzialgleichungssystem des elastischen Verbundes erlaubt bei der Bestimmung der Dübelkräfte die Berücksichtigung linearer Dübelkennlinien. Die Herleitung dieser Gleichung kann z.B. [2.15] entnommen werden.

Eine geschlossene Lösung für verschiedene Belastungsfälle liefert *Hoischen* in [2.16]. Lösungen für weitere Fälle finden sich in [2.17] und [2.18]. Die dort behandelten Fälle gehen jedoch alle von einer über die Trägerlänge konstanten, linear elastischen Federsteifigkeit der Verbundmittel aus.

Die Lösung komplexerer Probleme gestaltet sich schwierig, da zur Lösung der Differenzialgleichung an den Rändern jeweils drei Randbedingungen zu bestimmen sind. Bei jeder Abstufung der Dübelsteifigkeit pro Meter und bei jedem Querkraftsprung müssen 6 Übergangsbedingungen mehr bestimmt werden, was die Anwendung erschwert [1.10].

Mensinger leitet in [1.10] die Lösung für den Fall „Einfeldträger mit exzentrischer Einzellast bei abschnittsweise unterschiedlichen Dübelsteifigkeiten" her. Im Rahmen dieser Arbeit wird auf die Lösung zusätzlicher Fälle aus folgenden Gründen verzichtet:

- Mit den Lösungen von Differenzialgleichungen lassen sich mit vertretbarem Aufwand keine allgemeingültigen Lösungen für Verbundbrücken erarbeiten.
- Es hat sich gezeigt, dass die Steifigkeitsverhältnisse weder über die Trägerlänge, noch im Laufe der Lebensdauer konstant sind. Durch das zyklische Materialverhalten der KD kommt es zu weiteren Dübelkraftumlagerungen mit zunehmender Lastspielzahl. Eine Differenzialgleichungslösung erscheint daher in diesem Fällen nicht sinnvoll.
- Mit Hilfe der Methode der Finiten Elemente lassen sich solche Aufgaben schneller, allgemeingültiger und „zeitgemäßer" lösen.

2.2.3 Dübelkraftermittlung mit Hilfe der Methode der Finiten Elemente

Im Fall der Verbundträger müssen die verwendeten Programmsysteme zumindest physikalisch nichtlineare Berechnungen ermöglichen, bei komplexeren Tragstrukturen mit Querschnittssprüngen, Stegöffnungen o. ä. müssen zudem geometrisch nichtlineare Einflüsse berücksichtigt werden können.

Mittlerweile ist die Programmentwicklung und die Rechnerleistung so weit fortgeschritten, dass solche Berechnungen auch mit kommerziell verfügbaren Programmsystemen möglich sind. Die Abbildung des nichtlinearen Materialverhaltens von Stahlbeton und von Baustahl sind inzwischen oftmals programmseitig vorimplementiert. Die Nachgiebigkeit der Verbundmittel und der Verbundfuge kann diskret durch nichtlineare Federelemente oder verschmiert entlang der Verbundfuge modelliert werden.

2.2.3.1 Modellierung des zyklischen Materialverhaltens einbetonierter KD

Die Komplexität der lokalen Vorgänge, die durch das Zusammenspiel des Dübelstahls mit dem Umgebungsbeton entsteht, wurde bereits in Abschnitt 1.2 ausführlich erläutert.

Unter nicht ruhenden Gebrauchslasten äußert sich das mit der Zeit veränderliche, zyklische Materialverhalten wie folgt:

Durch die fortschreitende Zerstörung des Betons am Bolzenfuß, in Kombination mit Plastizierungen im Bolzenschaft, entsteht ein ständig größer werdender *Bereich annähernd kraftloser Verformung*.

Ist dieser Bereich durchlaufen, nehmen die Verbundmittel über weite Bereiche der Lebensdauer mit annähernd konstanter Steifigkeit wieder Kraft auf.

In kraftgeregelten Einstufenversuchen äußert sich dieses Verhalten durch ein „Wandern“ der Last - Verformungs Hysteresen, Bild 2.5. Führt man weggeregelte Push-Out Versuche durch, so wird das lokale Hystereseverhalten, wie es sich in einem realen, innerlich statisch unbestimmten Verbundträger darstellt, noch deutlicher, vgl. Bild 2.6.

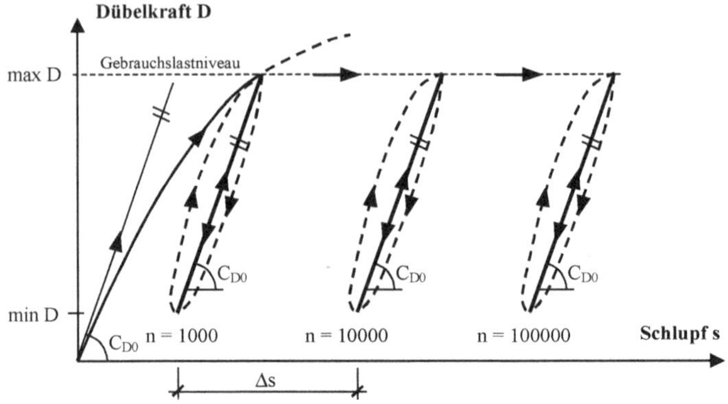

Bild 2.5 Prinzipielles Last - Verformungsverhalten eines kraftgeregelten, schwellend beanspruchten Push-Out Versuches (R ≈ 0) unter nicht ruhenden Gebrauchslasten [1.23]

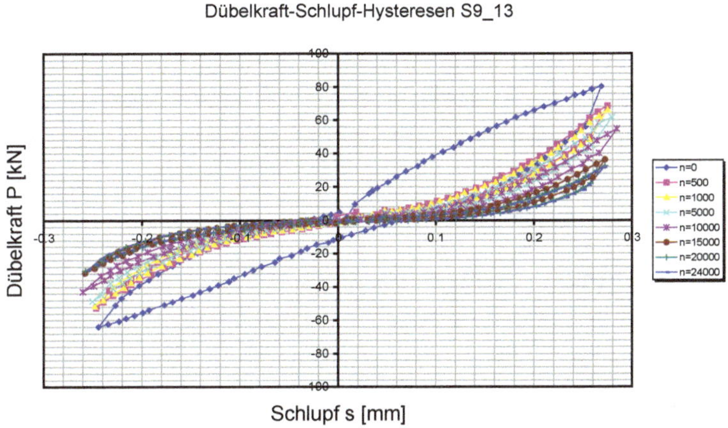

Bild 2.6 Kraft-Schlupfverhalten von Kopfbolzendübeln unter zyklischer, weggeregelter Wechselbeanspruchung (R = -1)

Generell kann beobachtet werden, dass die Nachgiebigkeit der Verbundmittel bei der ersten Be- und Entlastung am stärksten ausgeprägt ist, die Hysteresen sind völlig, es wird viel Energie dissipiert. Das konnte in mehreren Forschungsvorhaben beobachtet werden [1.10],[1.24] und [2.19]. Das bedeutet, dass die in einem Verbundträger stattfindenden Umlagerungen zu Beginn der Belastung am größten sind.

Das zyklische Materialverhalten, mit Ausnahme der ersten statischen Hysterese, lässt sich vereinfacht entsprechend Bild 2.7 darstellen.

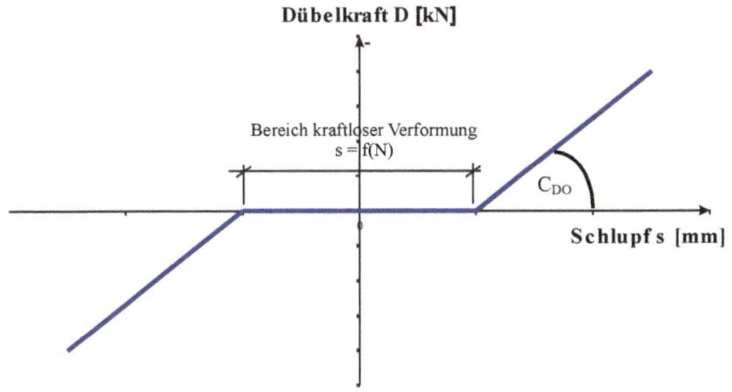

Bild 2.7 Vereinfachtes Last-Verformungsdiagramm unter zyklischer Beanspruchung

Die Schwierigkeit bei der FE - Modellierung besteht zum einen darin, ein solches Materialverhalten aufgrund der starken Steifigkeitssprünge zu implementieren, ohne dass starke Konvergenzprobleme auftreten.

Zum anderen aber ist das größte Problem, die zeitliche Entwicklung des Bereichs der kraftlosen Verformung abzuschätzen. Hier fehlen noch grundlegende Untersuchungen, die vorliegende Arbeit wird dies als einen der zentralen Punkte behandeln (vgl. Kapitel 5)!

2.2.3.1.1 Bisherige Untersuchungen zum zyklischen Materialverhalten

Kretz versuchte in [1.34], die Entwicklung des kraftlosen Bereichs (Spiel) in Abhängigkeit einer Schädigung, die auf der Grundlage der *Miner*-Regel berechnet wird, zu formulieren, Bild 2.8.

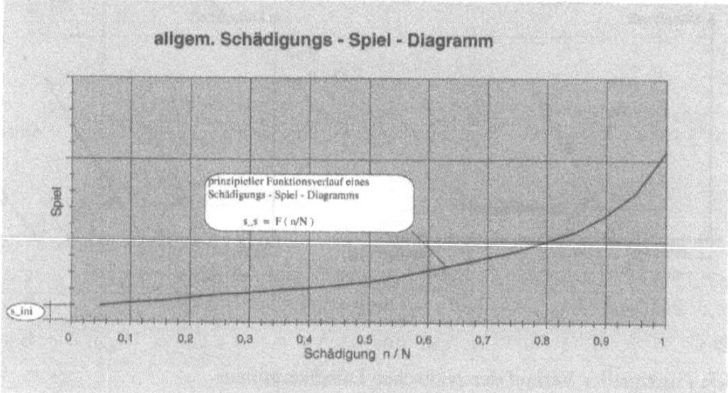

Bild 2.8 Entwicklung des kraftlosen Bereiches nach *Kretz* [1.34]

Kretz erweiterte dafür das in Kaiserslautern entwickelte Programmsystem *ngverbund* um das Modul *nglife*. Hiermit lassen sich iterative Berechnungen von Verbundträgern unter nicht ruhender Belastung durchführen. Es wird ein vereinfachtes Materialgesetz für die Dübel entsprechend Bild 2.7 implementiert. Nach der Berechnung eines Lastzyklus werden durch ein entsprechendes Nachlaufmodul die aufgetretenen Teilschädigung aller Bauteile, auch der Dübel, auf der Grundlage der *Miner*-Regel unter Ansatz der in Kapitel 1 vorgestellten *Wöhler*linie berechnet. Entsprechend eines in Bild 2.8 dargestellten Funktionals wird das für jeden Dübel anzusetzende Spiel ermittelt und für die Berechnung des folgenden Lastzyklus implementiert. Erreicht die Summe der Teilschädigungen eines Bauteils den Wert 1, so fällt dieses Bauteil oder die Querschnittsfaser für den nächsten Lastzyklus aus. Anhand dieses Vorgehens wird in [1.34] die Nachrechnung mehrerer Trägerversuche, die im Labor für konstruktiven Ingenieurbau der Universität Kaiserslautern durchgeführt wurden, vorgestellt. Das Vorgehen besitzt keine Allgemeingültigkeit, da für jeden Träger ein eigenes Funktional für die Entwicklung des Spiels abgeleitet werden muss, dass in iterativen Berechnungen an den jeweiligen Versuchsergebnissen solange kalibriert wird, bis das Berechnungsergebnis für die Schlupfentwicklung mit den Versuchswerten übereinstimmte. Das bedeutet, dass auf diese Weise kaum Prognosen über die erreichbaren Lebensdauern in einem „neuen“ System möglich sein werden, da stets ein bekannter Schlupfverlauf benötigt wird, um die Schädigungs - Spiel Funktion aufzustellen. Das heißt, die zu beurteilenden Verbundeigenschaften müssen zum Teil bereits bekannt sein.

Das seinerseitige Vorgehen ist aber noch aus anderen Gründen kritisch zu bewerten. Zunächst ist die Gültigkeit der *Miner*-Regel für den Fall der einbetonierten Kopfbolzendübel nicht verifiziert. Darüber hinaus wurde die Versuchsnachrechnung mit charakteristischen Materialkenngrößen durchgeführt, die Schädigung wurde aber auf der Grundlage der Bemessungs - *Wöhler*linien ermittelt. Die berechneten Versagenslastspielzahlen für die einzelnen Dübel wurden mit den Versuchswerten verglichen, wobei der genaue Versagenszeitpunkt der einzelnen Dübel nur abgeschätzt werden konnte.

Das Verfahren und die Ergebnisse eignen sich dennoch sehr gut, die in einem Verbundträger stattfindenden Umlagerungsvorgänge unter nicht ruhender Belastung bei gegebener Schlupfentwicklung besser zu verstehen und zumindest qualitativ zu visualisieren.

Bei der Untersuchung des Ermüdungsverhaltens hat man sich in der überwiegenden Anzahl der Fälle nur auf den Zusammenhang zwischen der Lastamplitude (-schwingbreite) und der Versagenslastspielzahl konzentriert. In der Literatur existieren daher nur einige wenige neue Ansätze zur analytischen Beschreibung der Schlupfentwicklung [1.37,1.28,2.20-2.22,1.12], die von *Taplin & Grundy* in [1.12] zusammengestellt und um einen eigenen Vorschlag ergänzt wurden.

Bild 2.9 zeigt die grafische Aufbereitung der verschiedenen Ansätze. Die angegebene Gleichung beschreibt die gefundene Beziehung von *Taplin & Grundy* in [1.12] (mit author's data und author's eqn bezeichnet). Ihnen allen gemeinsam ist die Formulierung dieser Entwicklung in Abhängigkeit des Verhältnisses von aufgetretener Dübelkraft zur statischen Traglast der verwendeten Dübel.

Wie man leicht erkennen kann, so weichen die verschiedenen Ansätze sehr stark voneinander ab. Das hat mehrere Ursachen, wie z. B. unterschiedliche Dübeldurchmesser. *Hallam* [1.28] testete Bolzendurchmesser 19mm (KD19), *Lo* [2.22] verwendete KD16; *Oehlers & Coughlan* [1.37] KD12,5 und die Autoren *Taplin & Grundy* [2.20,2.21,1.12] stellten Ihre analytische Beziehung ebenfalls für KD12,5 auf. Ein weiterer Unterschied ist in den verwendeten Betongüten zu suchen, die z. T. stark voneinander abweichen.

Taplin & Grundy empfehlen daher, ihre Beziehung ausschließlich für die von ihnen untersuchten KD12,5 und die in Ihren Untersuchungen vorliegende Betongüte, die zwischen $f_{ck,cyl} = 40 - 50$ N/mm² lag, zu verwenden. Für eine quantifizierbare Aussage bezüglich anderer Bolzendurchmesser in Kombination mit anderen Betonen fehlen weiterführende Untersuchungen.

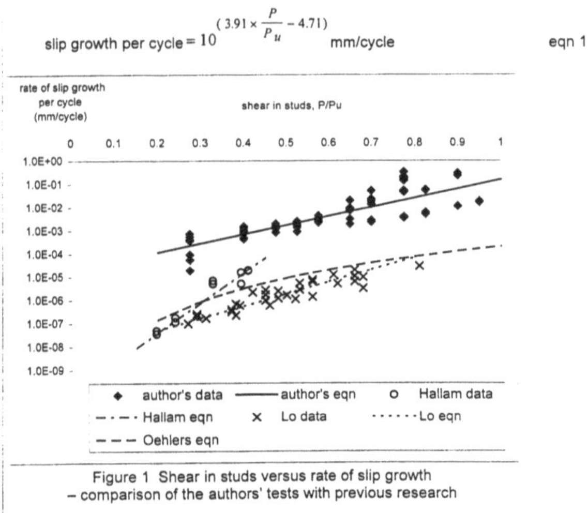

Bild 2.9 Verschiedene Ansätze zur Beschreibung der Schlupfentwicklung [1.12].

Generell muss hier angemerkt werden, dass auch innerhalb der einzelnen Versuchsserien z. T. nur schwache Korrelationen zwischen dem Schlupfwachstum und dem hier verwendeten Kräfteverhältnis erzielt wurde. Die von *Taplin & Grundy* in Bild 2.9 angegebene Beziehung wurde aus schwellend beanspruchten Versuchen abgeleitet, der Korrelationskoeffizient betrug hierbei r = 0,71 (in Bild 2.9 mir R^2 bezeichnet). Innerhalb der gleichen Versuchsserie führten *Taplin & Grundy* auch wechselnd beanspruchte Versuche mit einem Spannungsverhältnis von R = -1 durch. Hier wurde eine noch deutlich schlechtere Korrelation von r = 0,49 erzielt.

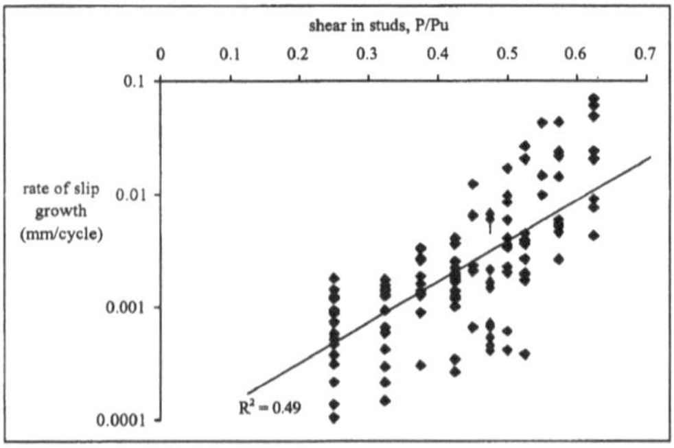

Bild 2.10 Zusammenhang zwischen der Schlupfwachstumsrate und der Dübeloberlast in wechselnd beanspruchten Versuchen nach [2.30]

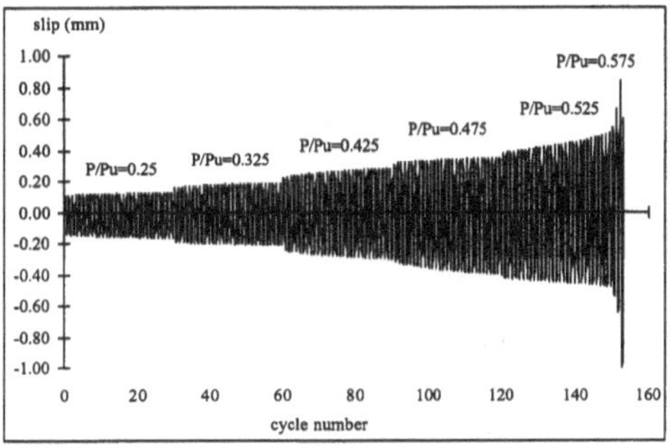

Bild 2.11 Exemplarisches Lastkollektiv zu den Versuchen von *Taplin & Grundy* [2.30]

Bei *Taplin & Grundy* ist die Art und Weise der experimentellen Ableitung dieser Beziehung mit einer gewissen Vorsicht zu betrachten:

Sie führten Mehrstufenversuche durch, Bild 2.11 zeigt ein aufgebrachtes Lastkollektiv. Zu jeder neuen Laststufe wurde die Schlupfentwicklung aufgezeichnet und der Zusammenhang zwischen Oberlast und Schlupfentwicklung empirisch abgeleitet. Dabei fällt auf, dass nur wenige Lastzyklen auf einer Laststufe durchgeführt wurden. Das heißt, es wird vorausgesetzt, dass unter einer beliebigen Einstufenbelastung das Schlupfwachstum immer ein stabiles und annähernd konstantes Niveau ausbildet. Dieser Zusammenhang ist jedoch noch nicht umfassend geklärt. Aus der überwiegenden Anzahl der Versuche ist zwar bekannt, dass das Schlupfwachstum über einen weiten Bereich der Lebensdauer annähernd linear ist, doch gerade zum Versuchende hin, wenn der Bolzen schon deutlich vorgeschädigt ist, nimmt bei kraftgesteuerter Versuchsdurchführung der Schlupf überproportional zu. Ob dies den Verhältnissen in einem realen Träger entspricht, ist jedoch ebenfalls fraglich, da sich hier die Verformungen aufgrund der Stützwirkungen benachbarter Bolzen nicht frei einstellen können.

Neben der Tatsache, dass die Anwendung aller angegebenen Beziehungen stets stark auf die in den Untersuchungen vorliegenden Verhältnisse beschränkt ist, ist ein genereller Schwachpunkt darin zu sehen, dass diese Beziehungen von der statischen Tragfähigkeit und der auftretenden Dübelkraft abhängig sind.

Die statische Tragfähigkeit selbst ist ein Materialparameter, der in der Literatur durch eine Vielzahl von Gleichungen beschrieben wird, die z. T. stark voneinander abweichende Ergebnisse liefern. Eine (unvollständige) Zusammenstellung verschiedener Bemessungsgleichungen zeigt z.B. Tabelle 2.1 aus [2.23]. Bei der Anwendung der verschiedenen Bemessungsformeln können leicht Abweichungen von über 20% entstehen, die sich dann bei der Anwendung von *Wöhler*linien bei der Lebensdauerprognose überproportional auswirken können.

Die Bestimmung der auftretenden Dübelkraft ist aufgrund der in diesem Abschnitt beschriebenen Sachverhalte offensichtlich schwierig und nur iterativ zu lösen, da sich der anzusetzende Bereich kraftloser Verformung und die auftretende Dübelkraft gegenseitig beeinflussen. Hinzu kommt, dass die von *Taplin & Grundy* als auch die von *Oehlers* verwendeten KD12,5 im Brückenbau keinerlei praktische Bedeutung haben. Die Untersuchungen dienten lediglich der Klärung phänomenologischer Eigenschaften, die aber qualitativ vermutlich auch auf andere Bolzendurchmesser übertragen werden können.

Unabhängig von den hier beschriebenen Abweichungen bei der Bestimmung der Eingangsgrößen eignen sich die in Bild 2.9 dargestellten Ansätze zur Implementierung in Lösungsalgorithmen nichtlinearer FE – Berechnungen, wenn der Bereich der kraftlosen Verformung sukzessiv angepasst wird.

Taplin & Grundy erläutern in [1.12] die Art der Implementierung ihrer Beziehung in ein FE - Programm und überprüfen ihre Berechungen anhand von Trägerversuchsergebnissen. Die Übereinstimmung kann als ausreichend genau bezeichnet werden, wobei auch hier nur wenige Lastzyklen berechnet wurden.

Eine weiteren, etwas abweichenden Ansatz zur Beschreibung des zyklischen Schlupfzuwachses liefern *Gattesco* [1.11] und *Gattesco & Giuriani* [2.26]. Der Vorteil in diesen Arbeiten ist darin zu sehen, dass sowohl die Be- und Entlastung als auch die Wiederbe- und Wiederentlastung vollständig nichtlinear abgebildet werden.

Tabelle 2.1 Ansätze zur Bestimmung der statischen Tragfähigkeit einbetonierter KD

	Ausdrucksform	**Beziehung**
Slutter und *Driscoll* (1965)	Formel	$P_u = A \cdot d_s \sqrt{f_{cu}}\,;(h_s / d_s \geq 4{,}2)$
	Formel	$P_u = B \cdot d_s \cdot h_s \sqrt{f_{cu}}\,;(h_s / d_s < 4{,}2)$
Menzies (1971) [2.29]	Diagramm	$P_u - f_{cu}$ Beziehung
Ollgaard, Slutter und *Fisher* (1971) [1.31]	Formel	$P_u / A_s = C \cdot \sqrt{f_{cu} \cdot E_c}$
Hawkins (1973)	Formel	$P_u = D \cdot A_s \cdot \frac{\sqrt{f_{cu}} \cdot f_{su}}{\sqrt{d_s}}$
Maeda et. al. (1983) [2.28]	Formel	$P_u = 40 \cdot d_s \cdot h_s \cdot \sqrt{f_{cu} / 10}$
Roik und *Hanswille* (1990) [1.9]	Formel	$P_{u1} = 0{,}37 \cdot d_s^2 \cdot \sqrt{E_{cm} \cdot f_{cu}}$ $P_{u2} = \pi \cdot \frac{d^2}{4} \cdot f_{su}$
Oehlers (1995) [1.45]	Formel	$P_u = 5{,}3 \cdot A_s \cdot f_{cu}^{0,35} \cdot \left(\frac{E_c}{E_s}\right)^{0,40} \cdot f_{su}^{0,65}$

Zielsetzung der *Gattesco*'schen Arbeit war das *low – cycle - fatigue* Verhalten teilweise verdübelter Verbundträger. Der Hintergrund liegt in ihrer Argumentation, dass sich einerseits das nichtlineare Verhalten auch bei vollständiger Verdübelung nicht vermeiden lässt, und zum anderen, dass die sogenannten Überlastungen, für welche die große Anzahl der Verbundmittel tatsächlich notwendig sind, sehr selten vorkommen. *Gattesco* zeigt in seiner Arbeit, dass das nichtlineare Tragverhalten, bzw. die Schlupfentwicklung innerhalb des Tragsystems, weniger durch die Anzahl der Verbundmittel, sondern mehr durch die Dübelanordnung bestimmt wird. Die Konstanten werden z. T. an weggeregelten, z. T. an kraftgeregelten Push-Out Versuchsdaten kalibriert, um danach numerische Simulationen ganzer Brückenträger durchführen zu können. Aus diesen numerischen Simulationen möchte *Gattesco* wiederum reale Schlupfkollektive unter Wanderlasten erhalten, die dann als Eingangsdaten weiterer Push-Out Versuche dienen können, um z.B. die Ableitung einer zuverlässigen Schadensakkumulationshypothese zu ermöglichen.

Das Vorgehen ist insgesamt sehr schlüssig. Als negativ zu bewerten, ist die Einführung von insgesamt 15 Konstanten allein für die erste Be- und Entlastung, die ein quasi beliebiges Einstellen der Last-Verformungskurven zulassen. Des weiteren sind die Untersuchungen wiederum nur gültig für eine Lastwechselzahl von maximal zwei- bis dreitausend Zyklen, die dann aber von deutlich nichtlinearem Verhalten geprägt sind. Das Vorgehen setzt damit voraus, dass kleine Schwingbreiten einen zu vernachlässigenden Schädigungsanteil liefern. Es wird weiterhin vorausgesetzt, dass nach wenigen tausend Zyklen eine Stabilisierung des Systems eintritt, unabhängig von der Größe der aufgebrachten Belastung. Es wird sich im späteren Verlauf der vorliegenden Arbeit zeigen, dass dies nicht der Fall ist. Unklar bleibt bei *Gattesco*, wie der Bereich des bleibenden, plastischen Schlupfes bei einer Lastumkehr und der darauffolgenden Wiederbelastung numerisch behandelt wird. Es ist aber davon auszugehen, dass dieser Bereich ebenfalls „kraftlos" durchlaufen wird.

Als sehr positiv zu bewerten ist die Tatsche, dass der Be- und Entlastungspfad getrennt voneinander abgebildet werden. Es wird nicht davon ausgegangen, dass die Entlastungssteifigkeit der Steifigkeit bei der Erstbelastung entspricht, was auch zunächst der Realität entspricht. Versuchsergebnisse zeigen, dass sich bei Belastungen im *high-cycle-fatigue* Bereich nach wenigen tausend Lastzyklen das in Bild 2.6 und Bild 2.7 dargestellte Verhalten einstellt. Die Hysteresen entarten dann zu annähernd identischen Be- und Entlastungs<u>geraden</u> gleicher Steifigkeit. Bei der (ausschließlichen) Berücksichtigung großer Schwingbreiten, die überwiegend von großen plastischen Verformungen geprägt sind, mag dies dennoch eine unzutreffende Annahme sein.

2.3 Untersuchungen zur Anwendbarkeit der linearen Schadensakkumulationshypothese nach *Palmgren* und *Miner*

Mensinger führte in [1.10] Zeitreihen- und Blockversuche mit Push-Out Versuchskörpern durch. Ziel war die Überprüfung der *Miner*-Regel für KD in Vollbetonplatten und für KD in profilierten Betongurten. Die Versuche wurden allesamt kraftkontrolliert durchgeführt. Für den Einsatz von Profilblechen wurden von *Bode & Mensinger* in [1.10,1.22,2.13] *Wöhler*linien in Abhängigkeit der Dübeloberlast und des Dübeldurchmessers erarbeitet und angegeben. Auf das Ermüdungsverhalten von KD in diesen Fällen wird im Rahmen dieser Arbeit nicht weiter eingegangen, stattdessen wird auf die o.g. Aufsätze verwiesen.

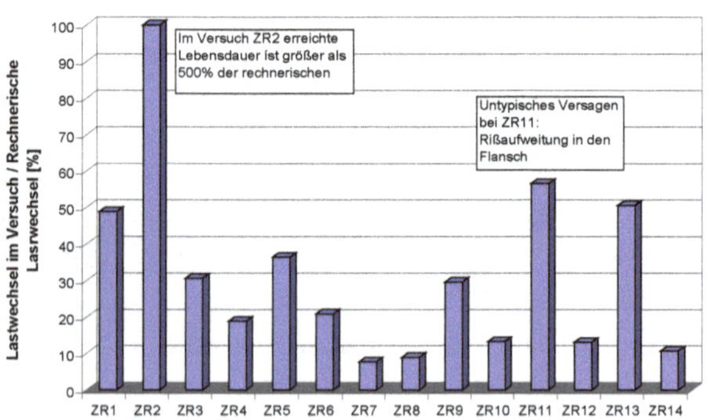

Bild 2.12 Im Versuch erreichte Lebensdauern im Vergleich zu den rechnerischen Lebensdauern des gemessenen Kollektivs [1.10,2.13]

Bild 2.12 zeigt den Vergleich der in den Zeitreihenversuchen mit Vollbetonplatten (KD22) erreichten Lebensdauern mit den theoretischen Lebensdauern bei Auswertung der gemessenen Zeitreihen (Programmsystem VERKEHR, vgl. Kap. 2.1) mit Hilfe der *Miner*-Regel. Man erkennt, dass mit Ausnahme von Versuch ZR2 die rechnerisch ermittelte Lebensdauer in allen Fällen bei weitem nicht erreicht wird. Die *Miner*-Regel liefert also für den Fall der in Vollbeton eingebetteten Kopfbolzendübel unter reiner Schubbeanspruchung überwiegend Ergebnisse auf der unsicheren Seite. Tendenziell lässt sich feststellen, dass die Abweichungen von der *Miner*-Regel umso größer sind, je kleiner die auftretenden schadensäquivalenten Schwingbreiten sind. Dies lässt auf eine Lebensdauerlinie der untersuchten Kollektivform schließen, deren Neigung sich von jener der *Wöhler*linie unterscheidet. Da im Brückenbau mit hohen Lastwechselzahlen und kleinen schadensäquivalenten Schwingbreiten zu rechnen ist, ist dieser Effekt von großer Bedeutung.

In Bild 2.13 ist eine auf Grundlage der Versuche ermittelte Lebensdauerlinie für die untersuchte Kollektivform dargestellt. Da sich die in den Versuchen verwendeten Kollektivformen geringfügig unterscheiden (bezüglich der Berücksichtigung der minimalen Schwingbreite), kann die hier angegebene Lebensdauerlinie allerdings nur eine Näherung darstellen. Der Ermittlung der schadensäquivalenten Schwingbreiten wurden die 50%-Fraktilwerte der *Wöhler*linie aus eigenen kraftgeregelten Einstufenversuchen zur Verifizierung der EC4-*Wöhler*linie [1.10,2.14] zugrunde gelegt.

Im Laufe ihrer Nutzungszeit ist eine Brücke ca. 10^8 Lastwechseln ausgesetzt. Berücksichtigt man beim Ermüdungsnachweis der Verdübelung die Abweichung der Lebensdauerlinie von der *Miner*-Regel, würde dies eine Reduzierung der rechnerischen Dübellebensdauer auf 5% ihres Wertes bei Gültigkeit der *Miner*-Regel bedeuten! Eine solch radikale Abminderung erscheint jedoch unrealistisch, da auch im Falle der Kopfbolzendübel davon ausgegangen werden kann, dass extrem kleine Schwingbreiten (die bei den Versuchen aufgrund der realisierbaren Versuchsdauern vernachlässigt werden mussten) nur sehr geringe oder gar keine Schädigung verursachen.

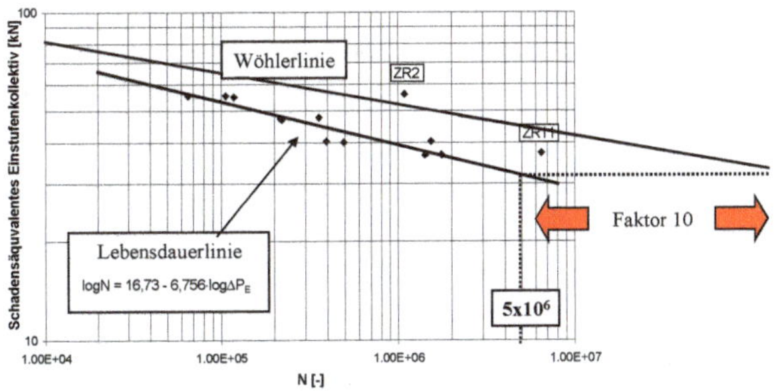

Bild 2.13 Lebensdauerline für die in den Versuchen untersuchte Kollektivform

Orientiert man sich an herkömmlichen *Wöhler*linien, kann man in einer ersten Näherung davon ausgehen, dass dies bei Schwingbreiten mit Lebensdauern größer als $2 \cdot 10^6$ bis $5 \cdot 10^6$ der Fall ist.

Es scheint also gerechtfertigt zu sein, als untere Grenze für die Reduzierung der Dübellebensdauer einen Wert von 10% anzunehmen, der in etwa bei einem schadensäquivalenten Einstufenkollektiv auftritt, welches einer Lebensdauer nach der *Miner*-Regel von ca. $5 \cdot 10^6$ Lastwechseln entspricht.

Aufgrund der flachen Neigung der *Wöhler*linie entspricht diese deutliche Reduzierung nur einer relativ geringen Änderung der rechnerischen schadensäquivalenten Schwingbreite der Schubspannung der Dübel:

$$\Delta\tau_{E,neu} = 0{,}1^{-1/8}\,\Delta\tau_{E,Miner} = 1{,}33 \cdot \Delta\tau_{E,Miner} \qquad \text{Gl. 2.1}$$

Als praxisnahe vereinfachte Regel zur Berücksichtigung der Abweichung wird von *Mensinger* in [1.10] deshalb vorgeschlagen, die schadensäquivalente Schwingbreite wie bisher mit Hilfe der *Miner*-Regel zu ermitteln und anschließend um den Faktor 1,33 zu erhöhen. Wie in [1.10] gezeigt wird, führt diese Erhöhung der rechnerischen schadensäquivalenten Schwingbreite nur in extremen Fällen zu Dübelanzahlen, die größer sind als die nach [1.13] notwendigen.

Es soll an dieser Stelle darauf hingewiesen werden, dass die hier angegebene Regel mit Hilfe der 50%-Fraktilwerte der Auswertung der Zeitreihenversuche ermittelt wurde. Auf eine zusätzliche Sicherheit wurde verzichtet, da diese bereits durch die Verwendung der 95%-Fraktile der *Wöhler*linie ausreichend berücksichtigt scheint.

2.4 Zusammenfassung des Kapitels 2

Es wurde aufgezeigt, dass in allen Teilbereichen des Betriebsfestigkeitsnachweises für die Verbundwirkung von Brücken und ähnlichen Bauwerken Forschungsarbeiten durchgeführt werden, was auch notwendig ist. Neben der ohnehin ungewissen Entwicklung der zukünftigen Bauwerksbelastung, bestehen die größten Lücken offensichtlich in der Abschätzung des zyklischen Materialverhaltens der KD und der Formulierung einer abgesicherten Schadensakkumulationshypothese. Letzteres kann jedoch erst dann erfolgen, wenn das zyklische Materialverhalten ausreichend genau beschrieben und die daraus resultierenden Kräfteumlagerungen rechnerisch entsprechend genau erfasst werden können.

Es wird ersichtlich, dass das tatsächliche Verhalten der KD unter nicht ruhenden Gebrauchslasten stark nichtlinear ist und sich genau genommen einer rechnerischen Erfassung durch Methoden der elementaren Statik völlig entzieht. Zwar verhält sich die Gesamtstruktur unter Gebrauchslasten noch annähernd linear elastisch, doch es treten lokal, an den Dübeln selbst, Plastizitätserscheinungen auf, die durch die mit der Zeit örtlich zerstörte Betonumgebung und die Nachgiebigkeit der Dübel zu erklären sind. Es ist offen, ob mit den momentan bestehenden Konstruktionsvorschriften nach EC4, Teil 2, die Anwendbarkeit des Nennspannungskonzeptes eingegrenzt wird, vgl. Abschnitt 1.4.4.

Diese lokalen Plastizitäten können unter Umständen zu einem sogenannten *„incremental collapse"*, einem inkrementellen Versagen des Tragsystems führen, wenn die aufgebrachte Last über der

„shakedown limit load" (SDLL), also der Last, bei der sich das System nach anfänglichen Umlagerungserscheinungen wieder stabilisiert, liegt. So fand z. B. *Thirugnanasundralingam* [2.27] in Untersuchungen an Zweifeldverbundträgern heraus, dass die SDLL mitunter nur 53% bis 69% der möglichen Traglast des Systems darstellt. Das entspricht in etwa dem Gebrauchslastniveau. Die klassische „shakedown theory" hingegen lieferte für die untersuchten Träger Werte, die über 90% der Traglast ausmachten.

Es ist demnach offensichtlich, dass das Ermüdungsverhalten der einbetonierten KD sehr stark von lokalem plastischen Verhalten geprägt ist, das mit den gängigen Bemessungsmethoden nicht erfasst werden kann.

Es muss weiterhin festgehalten werden, dass sich die Beurteilung des Ermüdungsverhaltens hauptsächlich auf Untersuchungen an <u>kraftgeregelten Push-Out Versuchen</u> stützt, die zudem in der überwiegenden Anzahl <u>schwellend</u> beansprucht wurden.

Eine Ausnahme bilden hier die Versuche von *Dorka* [2.31] und *Bode & Dorka* [2.28, 2.29,2.32], auf die in Kapitel 5 noch näher eingegangen wird.

Die Durchführung der kraftgeregelten Schwellversuche erscheint in mehrerer Hinsicht fragwürdig. Zum einen ist der Verbundträger ein innerlich statisch unbestimmtes System, wodurch die Belastung der Dübel indirekt über globale Verformungen erfolgt, die wiederum von den Steifigkeitsverteilungen innerhalb des Tragsystems bestimmt werden. In einem kraftgeregelten Push-Out Versuch können sich die Verformungen infolge der aufgebrachten Last mehr oder weniger frei einstellen, was in überwiegendem Maße zu unrealistischen Schlupfwerten und damit zu unrealistischen Dehnungszuständen am Kerbdetail führt, die so in einem Träger nicht auftreten.

Darüber hinaus sind die aufzubringenden Lasten und Lastkollektive und damit auch die Steuerparameter für die Versuchsdurchführung unbekannt, da durch das zyklische Materialverhalten Kräfteumlagerungen auftreten, durch die das lokale Lastniveau in Wirklichkeit permanent beeinflusst und verändert wird. Es ist daher nicht verwunderlich, dass z. B. die Zeitreihenversuche von *Mensinger* Lebensdauern lieferten, die mit der *Miner*-Regel nicht ermittelt werden konnten. Die Bauwerksbelastung wurde zwar realitätsnah mit dem Programmsystem VERKEHR erfasst, die daraus resultierenden Dübelkräfte als Eingangswerte für die Versuchssteuerung hängen aber physikalisch und zeitlich nichtlinear von diesen Belastungen ab. Man mag hier als Gegenargument ins Feld führen, dass die *Miner*-Regel ohnehin nur eine ungenaue, aber sehr praktische Rechenhilfe ist und daher keine besseren Ergebnisse erwartet werden durften. Dieses Argument ist sicherlich statthaft und rechtfertigt deren Anwendung solange zumindest konservative Ergebnisse erzielt werden.

Es wird in Kapitel 5 gezeigt, dass die mechanischen Voraussetzungen, unter denen realistische Aussichten bestehen, die *Miner*-Regel als Schadensakkumulationshypothese direkt verwenden zu können, für die Verbundfuge nicht automatisch gegeben sind.

Außerdem ist anzumerken, dass die Schwellbeanspruchung offensichtlich ungünstigere Ergebnisse liefert als die Wechselbeanspruchung. Für fast jedes Stahlbaudetail ist die reine Wechselbeanspruchung der zunächst maßgebende Belastungsfall, vor allem bei starken Kerbwirkungen, wie sie auch durch das Bolzenschweißen entstehen, da hier der Mittelspannungseinfluss deutlich in den Hintergrund gerät, vgl. die *Smith*-Diagramme. Ist der Bolzen auch einbetoniert, so ermüdet schließlich das Kerbdetail des aufgeschweißten KD, also ein Stahlbauteil.

Insgesamt wurde von allen Forschern ein induktives Verfahren zur Lösung der vorliegenden Problematik gewählt. Die phänomenologischen Eigenschaften wurden an „kleinmaßstäblichen“ Push-Out Versuchen untersucht, und die Übertragbarkeit auf das Gesamtsystem wurde entweder vorausgesetzt, oder die Ergebnisse der kleinmaßstäblichen Versuche wurden in die entsprechenden FE-Modelle implementiert.

3 Eigene Untersuchungen zu Verbundträgern

3.1 Allgemeines Vorgehen

Zu Beginn der vorliegenden Forschungsarbeit lagen alleine an der Universität Kaiserslautern bereits die Ergebnisse von drei abgeschlossene Forschungsprojekte vor, die entweder zum Teil oder ausschließlich das Ermüdungsverhalten einbetonierter KD behandelten [1.10,2.1,1.34,1.28,3.1,3.2]. Hinzu kam die Tatsache, dass das vorläufige Bemessungskonzept, wie es der EC4, Teil 2 zukünftig vorsieht, ebenfalls verfügbar war. Neben einer umfangreichen Versuchserfahrung sowohl bei der Durchführung und Auslegung von Trägerversuchen als auch von Push-Out Versuchen konnte also auf eine „vollständige“ Bemessungsvorschrift zurück gegriffen werden. Demnach war es die erste Intention meiner Forschungsarbeit, zunächst zu untersuchen, inwiefern und ob überhaupt die Übertragungsfunktion zur Ermittlung der Dübelkräfte gegenüber den Methoden der elementaren Statik ergänzt oder verbessert werden muss, um ein zuverlässiges und sicheres Bemessungsergebnis zu erhalten.

Aus diesen Eingangsvoraussetzungen ergab sich automatisch ein deduktives Vorgehen, da die meisten phänomenologischen Eigenschaften umfangreich untersucht und beschrieben zu sein schienen. Deshalb wurden zunächst Trägerversuche geplant, deren Zielsetzung es sein musste, die in der Realität vorliegenden Verhältnisse so nah wie möglich abzubilden, um die Vergleichbarkeit mit den Verhältnissen, wie sie in realen Brückentragwerken vorliegen, zu erzielen. Gegenstand der Untersuchungen sollte das Ermüdungsverhalten der KD in Vollbetonplatten sein, der Einfluss möglicher Profilblechgeometrien wurde nicht weiter untersucht.

Sollten die Trägerversuche also Ergebnisse liefern, die sehr weit entfernt von den erwarteten Bemessungsergebnissen liegen, so musste versucht werden, einen Versuchsaufbau und eine Versuchsdurchführung kleinmaßstäblicher Versuche zu finden, die systematische Versuchsserien ermöglichen und in denen das reale Tragverhalten nachgestellt und nachvollzogen werden kann. Dazu ist es aber zunächst notwendig, das Ermüdungsverhalten der Träger exakt zu beschreiben und nachvollziehen zu können.

Es wird sich zeigen, dass hierzu die Entwicklung einer neuen Messmethode erforderlich war, mit der das Versagen einzelner Bolzen zuverlässig, aber mit vertretbarem Aufwand gemessen werden konnte. Dieses Verfahren sollte so beschaffen sein, dass es später auch problemlos zur Überwachung und Inspektion bestehender Brückensysteme im Betriebszustand herangezogen werden kann, und es sollte möglichst ein zerstörungsfreies Prüfverfahren sein.

An die Durchführung kleinmaßstäblicher Versuche schließt sich die Ableitung geeigneter Gesetzmäßigkeiten an, die das Ermüdungsverhalten zutreffender als das im EC4 vorgeschlagene Nennspannungskonzept beschreiben.

3.2 Trägerversuche

Die überwiegende Zahl der in der Literatur beschriebenen Trägerversuche wurde derart ausgelegt, dass die Träger entweder einer Einstufenbelastung unterworfen wurden, oder dass entweder der positive oder der negative Momentenbereich untersucht wurde. Untersuchungen zum Ermüdungsverhalten im Stützbereich durchlaufender Verbundträger wurden in der Regel als Einfeldverbundträger in umgekehrter Lage, mit der Betonplatte nach unten, ausgeführt, die dann durch eine Einzelllast in Feldmitte oder durch mehrere Einzellasten über eine Lasttraverse gleichzeitig belastet wurden, vgl. Bild 3.1. Eine Alternative stellen die Versuche von *Leonhart & Andrä* [1.26] dar, die das Ermüdungsverhalten an Kragträgern untersuchten. Aufgrund des Versuchsaufbaus ergibt sich hier jedoch auch eine Einstufenbelastung links und rechts der Stütze, Bild 3.2 und Bild 3.3.

Es existieren nur wenige Versuche unter realistischer Belastung. Die Ausnahme bilden hier die Versuche von *Thirugnanasundralingam* [2.27], der durchlaufende Verbundzweifeldträger mit jeweils 4 Meter Spannweite unter Wanderlasten untersuchte.

Der Grund für die vereinfachten Untersuchungen liegt hauptsächlich in der verfügbaren Laborausstattung, die es i. d. R. nicht ermöglicht, Wanderlasten zu realisieren. In den eigenen Trägerversuchen wurde der in Abschnitt 3.2.1 beschriebene Versuchsaufbau gewählt, um möglichst realitätsnahe Verhältnisse zu erzielen.

Bild 3.1 Trägerversuch in umgekehrter Lage, hier mit Profilblechen [1.10]

Bild 3.2 Versuchsaufbau nach [1.26]

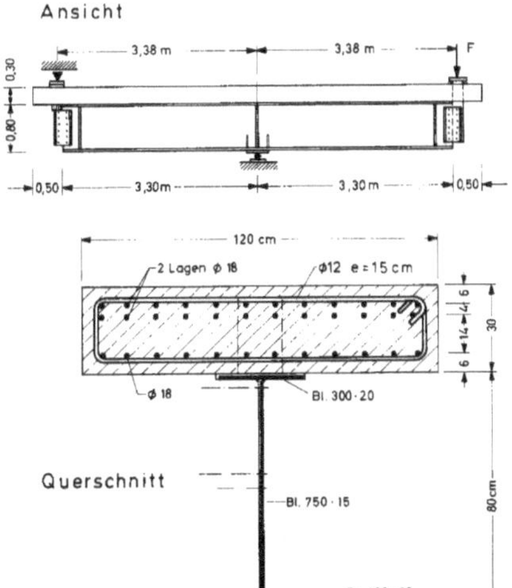

Bild 3.3 Schematische Darstellung des Biegeträgers in Ansicht und Schnitt nach [1.26]

3.2.1 Eigene Trägerversuche unter realitätsnaher Belastungsfolge

An der Universität Kaiserslautern wurde versucht, die Simulation einer Überfahrt dadurch anzunähern, dass diese durch eine getaktete Zylindersteuerung mit Hilfe zweier Hydraulikzylinder an Zweifeldträgern ersetzt wurde. Das Überfahren entspricht hier eher einem „Hinüberlaufen" in 5 Stufen (f=1Hz), zeigt jedoch, dass sich die Verhältnisse bei realitätsnaher Beanspruchung deutlich von denen bei einer Einstufenbelastung unterscheiden. Auf diese Weise lassen sich stark unterschiedliche Bereiche, wie sie in einem realen Tragwerk innerhalb der Verbundfuge vorliegen, auch nachvollziehen. Außerdem treten die Maximalwerte der Schubspannungen am Bolzenfuß und die der Normalspannungen im Stahlträgerobergurt im Verlaufe einer Überfahrt zeitlich phasenverschoben auf. Bild 3.4 und Bild 3.5 zeigen den Versuchsaufbau und Bild 3.6 das Schema der Zylindersteuerung, die sich daraus ergebenden Lastfälle der linearen Vorbemessung, die angenommenen Steifigkeitsverhältnisse und den qualitativen Verlauf der Querkraft.

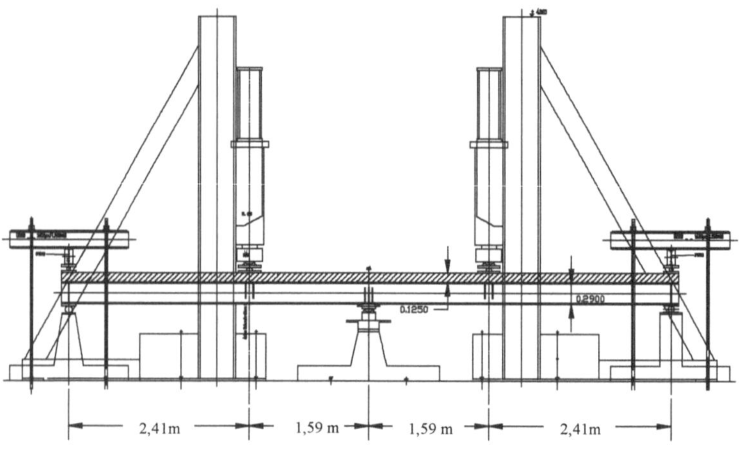

Bild 3.4 Genereller Versuchsaufbau und Abmessungen

Bild 3.5 Versuchsstand der Trägerversuche T7_1 bis T7_6

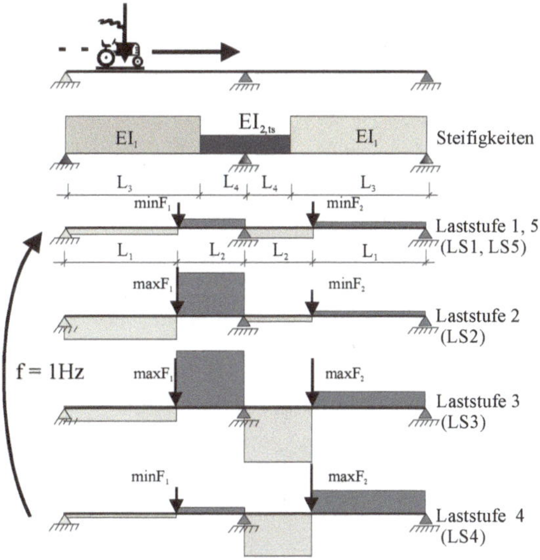

Bild 3.6 Schema der Versuchssteuerung, Steifigkeitsverhältnisse und Lastfälle der linearen Vorbemessung, linearer Querkraftverlauf (qualitativ)

3.2.2 Vordimensionierung und untersuchte Parameter

Insgesamt wurden sechs Trägerversuche durchgeführt. Alle Versuche wurden nach Methoden der elementaren Statik entsprechend EC4, Teil 2 vorbemessen und im Anschluss getestet. Es handelt sich um die insgesamt siebte Serie von Trägerversuchen, deswegen werden die Versuche mit T7_1 bis T7_6 bezeichnet. Die Serie lässt sich wie folgt untergliedern:

- Die Vorversuche T7_1 und T7_2 [1.22]
- Systematische Untersuchung an T7_3 bis T7_6 [2.19]

Die Vorversuche T7_1 und T7_2 wurden identisch konstruiert. Sie dienten vor allem dem Zweck, die sehr komplizierte Steuerung und Überwachung der Versuche zu realisieren und dazu, einen ersten Eindruck vom Ermüdungsverhalten unter dieser Lastkonfiguration zu bekommen. Bei diesen beiden Versuchen wurde zudem das Lastniveau variiert. In den Versuchen T7_3 bis T7_6 wurde die Geometrie der Versuchskörper und die Bewehrungsführung gegenüber den ersten Versuchen leicht modifiziert und verbessert.

Der <u>einzige</u> Versuchsparameter, der systematisch variiert wurde, war die <u>Dübelanzahl und die Dübelanordnung zwischen den Lasteinleitungspunkten (LEP).</u> Folgende Parameter wurden möglichst konstant gehalten:

- Art und Weise der Vorbemessung
- Stahlträgergeometrie
- Stahlträgergüte (möglichst alle aus einer Charge)
- Geometrie und Bewehrung der Betonplatte
- Bolzendurchmesser
- Bolzenanordnung außerhalb der LEP
- Bolzenschweißen durch immer den gleichen Schweißer mit gleichen Schweißparametern
- Versuchsaufbau und Anordnung der Messtechnik durch immer die gleichen technischen Mitarbeiter
- Belastungshöhe
- Belastungsfrequenz

Da der Verbundträger ein hochgradig nichtlineares Tragsystem darstellt, erschien es zweckmäßig, so wenig Parameter wie möglich zu variieren. Aufgrund der Nichtlinearität ist eine quantifizierbare Aussage über das Ermüdungsverhalten bei der Abänderung zu vieler Parameter nicht mehr möglich. Das sollen einige Vorüberlegungen zur statistischen Versuchsauswertung belegen.

3.2.2.1 Vorüberlegungen zur Aussagefähigkeit von Versuchsserien [4.1,4.2]

Um Versuchsergebnisse richtig beurteilen und interpretieren zu können, ist es wichtig, einige Grundbegriffe der Statistik zu erarbeiten. Bei der statistischen Analyse kann allgemein unterschieden werden zwischen der

a) Allgemeinen Statistik und

b) Differenzieller Statistik.

3.2.2.1.1 Allgemeine Statistik

Die allgemeine Statistik will zeigen, dass sich die untersuchten Größen, wie z.B. einbetonierte Kopfbolzendübel, in gleichen Situationen auch gleich verhalten und untersucht, unter welchen situativen („durch die jeweilige Situation bedingt") Bedingungen sich das Verhalten gleichermaßen ändert.

Es wird untersucht, welche durchschnittlichen Unterschiede erzeugt oder erhalten werden, indem man in jeder Hinsicht vergleichbare Stichproben - idealerweise die gleichen - bestimmten variablen Versuchsbedingungen unterwirft.

Die Größe der Verhaltensvariation wird durch die *Varianz* beschrieben. Man spricht hier von der *intraindividuellen Varianz*, der Varianz zwischen den experimentellen Bedingungen. Die verbleibende Varianz innerhalb der einzelnen experimentellen Untersuchungen wird als *interindividuelle Varianz* bezeichnet und wird bei Untersuchungen der allgemeinen Statistik als störend empfunden. Man spricht auch von der Fehlervarianz.

Auf die vorliegenden Untersuchungen übertragen würde das bedeuten, dass man immer wieder den gleichen Träger untersucht, dies aber unter unterschiedlichen Belastungen, Raumtemperaturen, Belastungsgeschwindigkeiten und -frequenzen usw. Die sich ergebenden Lebensdauern wären dann durch die Varianz der Ergebnisse gekennzeichnet. Das Ergebnis wäre naturgemäß fehlerbehaftet, da sich niemals zwei oder mehrere exakt gleiche Versuchsträger herstellen lassen. Abweichungen in den Materialparametern (Betondruckfestigkeit, Betonzugfestigkeit, unterschiedliche Ausbildungen den Schweißwulstes, usw.) oder auch der Bolzenabstände würden z. B. durch die interindividuelle Varianz gekennzeichnet und das Versuchsergebnis mehr oder weniger stark beeinflussen.

3.2.2.1.2 Differenzielle Statistik

Das umgekehrte Ziel verfolgt die differenzielle Statistik. Sie ist daran interessiert, welche Unterschiede zwischen den einzelnen, willkürlichen Versuchsobjekten bei annähernd gleichen, definierten Versuchsbedingungen noch auftreten. Hier ist also gerade die interindividuelle Varianz von besonderer Bedeutung. Die Unterschiede zwischen den einzelnen Individuen, Verhaltensweisen oder auch Lebensdauern werden durch die Kovariation bzw. durch die Korrelation mit anderen Merkmalen, also durch Zusammenhangsüberlegungen, beschrieben. Wiederum übertragen auf die bevorstehenden Untersuchungen bedeutet dies, dass man unterschiedliche Träger unter möglichst gleichbleibenden Rahmenbedingungen (Belastungshöhe, Geometrie, Versuchsaufbau, Materialparameter) untersucht. Hierbei kann, wie im vorliegenden Fall, z. B. der Einfluss eines Parameters auf die erreichte Lebensdauer systematisch untersucht werden. Selbstverständlich sind auch diese Untersuchungen fehlerbehaftet, da man willkürlich mehrere Parameter variiert und neben den systematischen auch noch zufällige Abweichungen („Fehler") auftreten.

Wie man leicht erkennen kann, ist es bei der Versuchsauswertung von zentraler Bedeutung, von den richtigen statistischen Grundvoraussetzungen auszugehen und diese auch zu schaffen, um überhaupt sinnvolle und richtige Auswerteverfahren verwenden zu können.

Im Fall der Trägerversuche ist die strikte Einordnung der durchzuführenden Untersuchungen in eine der beiden Disziplinen nicht ganz einfach. Bei den in den vorangegangenen Kapiteln beschriebenen Untersuchungen zur Ableitung des erläuterten Bemessungskonzeptes wurde i. d. R. von einer direkten Abhängigkeit der Lebensdauer von der Schubspannungsdoppelamplitude ausgegangen. Das heißt die unabhängige (Prädikator-) Variable müsste eigentlich die lokale Beanspruchung am Bolzenfuß und die abhängige (Kriteriums-) Variable die erreichbare Lastspielzahl sein.

An dieser Stelle sei darauf hingewiesen, dass es international eine kontroverse Diskussion darüber gibt, welche der beiden Variablen N und $\Delta\tau$ nun die abhängige und welche die unabhängige Variable ist [1.42]. Tatsache ist, dass nach EC und auch nach dem British Standard BS 5400 [4.13] $\Delta\tau$ als abhängige Variable und N als unabhängige Variable eingestuft wurden, alle Regressionsanalysen demnach von $\Delta\tau$ auf N durchgeführt wurden. Damit ist das Kerbdetail des aufgeschweißten KD das einzige Bauteil, dass auf diese Art und Weise betrachtet wird, alle anderen wurden umgekehrt ausgewertet. Der Hintergrund ist hier keinesfalls rein mathematische Konvention, wie es vielfach eingeschätzt wird, sondern steht in direktem Zusammenhang mit der Einstufung des Bauteils als schadenstolerant und gut zugänglich, was entsprechende Auswirkungen auf die anzusetzenden Teilsicherheitsbeiwerte hat. Diese Frage ist noch nicht umfassend geklärt. Tatsache ist jedoch, dass es bei der zugrundeliegenden, stark streuenden Grundgesamtheit der internationalen Versuchsergebnisse erhebliche Auswirkungen auf den Verlauf der Ermüdungsfestigkeitskurve hat, sollte die Regression von N auf $\Delta\tau$ geführt werden. Im Rahmen dieser Arbeit wird sich dem Vorgehen des EC angeschlossen, um die Vergleichbarkeit der Ergebnisse zu gewährleisten, keinesfalls jedoch, um die Richtigkeit des Vorgehens zu bestätigen. Hier besteht noch unbedingter Klärungsbedarf, vgl. auch Abschnitt 4.1.2.

Das Bemessungskonzept geht von einem konstanten, hier sogar linearen, Zusammenhang zwischen der globalen Bauwerksbelastung und der resultierenden lokalen Beanspruchung aus. Dieser Zusammenhang repräsentiert im Grunde genommen die Notwendigkeit der gleichen definierten „Versuchsbedingungen". Die Ausprägung der Einflussgröße liegt hierbei bereits naturgemäß durch die Abmessungen des Bauwerkes, die verwendeten Materialen usw. auf Seiten der „Versuchsobjektes" vor. Das Lösung des Ermüdungsproblems würde demzufolge also als ein klassisches Problem der differentiellen Statistik eingestuft werden.

Alternative Konzepte, wie z. B. die Arbeiten von *Oehlers*, vgl. Kapitel 1, gehen dabei nicht nur von einer eindimensionalen, sondern von mehrdimensionalen – und umgekehrten - Abhängigkeiten aus. Diese Bemessungskonzepte wurden durch die Durchführung multivariabler, multipler Regressionen abgeleitet, während im Standardfall eine einfache Regression herangezogen wird, die allerdings nicht zwangsläufig linear sein muss.

Unabhängig von der Art der Regression müssen die in den Trägern erreichten Lastspielzahlen eine gute Korrelation mit den lokalen Beanspruchungen der Kopfbolzendübel aufweisen.

Wie bereits ausführlich erläutert wurde, ist der Zusammenhang zwischen globaler Bauwerksbelastung und lokaler Beanspruchung keinesfalls linear, sondern dieser wird u. a. durch das Reißen des Betons, das Mitwirken des Betons zwischen den Rissen, die Nachgiebigkeit der Verbundmittel und das zyklische Materialverhalten stark nicht linear. Um aber dennoch der Notwendigkeit „gleicher Versuchsbedingungen“ eines mit Methoden der differentiellen Statistik abgeleiteten Konzeptes gerecht zu werden, sind die in Abschnitt 1.4.4 beschriebenen, konstruktiven Randbedingungen einzuhalten, die im EC4 gefordert werden.

Zur Überprüfung des Bemessungskonzeptes müssen die Trägerversuche demzufolge so dimensioniert werden, dass sie den Randbedingungen des EC4, Teil 2 mindestens genügen. Sollte am Ende der Versuche keine Korrelation zwischen der erreichten Lastspielzahl und der berechneten Dübelbeanspruchung erzielt werden können, so könnte das folgende Ursachen haben:

- Die konstruktiven Restriktionen sind nicht ausreichend, um gleiche „Versuchsbedingungen“, sprich einen annähernd linearen und konstanten Zusammenhang zwischen Bauwerksbelastung und lokaler Beanspruchung zu gewährleisten. Die vernachlässigten Einflüsse wie z. B. die Dübelnachgiebigkeit oder das zyklische Materialverhalten wären dann zusätzlich zu berücksichtigen. Da der Zusammenhang zwischen aufgebrachter Last und lokaler Beanspruchung nichtlinear ist, ist die Vernachlässigung der Nachgiebigkeit auch kein systematischer Fehler. Eine Überprüfung der Korrelation anhand von nichtlinear berechneten Dübelkräften würde dieses Problem eventuell beseitigen.
- Unter den Parametern, die zufällige Fehler ausmachen (Betongüte, Güte der Bolzenschweißung, kleine Abweichungen im Belastungsniveau, usw.) existieren solche, deren Einfluss auf die Lebensdauer zusätzlich signifikant ist. Hierbei könnte die Überprüfung multivariabler Regressionsanalysen Abhilfe schaffen.
- Die Variation der einzelnen Versuche war nicht ausreichend, um ein Problem der differentiellen Statistik zu „erzeugen“. In diesem Falle würde man von weitgehend konstanten, vergleichbaren Stichproben ausgehen müssen. Da aber zudem auch die hierfür eigentlich notwendigen, variablen Versuchsbedingungen nicht vorhanden sind (Höhe der Belastung, Belastungsfrequenz, Lasteinleitungsfläche, usw.), würde dies bedeuten, dass die unterschiedli-

chen Versuchsergebnisse lediglich auf die Fehlervarianz (interindividuelle Varianz) zurück zu führen sind. Wobei die Fehlervarianz in diesem Falle hauptsächlich durch die unterschiedlichen Dübelabstände gegeben ist.

- Als letzte Möglichkeit ist zu nennen, dass es eventuell gar keine Korrelation zwischen der Dübelbeanspruchung und der erzielbaren Lastspielzahl gibt.

Gerade bei der Auslegung der Trägerversuche kann ein besonderes Problem erwartet werden, denn durch die extrem flache Neigung der *Wöhler*linie werden die zu erwartenden Lebensdauern einzelner KD bereits durch minimale Variation der Bolzenabstände große Abweichungen voneinander aufweisen, vgl. Bild 1.24. Geringste Änderungen werden demnach genügen, um zunächst von einer ausreichenden Variation der Versuchskörper ausgehen zu dürfen. Gerade durch die Nachgiebigkeit der Verbundmittel, die mehr oder weniger immer vorhanden ist, werden sich die Dübelkräfte aber unweigerlich umlagern und etwas vergleichmäßigen, wodurch die Ergebnisse am Ende nur wenig voneinander abweichen könnten. Eine statistische Aufbereitung der Versuchsergebnisse würde dann schwer fallen.

3.2.2.2 Vorbemessung

3.2.2.2.1 Allgemeines

Bei der Vorbemessung der Versuchskörper wurde weitgehend dasselbe Vorgehen gewählt.

- Im Unterschied zu einer üblichen Bemessung wurden die charakteristischen Materialeigenschaften auf der Grundlage frühere Versuchserfahrungen vorher abgeschätzt und so in Ansatz gebracht, es wurden keine Bemessungswerte verwendet.
- Die Dübelkräfte wurden unter der Annahme eines vollständigen Zusammenwirkens der Verbundpartner berechnet.
- Das Reißen des Betons über der Stütze wurde bei der Ermittlung der Schnittgrößen berücksichtigt. Die Länge des gerissenen Bereiches wurde dabei für den Lastfall Volllast (LS3 entsprechend Bild 3.6) iterativ ermittelt. Dies dürfte für die Ermittlung der Dübelkraftschwingbreiten ein konservatives Vorgehen sein, da sich der gerissene Bereich bei einseitiger Belastung der Träger noch weiter erstreckt, und die Dübelkräfte dadurch bereichsweise überschätzt werden.
- Das Mitwirken des Betons zwischen der Rissen wurde vereinfacht durch den Ansatz einer ideellen Bewehrungsmenge entsprechend [1.13] oder [1.14] berücksichtigt.
- Die Bewehrungsmenge wurde für die Versuche T7_3 bis T7_6 derart bestimmt, dass nach *Elz* [3.2] über der Stütze mindestens das vollplastische Biegemoment abgebildet werden könnte. Die Bewehrungsmenge wäre jedoch nicht ausreichend, um die vollplastische

Traglast des Systems zu erreichen. Bei den Versuchen T7_1 und T7_2 wurde die Bewehrungsmenge anhand von Traglastüberlegungen festgelegt.

Da die Bemessung auf der Grundlage der Elastizitätstheorie erfolgte, erschien die Bewehrungsmenge dadurch ausreichend dimensioniert. Es zeigte sich jedoch bei der Versuchsdurchführung, dass die Rissweiten im Verlaufe der Lebensdauer deutlich zunahmen und die geforderten Höchstwerte zur Rissbreitenbegrenzung mit der gewählten Bewehrung nicht mehr einzuhalten waren. Nach der CEB-FIP-Mustervorschrift [3.3] ist bekannt, dass die Rissbreiten unter zyklischer Beanspruchung um ca. 30 - 40% zunehmen können. Diesem Umstand konnte jedoch im weiteren Verlauf der Versuchsplanung nicht Rechnung getragen werden, da eine veränderte Bewehrung im Stützbereich zu anderen Steifigkeitsverteilungen und damit zu anderen Kräfteverteilungen entlang der Verbundfuge geführt hätte. Dadurch wäre also ein weiterer Einflussparameter verändert worden.

Ermüdungsschäden in der Bewehrung konnten in keinem der Versuche beobachtet werden, es ist aber davon auszugehen, dass gegen Ende der Versuche plastische Dehnungen in der Bewehrung erzeugt werden, wodurch das Mitwirken des Betons zwischen den Rissen überproportional zunimmt [3.4 – 3.6]. Dadurch würden sich die in diesem Bereich zu übertragenden Schubkräfte signifikant erhöhen. Es zeigt sich jedoch, dass zu diesem Zeitpunkt weite Bereiche der Verdübelung bereits versagt hatten, und dass der überproportionale Anstieg der Rissweiten u.a. auf die dann vorliegende unterbrochene Verbundfuge zurück zu führen war.

3.2.2.2.2 Vorbemessung der Trägerversuche

3.2.2.2.2.1 Querschnitt

Bild 3.7 zeigt den Querschnitt der Verbundträger T7_1 und T7_2. Die ersten beiden Versuche wurden mit einer Betongurtbreite von $b_c = 1{,}0$ m und einer Betongurtdicke $h_c = 0{,}125$ m ausgeführt. Als Stahlquerschnitt wurde in allen Versuchen einheitlich ein HE300A verwendet. Bei den Versuchen T7_1 und T7_2 wurden die Stahlträger aus S355, in T7_3 bis T7_6 aus S235 ausgeführt.

Als Längsbewehrung des Betongurtes wurde Stabstahl BSt 500S mit einem Stabdurchmesser von 10 mm verwendet (Pos. 1, Bild 3.7), wobei die Längsbewehrung in den ersten beiden Versuchen durchgehend und nicht abgestuft verlegt wurde.

Zur Sicherung der Längsschubtragfähigkeit des Betongurtes wurden Bügel, Durchmesser 10 mm, alle 15 cm verlegt, die durch ein oberes Zulageeisen, Durchmesser 8 mm, geschlossen wurden (Pos. 2 und 3, Bild 3.7). Als Beton wurde einheitlich ein üblicher Transportbeton C25/30 bestellt, der auf Grund der regional guten Zuschläge der Rheinebene erfahrungsgemäß wesentlich höhere Festigkeiten liefert.

Zur Herstellung der Verbundtragwirkung wurden in allen Versuchen KD22 zweireihig mit einem Abstand in Querrichtung von 150mm aufgeschweißt.

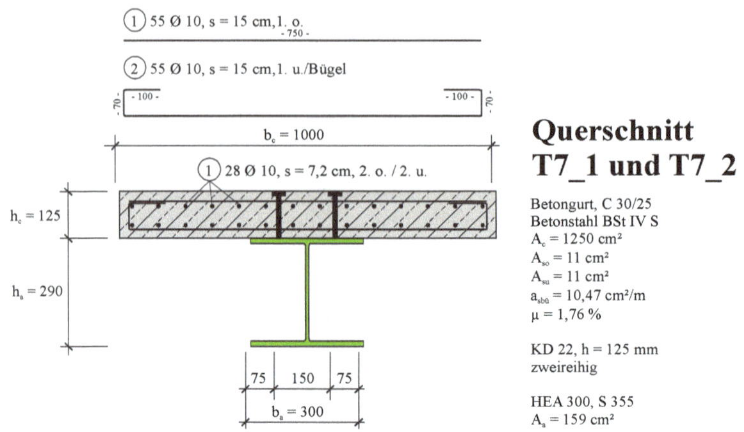

Bild 3.7 Querschnitt der Versuchsträger T7_1 und T7_2

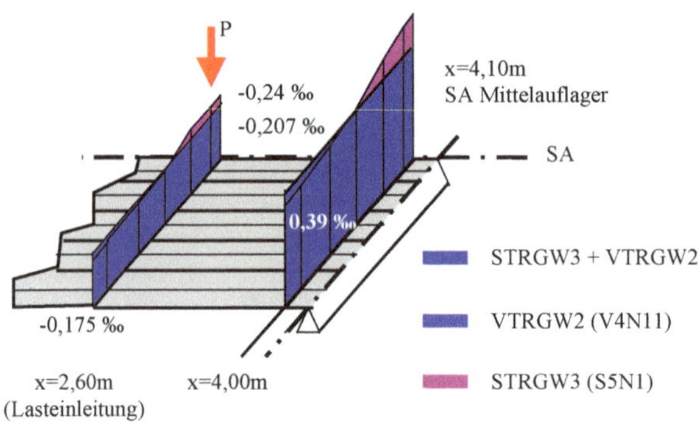

Bild 3.8 Dehnungsverteilung in Querrichtung der Betonplatte bei Verwendung von Scheibenelementen (STRGW3) und Stabelementen (VRTGW2) bei b_c = 1,00 m

Bei der Auslegung der Versuche T7_3 bis T7_6 wurde die Breite des Betongurtes auf b_c = 0.80 m reduziert. Durch eine nichtlineare Vergleichsberechnung mit Hilfe zweier FEM-Modelle [3.6] konnte gezeigt werden, dass der Einfluss der Schubverzerrungen (Schubweichheit) des Betongurtes auf die Verformungs- und Traglastberechnung sowie die Verteilung der Dübelkräfte bis zu einer Betongurtbreite von b_c = 0,80 m vernachlässigbar bleibt, vgl. Bild 3.8 [3.6].

Im Hinblick auf eine spätere Weiterentwicklung eines bestehenden FE - Programms für die Nachrechnung vieler Lastzyklen unter Berücksichtigung des zyklischen Materialverhaltens stand der Aspekt der Rechengeschwindigkeit bei ausreichender Genauigkeit der Ergebnisse an oberster Stelle. Kann der Einfluss der Schubverzerrungen also vernachlässigt werden, ist es möglich, den Träger vereinfachend mit Hilfe von Stabelementen abzubilden [1.23].

Die Bewehrungsmenge wurde wie in Abschnitt 3.2.2.2.1 erläutert reduziert. Darüber hinaus wurde die Bewehrung in den äußeren Bereichen der Träger abgestuft.

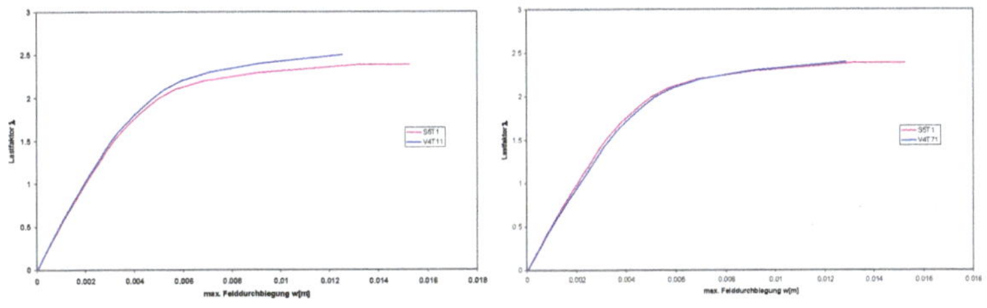

Bild 3.9 Vergleich der Lastverformungskurven zur Traglastberechnung für b_c = 1,0 m und b_c = 0,70 m bei Berücksichtigung (S5T1) und Vernachlässigung der Schubweichheit des Betongurtes

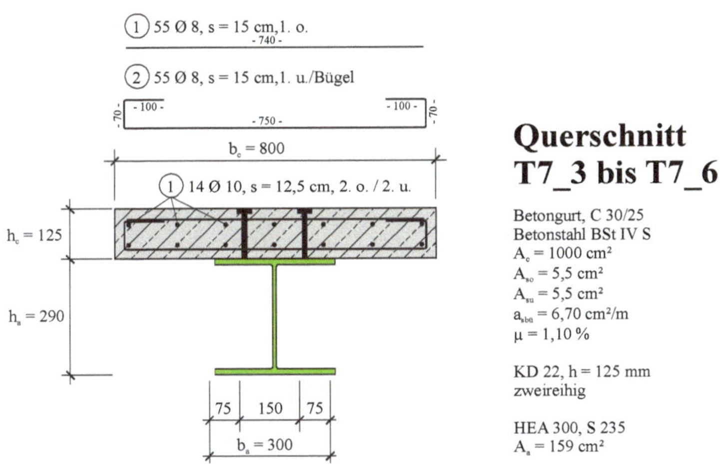

Bild 3.10 Querschnitt der Versuchsträger T7_3 bis T7_6

Die Materialgüte der Stahlträger wurde gegenüber den Vorversuchen aus Kostengründen auf einen S235 reduziert. Wie aus dem Stahlbau bekannt, sollte die Materialgüte des Grundmaterials keinen nennenswerten Einfluss auf die Lebensdauer haben. Es wird sich dann auch zeigen, dass bezüglich des globalen Versagens der Träger mehr oder weniger die gleichen Lastspielzahlen erzielt werden. Bild 3.10 zeigt den Querschnitt der Versuche T7_3 bis T7_6.

3.2.2.2.2.2 Dübelanordnung

In den Vorversuchen wurde die Dübelanzahl in den Randbereichen, außerhalb der Lasteinleitungspunkte, nach der Fließgelenktheorie festgelegt. Der Grund hierfür war, dass zu Beginn der Versuche nur wenig Aussagen über das tatsächliche Ermüdungsverhalten unter der vorliegenden Lastkonfiguration möglich waren. Da vor allem der Bereich zwischen den Lasteinleitungspunkten und der negative Momentenbereich von besonderem Interesse waren, sollte auf diese Art und Weise sichergestellt werden, dass ein Ermüdungsversagen im Randbereich unter keinen Umständen auftritt.

Über die Dimensionierung der Verdübelung zwischen den Lasteinleitungspunkten bestand lange Zeit eine gewisse Unklarheit, was vor allem wiederum auf die extrem flach geneigte *Wöhler*linie zurück zu führen ist. Allein durch unterschiedliche Annahmen über das Betonverhalten im Stützbereich können für ein und dieselbe Dübelanordnung leicht Lastspielzahlen vorherbestimmt werden, die zwischen wenigen tausend (bei der Annahme eines ungerissenen Betongurtes) und weit über $2 \cdot 10^6$ Lastwechseln bei der Annahme reinen Zustandes II liegen. Hinzu kommt, dass die Dübel direkt über der Mitte rein wechselnd beansprucht sind (vgl. Bild 3.6, Überlagerung von LS 2 und LS 4), und die Beurteilung dieser Art der Beanspruchung ohnehin einer gewissen Unsicherheit unterliegt, da die *Wöhler*linie aus rein schwellend beanspruchten Versuchen abgeleitet wurde.

Aus Zeitgründen im Rahmen der Bearbeitung des zugehörigen Forschungsprojektes mussten für die Vorversuche die Dübelabstände frühzeitig festgelegt werden. Danach wurde die Höhe der Belastung derart bestimmt, dass unter der Annahme einer gerissenen Zugzone und des Mitwirkens des Betons zwischen den Rissen die Dübeloberlast in etwa den Wert $0{,}6 \cdot P_{Rk}$ nicht überschritt. Für die Vorbemessung wurden einheitlich die folgenden (charakteristischen) Material– und Rechenannahmen festgelegt:

- Betondruckfestigkeit $f_{ck} = 4{,}0$ kN/cm²
- Untere Streckgrenze des S355 $f_{yk} = 36$ kN/cm²
- Streckgrenze des Bewehrungsstahles $f_{sk} = 50$ kN/cm²
- Mittelwert der Betonzugfestigkeit nach [1.18] $f_{ctm} = 0{,}30 \cdot \sqrt{f_{ck}^3}$ Gl. 3.1
- Berücksichtigung der Mitwirkens des Betons zwischen den Rissen vereinfacht nach E DIN 18800-5:1999, 5.4.2 (514) über der Ansatz einer ideellen Betonstahlfläche

$$A_{s,id} = \frac{A_s}{1 - \dfrac{0{,}5 \cdot f_{ctm}}{\rho_s \cdot f_{sk}}} \qquad \text{Gl. 3.2}$$

- Das Erstrissmoment wurde nach *Hanswille* [5] berechnet, und die Größe des gerissenen Bereiches wurde iterativ für den Lastfall Volllast (LS3, Bild 3.6) bestimmt. Diese Steifigkeitsverhältnisse wurden auf der sicheren Seite liegend auch für die Berechnung der anderen Lastfälle im Rahmen der Vorbemessung zugrunde gelegt.

- ^^Als wirksamer Betonquerschnitt wurde die gesamte Betongurtbreite angesetzt. Auch dies ist eine auf der sicheren Seite liegende Annahme, da die effektive Breite kleiner als die tatsächliche Breite ist und damit die Dübelkräfte geringfügig überschätzt werden.
- Kriechen und Schwinden wurde nicht berücksichtigt.
- Elastizitätsmodul des Stahles $E_a = 21000$ kN/cm²
- Elastizitätsmodul des Betons $E_c = 3050$ kN/cm²
- Charakteristische Tragfähigkeit eines Bolzens nach [1.25]:

a. $$P_{Rk} = 0{,}8 \cdot f_u \cdot \frac{\pi \cdot d^2}{4} = 0{,}8 \cdot 45 \frac{kN}{cm^2} \cdot \frac{\pi \cdot 2{,}2^2}{4} = \underline{136{,}8 kN}$$ Gl. 3.3

b. $$P_{Rk} = 0{,}29 \cdot \alpha \cdot d^2 \cdot \sqrt{f_{ck} \cdot E_{cm}} = 0{,}29 \cdot 1{,}0 \cdot 2{,}2^2 \cdot \sqrt{4{,}0 \cdot 3050} = 155 kN$$ Gl. 3.4

$\Rightarrow 0{,}6 \cdot P_{Rk} = 0{,}6 \cdot 136{,}8 kN = 82{,}1 kN$ (maximale Dübelkraft)

Die folgenden Bilder zeigen die zur Untersuchung gelangten Dübelanordnungen, die berechneten Dübelkräfte, die Dübelkraftschwingbreiten und die Lebensdauerprognosen. Die Oberlast betrug in allen Fällen $\underline{F_o = 400 kN}$, die Unterlast $\underline{F_u = 20 kN}$. Die Bezeichnung der Laststufen LS 2 bis LS5 ist Bild 3.6 zu entnehmen.

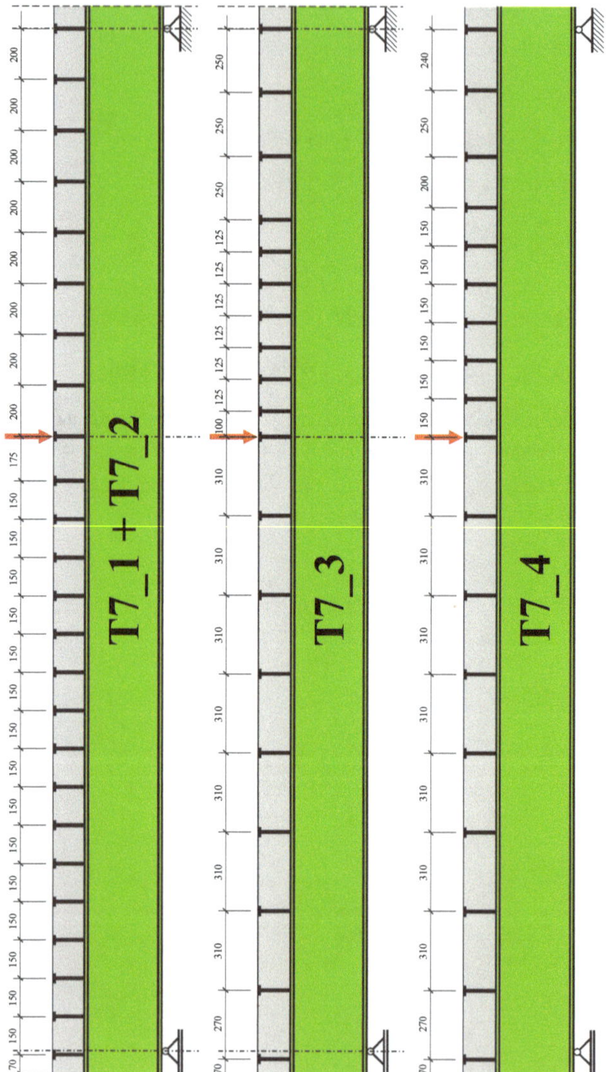

Bild 3.11 Dübelanordnung der Träger T7_1 bis T7_4

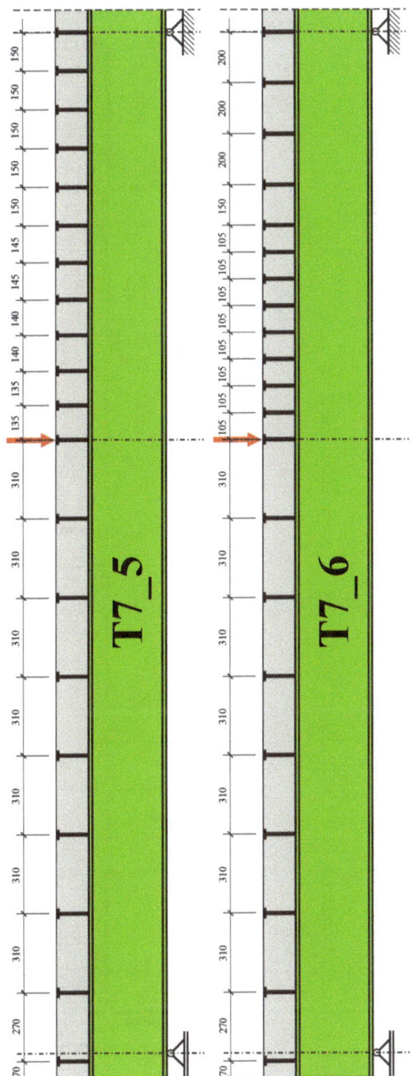

Bild 3.12 Dübelanordnung der Träger T7_5 und T7_6

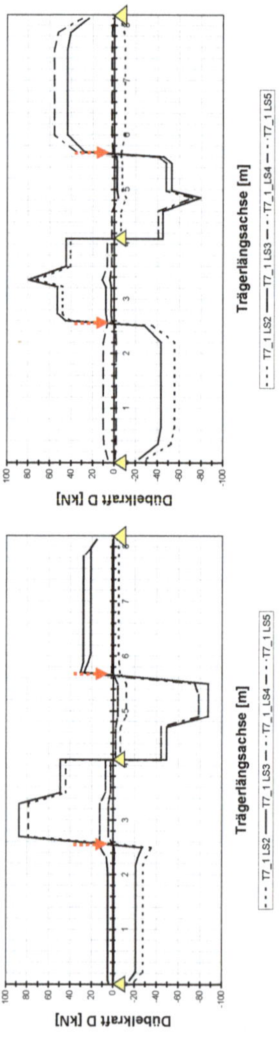

Bild 3.13„Linear" berechnete Dübelkräfte für T7_1, T7_2 und T7_3, LS2 bis LS5 entsprechend Bild 3.6

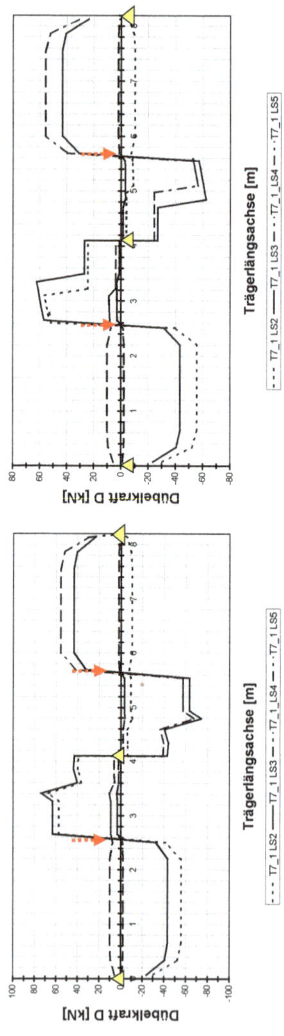

Bild 3.14„Linear" berechnete Dübelkräfte für T7_4 und T7_5, LS2 bis LS5 entsprechend Bild 3.6

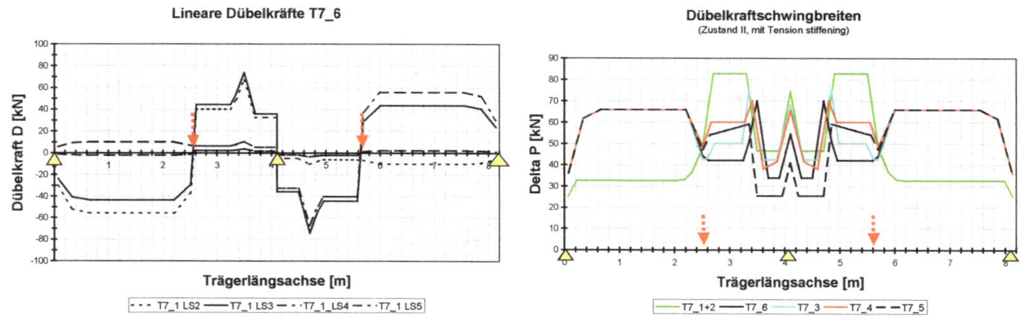

Bild 3.15 „Lineare" Dübelkräfte T7_6 (links) und Dübelkraftschwingbreiten für alle Träger (rechts)

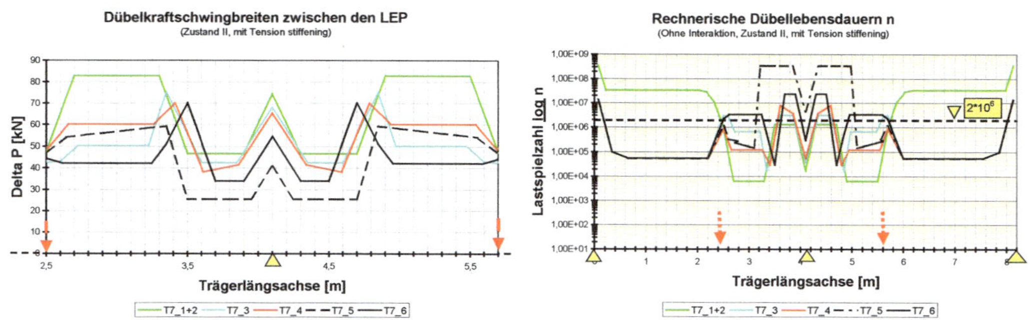

Bild 3.16 ΔP zwischen den Lasteinleitungspunkten (LEP) (links) und rechnerische Lebensdauern n der Dübel (rechts) (o. Interaktion)

Der Bereich zwischen den Lasteinleitungspunkten (LEP) muss einer differenzierteren Betrachtung unterzogen werden.

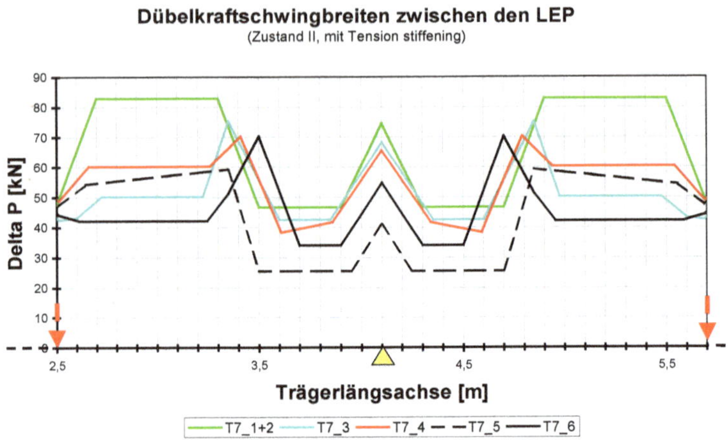

Bild 3.17 Dübelkraftschwingbreiten zwischen den Lasteinleitungspunkten

Man erkennt deutlich, dass die Dübel direkt über der Trägermitte eine sehr hohe Schwingbreite aufweisen. Das ist auf die alternierende Belastungsfolge zurück zu führen, die große Schwingbreite ergibt sich aus der Überlagerung der Lastfälle LS 2 und LS 4, Bild 3.6. Es liegt eine reine Wechselbeanspruchung ($R = -1$) vor, die Oberlasten sind vergleichsweise gering, vgl. Bild 3.13 bis Bild 3.15. Durch das Ansetzen eines gerissenen Bereiches und mit Annahme starren Verbundes fallen die Dübelkraftschwingbreiten der direkt benachbarten Dübel drastisch ab, sie erhalten ihre größte Schwingbreite aus der Überlagerung von LS 3 und LS 5 (Bild 3.6). Da bei dieser vereinfachten Bemessung der gerissene Bereich „schlagartig" endet, wird beim Übergang in den ungerissenen Bereich bei $x \approx 3{,}50$ m, bzw. $x \approx 4{,}70$ m für die dort befindliche Dübelreihe rechnerisch die größte Oberlast und eine dementsprechend große Schwingbreite erzielt. Das ist sehr deutlich an den Peakwerten (z. B. Bild 3.15) zu erkennen. Ausgehend von den so berechneten Ergebnissen, müsste dort das erste Dübelversagen zu erwarten sein.

Das tatsächliche Tragverhalten wird sich durch die Nachgiebigkeit der Verdübelung und das Reißen des gezogenen Betongurtes aber etwas anders einstellen.

Zunächst wird sich der gerissene Bereich durch die einseitige Belastung noch weiter in den Feldbereich ausdehnen. Nimmt man den in EC4, Teil 2 [1.13] näherungsweise anzusetzenden Wert von $0{,}25\ \ell$ unter nicht ruhender Belastung an, so würde sich der gerissene Bereich bis kurz vor die Lasteinleitungspunkte ausdehnen. Bei der vorliegenden Geometrie der Träger und bei Anwendung elementarer statischer Methoden reduziert sich dadurch der zu übertragende Schubfluss T [kN/m] um fast 50%, und die Dübelkräfte, ebenso wie die Schwingbreiten, würden deutlich abgemindert.

Durch die Nachgiebigkeit der Dübel ist auch nicht zu erwarten, dass sich die in Bild 3.13 bis Bild 3.17 dargestellten Spitzenwerte so ausbilden: die Kräfte werden z. T. umgelagert und die Belastungsspitzen abgebaut. Es sei an dieser Stelle nochmals darauf hingewiesen, dass geringste Änderungen in der Schubspannungsschwingbreite große Auswirkungen auf die rechnerische Lebensdauerprognose hat.

Es darf also erwartet werden, dass die in den vorangegangenen Bildern dargestellten (Vor-) Bemessungsergebnisse durchaus konservativer Natur sind, und die tatsächlichen Lebensdauern über den Werten der Lebensdauerprognose liegen.

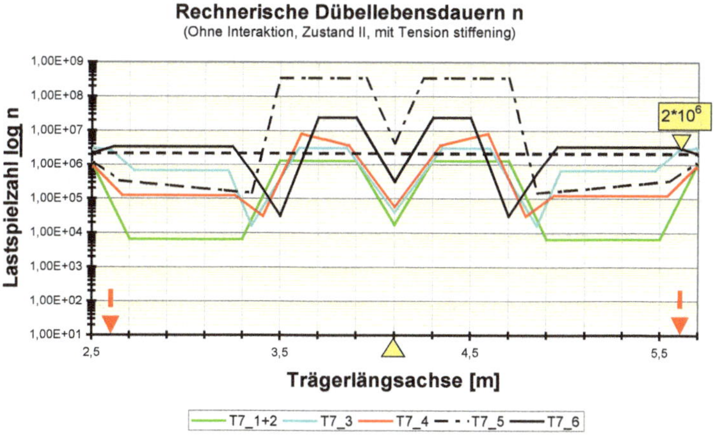

Bild 3.18 Rechnerische Dübellebensdauern zwischen den LEP bei Vernachlässigung der Interaktion mit $\Delta\sigma$ im Stahlträgerobergurt und bei Anwendung von Gl. (1.13)

Die errechneten Dübellebensdauern zwischen den Lasteinleitungspunkten sind nochmals in Bild 3.18 logarithmisch dargestellt, der Horizont bei $2 \cdot 10^6$ Lastwechseln ist eingezeichnet. Zu erwähnen ist, dass diese Werte mit dem charakteristischen Wert der *Wöhler*linie (Gl. 1.11) berechnet wurden und nicht mit der Bemessungsgleichung (Gl. 1.3). Darüber hinaus wurde der Einfluss der Interaktion mit der Flanschnormalspannungsschwingbreite $\Delta\sigma$ noch nicht berücksichtigt. Für die Dübel direkt über der Mitte spielt hier die zeitliche Phasenverschiebung der Maximalwerte von $\Delta\sigma$ (LS 3 + LS 5) und $\Delta\tau$ (LS 2 + LS 4) eine Rolle, allerdings sind die Schwingbreiten der zugehörigen und der maximalen Flanschnormalspannung in diesem Fall annähernd gleich groß. Der einzige Unterschied besteht darin, dass die zugehörige Schwingbreite $\Delta\sigma_{zug}$ eine Wechselbeanspruchung (R = -1), die maximale Schwingbreite $\Delta\sigma_{max}$ eine Schwellbeanspruchung (R = 0) ist. In der Lebensdauerprognose schlagen sich die Auswirkungen aus der Berechnung der Dübelkräfte überproportional nieder, auch wenn dies durch die logarithmische Skalierung der Ordinate verzerrt dargestellt wird. Es muss darauf hingewiesen werden, dass für ein und denselben Träger zwischen den LEP für verschiedene Dübel Werte berechnet werden, die zwischen 100000 und $1 \cdot 10^7$ Lastwechseln liegen (≈ Faktor 1000).

Tabelle 3.1 Rechnerische Lebensdauern des mittleren Dübelpaares in Abhängigkeit des Steifigkeitsansatzes und unter Berücksichtigung der Interaktion

mit Tension Stiff.	**T7_1**	**T7_2**	**T7_3**	**T7_4**	**T7_5**	**T7_6**
$\Delta\tau_{TS}$ [N/mm²]	196,2	196,2	179,8	172,6	107,8	143,8
$\Delta\sigma_{TS,max}$ [N/mm²] (LS 3 + LS 5)	85,63 (R=0)	85,63 (R=0)	110 (R=0)	110 (R=0)	110 (R=0)	110 (R=0)
$\Delta\sigma_{TS,zug}$ [N/mm²] (LS 2 + LS 4)	72,6 (R=-1)	72,6 (R=-1)	109 (R=-1)	109 (R=-1)	109 (R=-1)	109 (R=-1)
$N_{\Delta\tau_{TS}}$	17700	17700	39500	57500	$4{,}34 \cdot 10^6$	308000
$N_{\Delta\tau_{TS} + \Delta\sigma_{TS,max}}$	**16100**	**16100**	**31800**	**43000**	**482000**	**139500**
$N_{\Delta\tau_{TS} + \Delta\sigma_{TS,zug}}$	16500	16500	32000	44000	482000	139500

ohne Tension Stiff.	**T7_1**	**T7_2**	**T7_3**	**T7_4**	**T7_5**	**T7_6**
$\Delta\tau_{II}$ [N/mm²]	173,7	173,7	137,8	132,3	82,7	110
$\Delta\sigma_{II,max}$ [N/mm²] (LS 3 + LS 5)	95,16 (R=0)	95,16 (R=0)	122,5 (R=0)	122,5 (R=0)	122,5 (R=0)	122,5 (R=0)
$\Delta\sigma_{II,zug}$ [N/mm²] (LS 2 + LS 4)	95,03 (R=-1)	95,03 (R=-1)	122,3 (R=-1)	122,3 (R=-1)	122,3 (R=-1)	122,3 (R=-1)
$N_{\Delta\tau_{II}}$	**54200**	**54200**	**456000**	**663000**	**$4.9 \cdot 10^7$**	**$3.6 \cdot 10^6$**
$N_{\Delta\tau_{II} + \Delta\sigma_{II,max}}$	47800	47800	153600	185700	662000	363000
$N_{\Delta\tau_{II} + \Delta\sigma_{II,zug}}$	47800	47800	153600	185700	662000	363000

Zu Tabelle 3.1:

$\Delta\tau_{TS}$ Schubspannungsschwingbreite bei Berücksichtigung des Mitwirkens des Betons zwischen den Rissen

$\Delta\sigma_{TS,max}$ Maximale Normalspannungsschwingbreite im OG des Stahlprofils bei Berücksichtigung des Mitwirkens des Betons zwischen den Rissen

$\Delta\sigma_{TS,zug}$ Zu $\Delta\tau_{TS}$ maximal zugehöriges $\Delta\sigma$ bei Berücksichtigung des Mitwirkens des Betons zwischen den Rissen

$\Delta\tau_{II}$ Schubspannungsschwingbreite für den reinen Zustand II

$\Delta\sigma_{II,max}$ Maximale Normalspannungsschwingbreite im OG des Stahlprofils für den reinen Zustand II

$\Delta\sigma_{II,zug}$ Zu $\Delta\tau_{II}$ maximal zugehöriges $\Delta\sigma$ für den reinen Zustand II

Die Indizierung bei den rechnerischen Lebensdauern N ist analog. Es ist natürlich nicht weiter überraschend, dass bei Ansatz des reinen Zustandes II bei gleichzeitiger Vernachlässigung der Interaktion mit der Flanschnormalspannung die größten Lebensdauern und bei Berücksichtigung des Tension Stiffening und der Interaktion die niedrigsten Lebensdauern erwartet werden dürfen. Interessant ist außerdem das Spektrum der berechneten Lastspielzahlen und die teilweise eintretende drastische Reduktion der Lastspielzahlen. Hier liegt sicherlich auch eine Gefahr bei der Anwendung des Konzeptes in der Praxis, da die Lebensdauern bei falschen Ansätzen sofort erheblich unter- oder auch überschätzt werden. Es ist dadurch quasi vorprogrammiert, dass die Bemessung entweder zu unwirtschaftlichen oder unsicheren Ergebnissen führt. Besonders bei der Ausführung durchlaufender Verbundträger ist das tatsächliche Betonverhalten schwer abzuschätzen, da die Betonzugfestigkeit eine der am stärksten streuenden Größen bei der Planung von Stahlverbundträgern ist, und es kann deswegen immer ein gewisses Risiko sein, mit „gerissenen" Querschnittswerten zu rechnen.

Wie man aber an Tabelle 3.1 ebenfalls ersehen kann, würde der generelle Ansatz ungerissener Querschnittswerte, wie es im EC4, Teil 2 ebenfalls empfohlen wird, zu extrem hohen Dübelkräften, gerade im Stützbereich, führen. Eine Bemessung auf einem Lastspielzahlhorizont von z.B. $2 \cdot 10^6$ Lastwechseln führt dann zu sehr großen Dübelanzahlen.

Neben den möglichen „Fehlern", die beim Ansatz der Materialeigenschaften des Betons auftreten können, besteht eine weitere Gefahr darin, die Schwingbreite der Dübel direkt über dem mittleren Auflager nur aus der einseitigen, maximalen Querkraftdifferenz (LS3 + LS5) zu berechnen, genau wie die der unmittelbar benachbarten Dübel auch. Dadurch würde die Schwingbreite sofort deutlich reduziert und die rechnerische Lebensdauer im gleichen Maße erhöht. Hier besteht eine gewisse Bemessungsunsicherheit, denn unter Ansatz starren Verbundes wäre dieses Vorgehen auch gerechtfertigt, würde man die mittlere Dübelreihe nur um einen minimalen Abstand aus der Mitte heraus „verziehen".

Durch die Nachgiebigkeit wird die Querkraft aber dennoch über das Lager herübergehängt, der Nulldurchgang ist nicht mehr exakt in Trägermitte. Damit ist es zunächst gleichgültig, ob die Dübel nun direkt über oder unmittelbar neben der Mitte stehen, denn es werden unter Umständen noch weitere Dübel wechselnd beansprucht, was spätere FE-Berechnungen noch zeigen werden.

3.3 Herstellen der Versuchsträger

Es wurden immer 2 Versuchsträger gleichzeitig hergestellt. Die ersten beiden und die letzten vier Stahlprofile entstammten jeweils der gleichen Charge.

Die Bewehrung wurde vor Ort, im Labor für konstruktiven Ingenieurbau, geflochten und verlegt, die Träger wurden in horizontaler Lager betoniert, dabei entstammte auch der Beton für je zwei Träger der gleichen Mischung. Als Beton wurde ein herkömmlicher Transportbeton C30/25 mit einem Größtkorn von 16 mm, Konsistenz KP bis KR, verwendet.

Die Kopfbolzen wurden per Bolzenschweißen mit Hubzündung aufgeschweißt. Hierfür wurde ein Bolzenschweißgerät der Firma Nelson verwendet. Die Schweißnähte wurden visuell kontrolliert, die erforderliche Eintauchtiefe wurde nachgemessen. Bolzen, die den in [6.2] bis [6.5] formulierten Anforderungen nicht genügten, wurden konsequent wieder abgetrennt und neu aufgeschweißt. In Kapitel 6 wird noch näher auf die Bolzenschweißtechnik eingegangen.

Bild 3.19 Flechten des Bewehrungskorbes (links); Stahlträger mit KD in der Schalung (rechts)

Bild 3.20 Dehnmessstreifen auf dem OG des Stahlträgers und den KD, Träger mit KD und Bewehrung in der Schalung

3.4 Messtechnik

Um das Ermüdungsverhalten von Kopfbolzendübeln ausreichend genau beschreiben zu können, ist eine möglichst genaue Kenntnis der tatsächlichen Dübelbeanspruchungen unerlässlich. Diese lassen sich aber nicht direkt messen, sondern müssen aus den Ergebnissen anderer Messwerte berechnet werden. Daher sind generell aufwendige Messungen erforderlich. Die Symmetrie des Versuchsaufbaues kann ebenfalls nicht genutzt werden, da neben der ungleichen Steuerung der Zylinder das Ermüden der Kopfbolzendübel sowie das unsymmetrische Reißen des Betons aufgrund der großen Streuung der Betonzugfestigkeit zu Unsymmetrien führt. Es wurden folgende Kraft- und Weggrößen aufgezeichnet:

1. Durchbiegungen
2. Schlupfentwicklung
3. Dehnungen im Stahlprofil
4. Rissbildung im gezogene Betongurt
5. Auflagerkräfte
6. Zylinderkräfte
7. Bolzenversagen (nur Träger T7_4 bis T7_6)

Eine qualitative Übersicht über die Messstellen zeigt Bild 3.21 und Bild 3.22. Bei den Versuchen T7_3 bis T7_6 wurden diese Messungen durch die Aufzeichnung des Dübelversagens ergänzt. Die gesamte Messtechnik wurde symmetrisch zur Trägermitte angeordnet.

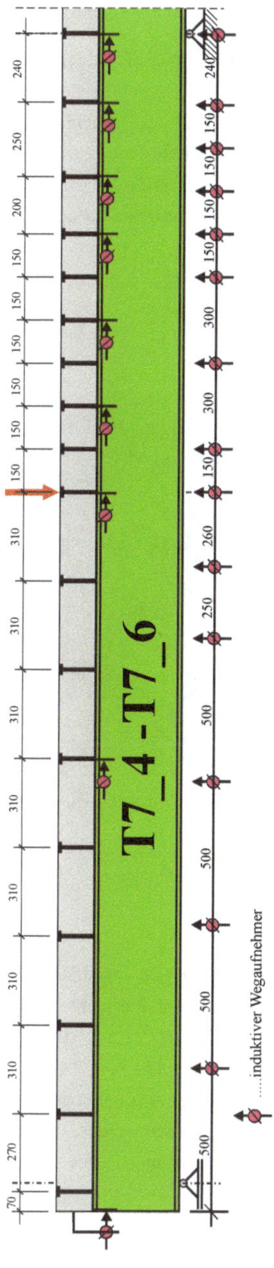

Bild 3.21 Wegaufnehmer zur Aufzeichnung der Biegelinie (T7_3 – T7_6), Wegaufnehmer zur Schlupfmessung (qualitativ für T7_4)

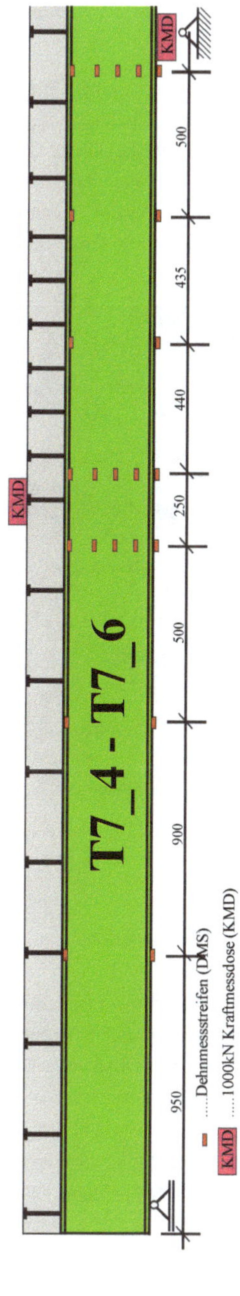

Bild 3.22 Dehnmessstreifen (DMS) zur Aufzeichnung verschiedener Dehnungsquerschnitte und Kraftmessdosen (KMD) für Auflager- und Zylinderkräfte für T7_3 – T7_6

3.4.1 Durchbiegungen

Die Durchbiegungen wurden durch eine Kette induktiver Wegaufnehmer an mehreren Stellen gemessen und aufgezeichnet. Die Durchbiegungen liefern eine Aussage über den Schädigungszustand des Tragsystems, speziell der Verbundfuge. Die Frage nach dem Grad des Zusammenwirkens der beiden Verbundpartner ist eine Frage der Steifigkeit, und damit steht sie im direkten Zusammenhang mit den Durchbiegungen. Bei den Versuchen T7_1 und T7_2 wurde die Biegelinie mit insgesamt 10, bei den darauf folgenden Versuchen mit jeweils 27 Wegaufnehmern aufgezeichnet, Bild 3.23.

Bild 3.23 Untersicht des Trägers mit Blick auf die induktiven Wegaufnehmer zur Aufzeichnung des Schlupfes und der Relativverschiebungen (Schlupf) zwischen Stahlträger und Betongurt

3.4.2 Auflager- und Zylinderkräfte

Die Auflager- und Zylinderkräfte wurden sowohl bei der Durchführung der quasi statischen Messzyklen als auch während der zyklischen Beanspruchung kontinuierlich aufgezeichnet. Dazu wurde das Mess- und Steuerprogramm DIAdem in Kombination mit einer DAP - Karte (**D**ata **A**quisition **P**rocessor Karte) benutzt. Die Messwerte wurden dabei mit einer Frequenz von 100 Hz abgefragt, gefiltert und gespeichert. Das ermöglicht das Aufzeichnen der tatsächlich aufgebrachten Ist-Werte. Fehler aus der Versuchssteuerung können dadurch nahezu ausgeschlossen werden, da die Auswertung mit den tatsächlichen Werten erfolgen kann. Das ist bei einer Belastungsfrequenz von 1 Hz bei

Versuchen dieser Größenordnung auch unbedingt erforderlich, da hier allein schon aus der Massenträgheit der Hydraulikzylinder und des „schwingenden" Systems Ungenauigkeiten auftreten.

Gemessen wurde die aufgebrachten Zylinderkräfte und die Auflagerkraft am mittleren Auflager. Dadurch wird es ermöglicht, den globalen Schnittgrößenverlauf direkt zurück zu rechnen. Das ist erforderlich, damit die Kenntnis über den Verlauf des Gesamtbiegemomentes in Kombination mit den Dehnungsmessungen am Stahlprofil eine anschließende, näherungsweise Separation in die auftretenden Teilschnittgrößen ermöglicht.

Bild 3.24 KMD unter dem mittleren Auflager (links) und unter den Hydraulikzylindern (rechts), Wegaufnehmer zur Aufzeichnung der verschmierten Rissweiten auf der Betonplatte (rechts)

3.4.3 Schlupfmessungen

Ein Indikator für die Verteilung der Dübelkräfte und damit der Verteilung des Schubflusses in der Verbundfuge auf die einzelnen Dübel ist der Dübelschlupf, in Kombination mit der zeitlich veränderlichen, nichtlinearen Dübelcharakteristik. Dieser Schlupf wurde im Bereich zwischen den Lasteinleitungspunkten mit Hilfe von Wegaufnehmern gemessen. Zusätzlich wurde auch der Endschlupf und der Schlupf an jeweils einer Stelle außerhalb des Lasteinleitungspunktes aufgezeichnet, vgl. z.B. Bild 3.23.

Auch die Wege wurden statisch und zyklisch aufgezeichnet. Besonders die zyklische Aufzeichnung erforderte einige Mühen und erzeugte sehr große Datenmengen. Dadurch konnte aber erreicht werden, dass in Kombination mit den entsprechenden Versagenszeitpunkten vollständige Wegkollektive über die gesamte Lebensdauer gespeichert sind, die bei entsprechender Aufbereitung auch wieder als Eingangsdaten zur Versuchsteuerung dienen können.

3.4.4 Dehnungsmessungen im Stahlprofil

Der Dehnungszustand des Stahlprofils wurde in mehreren Schnitten gemessen. Dies erfolgte mit DMS. Die Änderung des Normalkraftanteiles der Dehnungen im Stahlprofil zwischen zwei Schnitten entspricht gerade dem Schubfluss in der Verbundfuge. Damit kann ein Maß für die in diesem Bereich zu übertragenden Dübelkräfte gewonnen werden. Die am Dübel selbst vorliegenden Normalspannungen können näherungsweise durch lineare Interpolation zwischen den Schnitten ermittelt werden.

3.4.5 Rissbildung im gezogenen Betongurt

Die Rissbildung im Betongurt wurde verschmiert über eine Kette von Wegaufnehmern aufgenommen, vgl. Bild 3.24. Insgesamt lagen je Versuch über 150 Messstellen vor. Diese wurden über mindestens zwei Umschaltanlagen vom Typ UPM von Hottinger Baldwin mit zwei PC's verbunden, wo die Versuchsdaten angezeigt und gespeichert wurden. Die Steuerung und die kontinuierliche Aufzeichnung der Zylinderkräfte und der Auflagerkraft in Trägermitte (nur Versuch T7_2) erfolgt mit einem dritten PC.

Alle Versuche wurden auf einem verformungsarmen Spannfeld aufgebaut, so dass die Verformungen des Versuchsstandes für die Berechnungen der Durchbiegungen vernachlässigbar sind.

Zur visuellen Kontrolle der Zylinderkräfte wurde auf zwei Oszilloskopen jeweils das ausgehende Soll- und das eingehende Ist - Signal der Zylindersteuerung angezeigt.

3.5 Versuchssteuerung

Die Hydraulikzylinder wurden über einen Messprozessrechner entsprechend dem in Bild 3.25 dargestellten Schema angesteuert. Dabei wurden die Steuersignale für 10 Lastzyklen vorab mit dem Programmsystem VERKEHR erzeugt, und die Signaldatei konnte „beliebig" oft wiederholt werden. Die Steuerung erfolgte dabei kraftgeregelt. Ein Zyklus besteht aus 4000 Steuersignalen, um eine möglichst stabile und saubere Ansteuerung zu ermöglichen. Die Dauer eines Zyklus beträgt exakt 1 Sekunde, was einer Testfrequenz von 1 Hz entspricht.

Zu Beginn eines jeden Lastwechselintervalls wurde ein Zyklus quasi-statisch, i.d.R. in 20kN – Schritten, durchfahren und auf jeder neuen Laststufe eine Aufzeichnung aller Messstellen durchgeführt. Zu Beginn der Versuche wurden sehr kurze Intervalle (100 – 1000 Zyklen), zu Versuchsende mehrere 10000 Lastwechsel zwischen den einzelnen quasi-statischen Messungen durchfahren. Während der zyklischen Belastung wurden verschiedene Messstellen, wie zuvor erläutert, kontinuierlich aufgezeichnet.

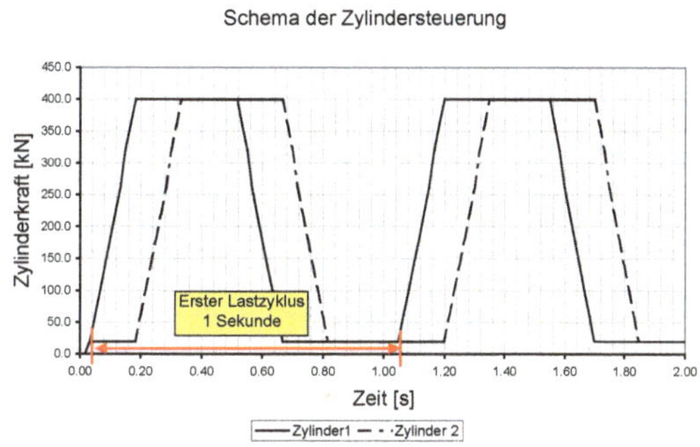

Bild 3.25 Schema der Zylindersteuerung

3.6 Versuchsergebnisse

3.6.1 Materialdaten

Zu Beginn der Versuchsdurchführung wurde die Betondruckfestigkeit mit Würfeln der Kantenlänge 15 cm und der E-Modul an zylindrischen Probekörpern nach den Vorschriften der DIN 1048 [3.8] festgestellt. Die Materialeigenschaften des Bau- und Bewehrungsstahls wurden an Zugproben entsprechend der DIN 50125 [3.8] ermittelt. Tabelle 3.2 zeigt die Zusammenstellung der Materialparameter.

Tabelle 3.2 Zusammenstellung der Materialeigenschaften der Trägerversuche

Versuch:	T7_1	T7_2	T7_3	T7_4	T7_5	T7_6
Beton:						
$f_{ck,cube}$ [N/mm²]	39,8	47,5	38,5	47,4	48,3	43,0
E_c [N/mm²]	/	/	29800	31150	32000	29550
Bewehrung längs Ø10						
$f_{y,0,02}$ [N/mm²]	561	561	568	568	568	568
$f_{u,s}$ [N/mm²]	670	670	621	621	621	621
Bewehrung quer Ø8						
$f_{y,0,02}$ [N/mm²]	/	/	582	582	582	582

$f_{u,s}$ [N/mm²]	/	/	641	641	641	641
Baustahl Gurte (MW)						
$f_{y,k}$ [N/mm²]	36,13	36,13	25,4	24,1	25,2	25,2
$f_{u,k}$ [N/mm²]	51,37	51,37	38,3	37,8	38,8	38,9
Baustahl Steg						
$f_{y,k}$ [N/mm²]	36,3	36,4	28,0	27,7	27,7	27,4
$f_{u,k}$ [N/mm²]	52,2	52,5	39,7	39,4	39,4	39,6
Kopfbolzen						
f_u [N/mm²]	46,6	46,6	46,6	46,6	46,6	46,6

Es ist festzustellen, dass die Betondruckfestigkeiten wie erwartet höher lagen als die eines C30/25. Etwas überraschend waren die Materialeigenschaften des Baustahls, dessen untere Streckgrenze i.d.R. nahe an den „Tabellenwerten“ lag und keine signifikanten Überfestigkeiten aufwies. Bei den Versuchen T7_1 und T7_2 wurden keine E-Modul Prüfungen durchgeführt. Stammten die verwendeten Materialien aus einer Charge, wurden die entsprechenden Versuche nur einmal durchgeführt und die erzielten Materialkenndaten für alle anderen Versuche übernommen. Die Kopfbolzen kamen alle aus einer Charge, hier wurden deshalb nur einmal Zugversuche durchgeführt.

3.6.2 Globales Trag- und Versagensverhalten

Alle Versuche versagten am Ende global durch den in Kapitel 1 beschriebenen Versagenstyp „C“ direkt über dem mittleren Auflager.

Bild 3.26 Versagenstyp „C“, Ansicht (links) und Untersicht (rechts)

Die erreichten Lastspielzahlen bis zu diesem Punkt und den Vergleich mit den Werten der linearen Vorbemessung zeigt Tabelle 3.3.

Tabelle 3.3 Vergleich der rechnerischen Lebensdauern mit den tatsächlichen Werten für Versagenstyp „C“

	T7_1	**T7_2**	**T7_3**	**T7_4**	**T7_5**	**T7_6**
$\mathbf{n_{Test}}$	1 085 000	880 000	797 000	803 000	1 003 000	1 020 000
$n_{\Delta\tau_{TS}+\Delta\sigma_{TS,max}}$	16 100	16 100	31 800	43 000	482 000	139 500
$n_{\Delta\tau_{TS}+\Delta\sigma_{TS,zug}}$	16 500	16 500	32 000	44 000	482 000	139 500

Es ist deutlich zu erkennen, dass alle Träger, unabhängig von der verwendeten Materialgüte des Grundmaterials, in etwa die gleiche Lastspielzahl bis zum Erreichen des Versagenstyps „C“ aufweisen, und dass diese deutlich über den berechneten Werten liegt. Das Bemessungskonzept scheint also hinsichtlich des gefährlichen Versagenstyps „C“, der zum globalen Versagen der Träger führt, konservative Ergebnisse zu liefern.

Bis zum Eintritt des globalen Versagens zeigten jedoch alle Versuche die in Kapitel 2 beschriebenen Phänomene des *„incremental collapse“*, was im folgenden exemplarisch an einigen Versuchsergebnissen gezeigt wird. Eine vollständige Darstellung aller Ergebnisse ist im Rahmen dieser Arbeit nicht möglich, da selbst eine kommentarlose Darstellung aller Ergebnisgrafiken über 2000 Seiten füllen würde.

3.6.2.1 Durchbiegungen

Die Durchbiegungen nahmen von Beginn an stetig zu. Dabei kann man sehr gut feststellen, dass der Verbundträger mehrere Phasen durchläuft. Zu Beginn der zyklischen Belastung können die Durchbiegungen näherungsweise mit den Werten verglichen werden, die sich auch nach den Methoden der elementaren Statik berechnen lassen, wenn man das Reißen des Betons und das Mitwirken des Betons zwischen den Rissen berücksichtigt. Das Tragverhalten geht dann mehr und mehr über in das Tragverhalten des reinen Zustandes II, und schließlich können die Durchbiegungen gut mit denen des reinen Stahlträgers angenähert werden.

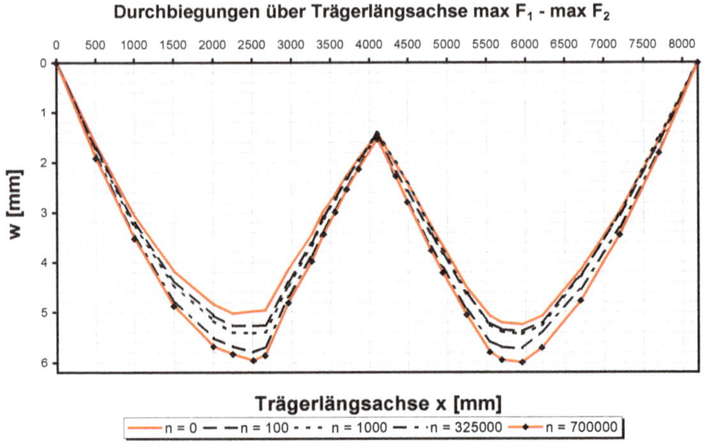

Bild 3.27 Entwicklung der Durchbiegungen für Träger T7_5 im Verlauf der zyklischen Belastung für LS3

Man sieht auch sehr deutlich, dass es direkt zu Versuchsbeginn zu einem „größeren" Zuwachs des Durchbiegungen kommt. Danach stabilisiert sich das System etwas, der Durchbiegungszuwachs vollzieht sich langsamer. Es kommt nie zu einem schlagartigen Anstieg der Durchbiegungen, was vielleicht auf den Ausfall einer oder mehrerer Dübelreihen zurück zu führen wäre, aber auch nie zu einem endgültigen Stillstand.

Man kann außerdem erkennen, dass die Biegelinie nicht ganz symmetrisch zur Trägermitte ausgebildet wird, was auf das unsymmetrische Betonverhalten zurück zu führen ist. Bild 3.27 zeigt das Verformungsverhalten beispielhaft am Versuch T7_5 für den Lastfall Volllast (LS 3), es gilt rein qualitativ für alle anderen Versuche auch.

Aus Bild 3.27 sind einige Besonderheiten zu erkennen, die auf alle Versuche übertragen werden können:

Auf Grund des Versuchsaufbaus in der Mitte des Trägers konnte das Lager dort nie vollständig starr ausgebildet werden, es verbleibt immer eine gewisse Nachgiebigkeit. Das ist einerseits dadurch bedingt, dass der Träger dort auf einer KMD aufgelagert wurde, die unter steigender Belastung eine elastische Federung aufweist. Andererseits treten hier große Lagerkräfte auf, die durch die ideale Lagerung auf einer ausgerundeten Platte „punktförmig" eingeleitet werden. Dadurch kommt es zu großen lokalen Pressungen in diesem Bereich und zu einer geringen Stauchung des Stahlprofils. Bei Entlastung verbleibt dadurch sogar eine geringe plastische Verformung. Diese Nachgiebigkeit und die elastisch - plastische Lagercharakteristik wurden bei allen Auswertungen, ebenso bei der späteren FE - Nachrechnung der Versuche, mit berücksichtigt.

Bild 3.28 Mittleres Auflager mit KMD und abgerundeter Auflagerplatte zur Erzeugung eines idealen, zweiwertigen Auflagers

Weiterhin muss festgestellt werden, dass es auf Grund des Verhältnisses der Trägerlänge zur Trägerhöhe zu nennenswerten Biegeanteilen aus der Querkraft kommt, die bei der elementaren Berechnung der Durchbiegungen berücksichtigt werden müssen. Die folgende Tabelle zeigt den Vergleich der Durchbiegungen unter der Lasteinleitung im Versuch mit den von Hand berechneten Werten für verschiedene Steifigkeitsverhältnisse, unter Berücksichtigung der Lagernachgiebigkeit und der Verformungsanteile aus der Querkraft. Die kontinuierlich anwachsenden Durchbiegungen sind ein deutliches Anzeichen dafür, dass die Verbundfuge eine fortschreitenden Schädigung erfährt, die zunehmend zu Steifigkeitsverlusten und damit zu den vergrößerten Verformungen führt. Im Fall des hier dargestellten Trägers T7_5 würde dieser immer noch übliche Gebrauchstauglichkeitsanforderungen einhalten (max $w \approx \ell/570$), man könnte demnach noch nicht von einem „*collapse*" sprechen. Bei den anderen Trägern ist dieser Effekt jedoch noch stärker ausgeprägt.

Tabelle 3.4 Vergleich der Versuchsdurchbiegungen mit den rechnerischen Werten

Lastspielzahl	w_{T7_5} **(x=2,51)** [mm]	$w_{II,TS}$ [mm]	w_{II} [mm]	w_a [mm]
n = 0	4,98	5,3		
n = 1000	5,41		5,5	
n = 900.000 (nicht dargestellt)	6,8			8,2

3.6.2.2 Dehnungsmessungen im Stahlprofil

Auch bei den Dehnungsmessungen am Stahlprofil und den daraus berechneten Kenngrößen, wie z.B. der anteiligen Normalkraft oder dem anteiligen Biegemoment, kann man deutlich die mit der Zeit zunehmende Schädigung der Verbundfuge erkennen.

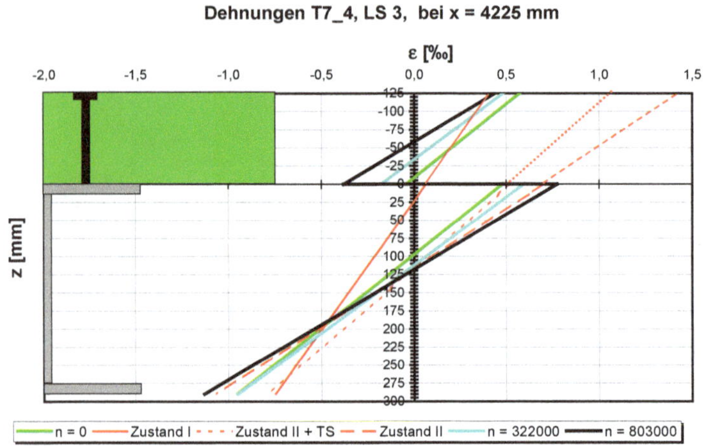

Bild 3.29 Dehnungsquerschnitte im Versuch T7_4 rechts neben dem mittleren Auflager.

Bild 3.29 zeigt einen exemplarischen Dehnungsquerschnitt, hier den Dehnungsquerschnitt rechts neben dem mittleren Auflager für den Lastfall Volllast (LS 3) des Trägers T7_4. Die Dehnungen im Stahlprofil wurden gemessen, die Dehnung an der Oberkante des Betongurtes ergibt sich aus der Messung der Rissweiten und einer hieraus berechneten mittleren Dehnung in diesem Abschnitt. Die Dehnung an der Unterkante des Betongurtes kann dann unter der Vorraussetzung des Ebenbleibens der Teilquerschnitte und der Annahme, dass beide Teilquerschnitte die gleiche Krümmung aufweisen, berechnet werden.

Man sieht, dass zu Beginn der Belastung die Dehnungen im Stahlprofil wieder relativ gut mit den Werten für Zustand II und das Tension Stiffening übereinstimmen. Allerdings liegt bereits zu Beginn ein Dehnungssprung in der Verbundfuge vor, der auf den von Anfang an vorhandenen Schlupf und das damit unvollständige Zusammenwirken der Verbundpartner zurück zu führen ist; die Nulllinie liegt dadurch etwas tiefer.

Gegen Ende des Versuchs sind die Dehnungswerte im Stahlprofil sogar noch größer als die Werte für den reinen Zustand II, und der Betongurt, genau wie das Stahlprofil, weisen eine fast reine Biegebeanspruchung auf; die Nulllinien liegen annähernd in den Schwerachsen der Teilquerschnitte.

Das lässt darauf schließen, dass zu diesem Zeitpunkt nur noch eine geringe Verbundwirkung vorhanden war, und die Teilquerschnitte annähernd „lose" aufeinander lagen.

Den gleichen Dehnungsquerschnitt für den stärker verdübelten Versuch T7_5 zeigt Bild 3.30. Es zeigen sich die gleichen Phänomene, offensichtlich wird aber auch noch für hohe Lastspielzahlen eine große anteilige Normalkraft im Stahlprofil aktiviert. Es wird sich später zeigen, dass sich gerade im Versuch T7_5 die geringsten Schlupfwerte ausgebildet haben, was auf eine enge Verdübelung auch im Bereich des gerissenen Betongurtes zurück zu führen ist. Das unterschiedliche Tragverhalten und auch der Schädigungszustand der Verbundfuge werden offensichtlicher, berechnet man aus den Dehnungsmessungen die anteilige Normalkraft im Stahlquerschnitt zurück. Führt man dies für die unterschiedlichen Lastfälle durch, so kann man die über die Trägerlängsachse übertragene Normalkraftschwingbreite ermitteln, die näherungsweise der in der Verbundfuge zu übertragenden Schubkraftschwingbreite entspricht.

Bild 3.31 und Bild 3.32 zeigen exemplarisch den Vergleich der Träger T7_4 und T7_5. Man sieht, dass die Schwingbreite des ersten Zyklus des Versuchs T7_4 schon relativ gut mit den vereinfachten Ansätzen nach *Roik* und *Hanswille* [3.4 - 3.6] für das Mitwirken des Betons zwischen den Rissen bestimmt werden kann. Würde man die in [3.4 – 3.6] angegebenen, genaueren Ansatzfunktionen verwenden und die Länge des gerissenen Bereichs in der statischen Bemessung aus der Überlagerung mehrerer Lastfällen festlegen, dann ließe sich sicherlich noch eine Verbesserung des Ergebnisses erzielen.

Es wird sehr schnell klar, wie deutlich sich die vorliegenden Verhältnisse unter nicht ruhender Beanspruchung ändern. Bei genauer Betrachtung von Bild 3.31 sieht man, dass bereits nach 100 Lastwechseln die Normalkraftschwingbreite im Bereich des mittleren Auflagers unter den Wert für Zustand II absinkt. Offensichtlich reicht der in diesem Bereich gewählte Dübelabstand von e = 240 mm aus, um deutliche Schubkraftumlagerungen herbei zu führen, die Belastungsspitze in der Mitte wird dadurch abgebaut.

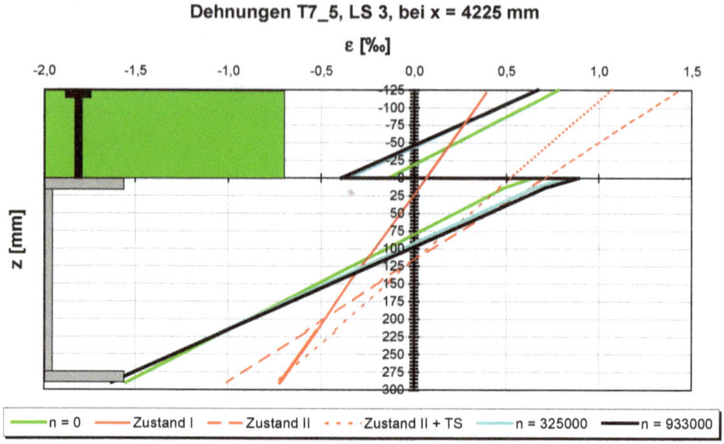

Bild 3.30 Dehnungsquerschnitte im Versuch T7_5 rechts neben dem mittleren Auflager.

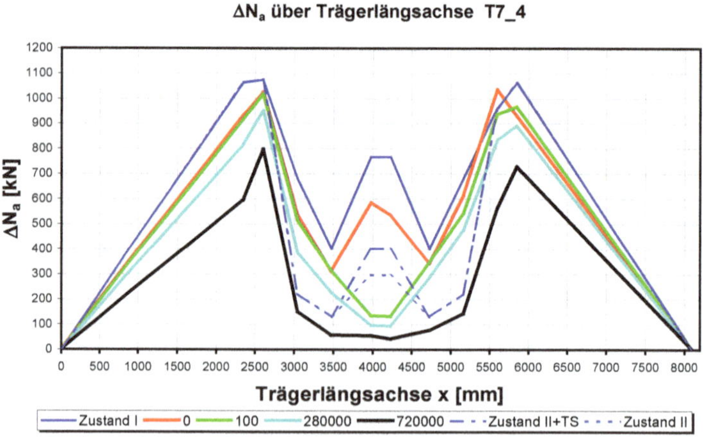

Bild 3.31 Entwicklung der anteiligen Normalkraftschwingbreite ΔN_a für T7_4

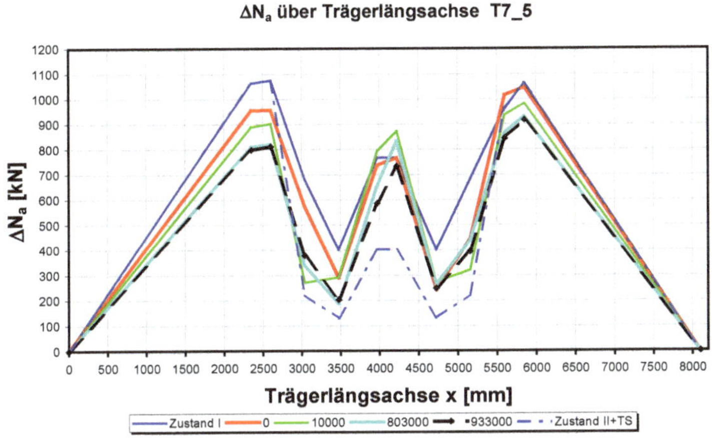

Bild 3.32 Entwicklung der anteiligen Normalkraftschwingbreite ΔN_a für T7_5

Eingetragen ist außerdem der Verlauf für n = 280000 Lastwechsel. Es wird sich später zeigen, dass zu diesem Zeitpunkt die ersten Dübel bereits versagt hatten. Die anfänglich starken Umlagerungen setzen sich aber nicht mehr im selben Maße fort, das System erreicht danach einen mehr oder minder stabilen Zustand. Die zusätzlichen Umlagerungen sind vermutlich auf das sukzessive Betonversagen zurück zu führen.

Interessant ist auch der Verlauf der Normalkraftschwingbreite kurz vor dem globalen Versagen des Trägers (n = 720000). Im Bereich zwischen den Lasteinleitungspunkten wird jetzt fast keine anteilige Normalkraft mehr übertragen. Es ist demnach zu vermuten, dass weite Bereiche zwischen den Lasteinleitungspunkten in T7_4 schon versagt haben.

Der Versuch T7_5, siehe Bild 3.32, verhält sich ganz anders. Trotz der Rissbildung im gezogenen Betongurt erreicht die Normalkraftschwingbreite im Stützbereich über weite Bereiche der Lebensdauer fast den Wert für Zustand I.

Für diesen Träger lassen sich die zu übertragenden Schubkräfte demnach schon für den ersten statischen Zyklus mit den Ansätzen nach EC4, Teil 2 [1.13] nicht gut beschreiben. Es hat den Anschein, als ob die Rissbildung im gezogenen Betongurt unter dynamischer Belastung die Verteilung der Dübelkräfte nicht in dem Maße beeinflusst, wie bislang angenommen, jedenfalls nicht dann, wenn die Dübel „enger" angeordnet werden, vgl. Bild 3.11 und Bild 3.12. Berücksichtigt man aber zusätzlich die rechnerischen Lebensdauern nach Bild 3.18, dann war Versuch T7_5 der einzige, der durchgängig eine Lebensdauer von mehr als $2 \cdot 10^6$ Lastwechseln für die Verdübelung erwarten ließ, und dies nur unter Vernachlässigung der Interaktion im Stützbereich, vgl. Tabelle 3.1.

Deshalb ist die Dübelanordnung für diesen Träger keineswegs zu eng gewählt, sie würde eher noch enger ausfallen, würde man den Träger unter Berücksichtigung der Interaktion durchgängig auf über zwei Millionen Lastwechsel abstimmen. Bedenkt man die extrem flach geneigte *Wöhler*linie für die KD, so ist es auch nahe liegend, diese Korrektur erneut durch eine (minimale) Reduktion des Bolzenabstandes herbei zu führen und nicht etwa durch eine Vergrößerung der statischen Höhe des Stahlprofils und der damit verbundenen Reduktion der Normalspannungen im Obergurt. Der Interaktionsnachweis ist durch die unterschiedlichen Neigungen der *Wöhler*linie sehr „dübellastig". Das Bestreben nach einer rechnerischen Erhöhung der Lebensdauer durch andere Maßnahmen hätte baupraktisch stets weitreichendere Folgen.

Offensichtlich bestimmt also die Verteilung der Verbundmittel weit mehr als die tatsächliche Dübelanzahl oder die Rissbildung im Betongurt die übertragbare Schubkraft. Das ist auch aus dem Vergleich mit Versuch T7_6 ersichtlich, der die größte Dübelanzahl zwischen den Lasteinleitungspunkten aufweist.

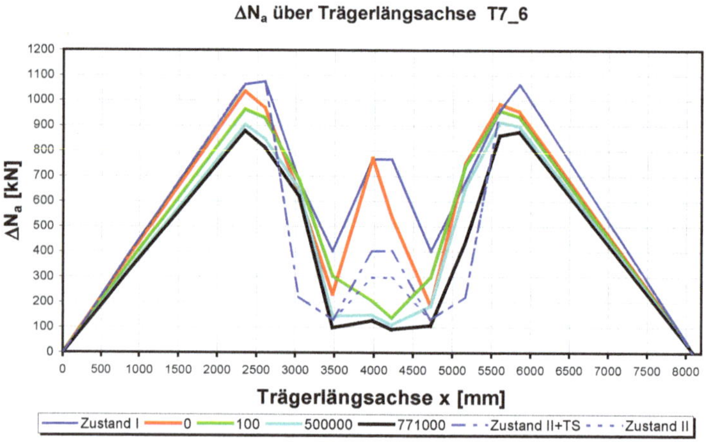

Bild 3.33 Entwicklung der anteiligen Normalkraftschwingbreite ΔN_a für T7_6

Wie beim Versuch T7_4 kommt es auch hier durch den vergrößerten Dübelabstand nahe des mittleren Auflagers zu einem sofortigen Abbau der Belastungsspitze, und trotz der großen Dübelanzahl wird bei höheren Lastspielzahlen kaum noch eine Normalkraft im Stahlprofil aktiviert. Das lässt wiederum darauf schließen, dass eine deutliche Schädigung der Verbundfuge vorgelegen haben muss.

Schon jetzt lässt sich festhalten, dass die im Rahmen der Vorbemessung berechneten Lastspielzahlen für das Dübelversagen kaum mit den tatsächlichen Lastspielzahlen übereinstimmen können, da

- entweder von Beginn an große Umlagerungen stattfinden, die automatisch eine „Betriebsbelastung" und keine Einstufenschwingbreite zur Folge haben, die nur unter der Verwendung einer gültigen Schadensakkumulationshypothese berücksichtigt werden könnte (Bild 3.31, Versuch T7_4 und Bild 3.33, Versuch T7_6), oder
- die auftretenden Dübelkraftschwingbreiten durch die Berücksichtigung der Rissbildung im Betongurt deutlich unterschätzt wurden (Bild 3.32, Versuch T7_5).

Die Zusammenhänge, die schließlich zu der Übertragung der Schubkräfte führen, sind jedoch noch wesentlich komplexer und bestehen aus einer Vielzahl von Einflussparametern. Das sollen Bild 3.34 und Bild 3.35 zeigen, die sozusagen das „Zustandekommen" der Normalkraftschwingbreite erkennen lassen.

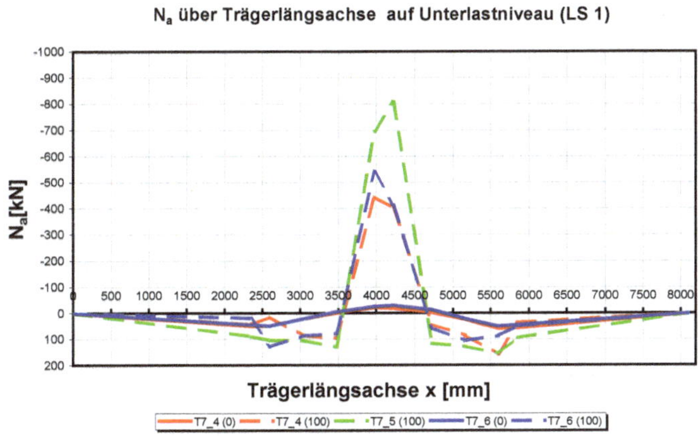

Bild 3.34 Normalkraft im Stahlprofil auf Unterlastniveau

Zu Bild 3.34 Normalkraft im Stahlprofil auf Unterlastniveau:

Ein interessantes Phänomen zeigt die Entwicklung der anteiligen Normalkraft auf Unterlastniveau. Bereits nach wenigen Lastwechseln (n = 100) verbleibt im Stahlprofil eine große „plastische" Normalkraft, und zwar vor allem im Stützbereich. Bei Versuch T7_5 kann die Kurve für n = 0 durch einen Fehler bei der Datenaufzeichnung leider nicht wiedergegeben werden. Diese Normalkraft setzt sich aus mehreren Anteilen zusammen:

1. Wie in Abschnitt 1.4.4.2 beschrieben, kommt es durch das frühzeitige Plastizieren der Verdübelung auf niedrigem Lastniveau bei der Entlastung zu einer Schubkraftumkehr (Bild 1.25), die sich im Verbleib einer „plastischen" Normalkraft, ähnlich einem Eigenspannungszustand bei einer Entlastung äußert. Während sich das Gesamtsystem noch mehr oder weniger elastisch verhält, kommt es lokal an den Dübeln selbst schon zu Plastizierungen,

wodurch den Dübeln beim Entlastungsvorgang des steiferen Gesamtsystems Kräfte aufgezwungen werden. Vereinfacht kann man sagen, dass die plastischen Verformungen das System daran hindern wollen, in seine Ausgangslage zurück zu kehren. Auf diesen Einfluss sind vermutlich hauptsächlich die „kleineren“ Normalkräfte in einem gewissen Abstand von der Mitte zurück zu führen.

2. Einen vergleichbaren Einfluss wie die Dübelnachgiebigkeit hat vermutlich die Längenänderung des gezogenen Betongurtes durch die Rissbildung. Die Risse können sich bei der Entlastung nicht wieder vollständig schließen.

3. Komplizierter stellen sich die Verhältnisse im Stützbereich dar. Hier liegt die Vermutung nahe, dass es vor allem beim Versuch T7_5 zur Ausbildung einer Fließzone kam, vgl. Bild 3.30. Die Dehnungen im Stahlprofil sind jenseits der Elastizitätsgrenze. Hinzu kommt, dass die Dehnungen an der Oberkante des Betongurtes nur verschmiert über eine gewisse Länge aufgezeichnet werden konnte. Es ist anzunehmen, dass sich die Dehnungen hier eigentlich lokal in einem Riss konzentrieren und dadurch auch die Bewehrung ins Fließen kam. Wie bereits erläutert, nimmt das Mitwirken des Betons zwischen den Rissen dadurch überproportional zu. Auch bei den übrigen Trägern werden im Stützbereich ähnlich große Werte erzielt, die sich aber in den Dehnungsmessungen so nicht widerspiegeln, vgl. Bild 3.29.

4. Durch das zyklisches Materialverhalten des KD kommt es zu Belastungsbeginn zu einer schnellen Zerstörung der lokalen Betonumgebung und damit zu zusätzlichem Schlupf in der Verbundfuge, dessen Einfluss sich mit den Effekten der Dübelnachgiebigkeit „überlagert“ und diese noch verstärkt.

Zu Bild 3.35: Entwicklung der anteiligen Normalkraft auf allen Laststufen:

Nach den anfänglichen Plastizierungsvorgängen, die sich aus dem nichtlinearen Verhalten der Dübel, des gezogenen Betongurtes, des Baustahls und auch aus dem zyklischen Materialverhalten der Verdübelung zusammensetzen, ist es sehr interessant zu beobachten, wie sich die im Stützbereich tatsächlich übertragene Schubkraftschwingbreite zusammensetzt.

Das eingeprägte Normalkraftniveau entspricht in etwa der Normalkraft für den reinen Zustand I, die entsprechenden Kurven sind zum Vergleich mit aufgenommen. Es ist nun deutlich zu sehen, wie die Träger T7_3 (nicht dargestellt), T7_4 und T7_6 aus diesem Zustand kaum noch „herauskommen“. Durch den vergrößerten Dübelabstand im Stützbereich und der damit verminderten Steifigkeit kann sich der Querschnitt dort der Belastung „entziehen“. Dies geht dann zu Lasten einer erhöhten Biegebeanspruchung der Teilquerschnitte, vor allem aber auf Kosten größerer Verformungen in der Verbundfuge, was sich auch in den Schlupfwerten widerspiegeln wird.

Anders verhält es sich mit Versuch T7_5. Durch die enge Verdübelung werden nach wie vor die anfallenden Schubkräfte übertragen, und zwar in einer Größenordnung wie man sie unter Ansatz des reinen Zustandes I berechnet, vgl. Bild 3.32. Durch die große Steifigkeit in der Verbundfuge und der dadurch vorhandenen Stützwirkung unmittelbar benachbarter Querschnitte wird der Stützquerschnitt trotz der Ausbildung einer zweiten Nulllinie dazu „gezwungen", die Kräfte über das mittlere Lager zu transportieren. Im Gegensatz zu den Versuchen T7_3, T7_4 und T7_6 erfolgt dies weniger durch die Ausbildung erhöhter Schlupfwerte, sondern geht zu Lasten des Stahlprofils und des Betongurtes, die höher beansprucht werden, vgl. Bild 3.32.

Hinsichtlich einer Lebensdauerprognose kann nun folgendes, stark vereinfachtes Gedankenexperiment anstellen:

1. Das Verhältnis von ΔN_a (T7_4) : ΔN_a (T7_5) im Stützbereich beträgt ungefähr 1:5
2. Das Verhältnis der Dübelabstände in diesem Bereich beträgt 240/150, d.h. 1:0,625
3. Damit relativiert sich das Verhältnis der zu übertragenden Schubkräfte auf ca. 1:3
4. Für eine rechnerische Lebensdauerprognose, basierend auf der Bemessungsgleichung bedeutet dies 1: $^1\!/_{3^8} = {}^1\!/_{6561}$?

Unter der Verwendung von Messergebnissen hätten demnach die Dübel in Versuch T7_5, entgegen den rechnerischen Lebensdauerprognosen, sehr viel früher versagen müssen als bei allen anderen Versuche. Bereits aus Bild 3.31 bis Bild 3.33 ist aber ersichtlich, dass dies nicht der Fall gewesen sein kann.

Es stellt sich demnach die Frage, inwiefern eine zu übertragende Schubkraft bei dem Vorhandensein deutlicher Plastizitätserscheinungen generell geeignet ist, das Ermüdungsverhalten eindeutig zu beschreiben, unabhängig von dem verwendeten Bemessungskonzept (EC4 oder *Oehlers*)

Natürlich kann nicht davon ausgegangen werden, dass die beschriebenen Plastizitätserscheinungen in dieser Größenordnung immer vorhanden sind. Durch die Wahl anderer Querschnitte, anderer Bewehrungsführungen und anderer Dübelanordnungen lassen sich die Verhältnisse mit Sicherheit auch „entschärfen". Tatsache ist jedoch, dass diesen Entschärfungen zumindest durch das lokale Tragverhalten der KD und das damit verbundene zyklische Materialverhalten Grenzen gesetzt sind.

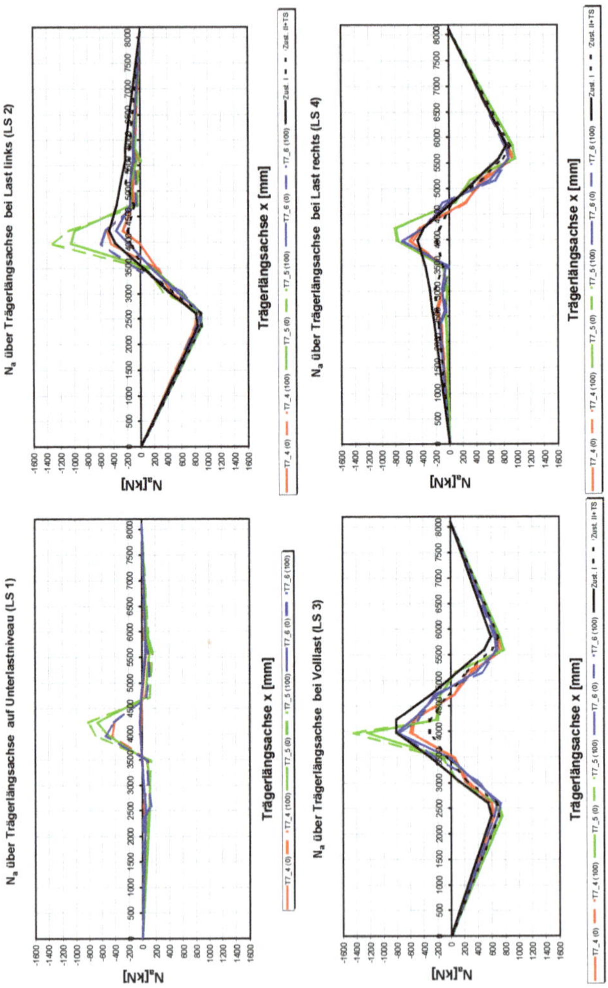

Bild 3.35 Entwicklung der anteiligen Normalkraft auf allen Laststufen für verschiedene Lastspielzahlen

3.6.2.3 Rissentwicklung im gezogenen Betongurt

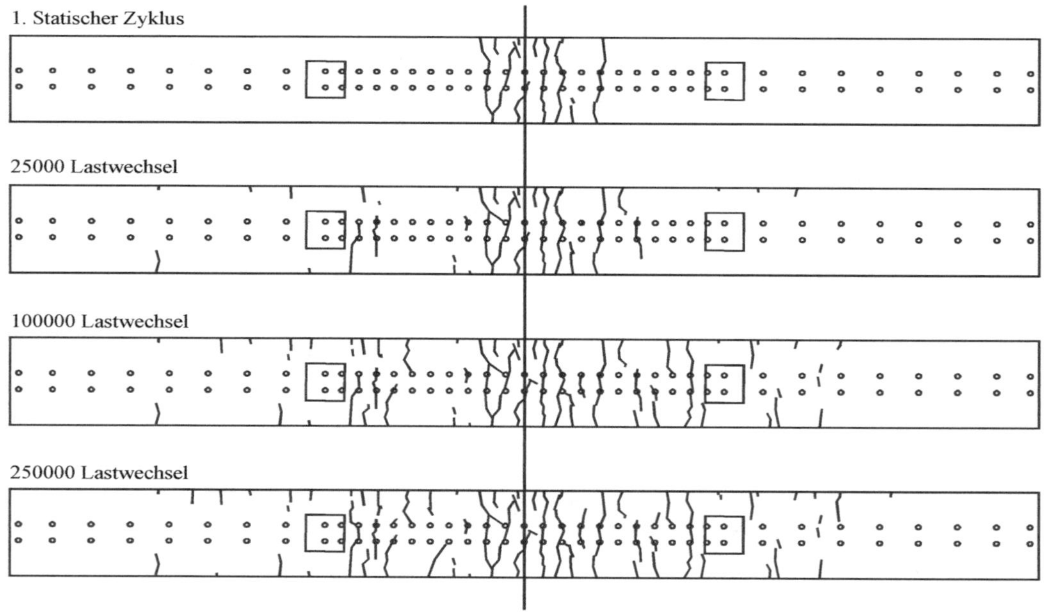

Bild 3.36 Rissentwicklung in Versuch T7_5 für unterschiedliche Lastspielzahlen

Bild 3.36 gibt exemplarisch die Rissentwicklung für Versuch T7_5 wieder. Bei allen Versuchen dehnte sich der gerissene Bereich unter der zyklischen Beanspruchung immer weiter aus. Bereits nach wenigen tausend Lastwechseln befindet sich der komplette Bereich zwischen den LEP im Zustand II. Würde dies bei einer Vorbemessung auch so berücksichtigt werden, würden nochmals weit weniger Dübel rechnerisch notwendig sein. Aber aufgrund der Ausführungen in Abschnitt 3.6.2.2 darf jetzt bereits vermutet werden, dass die Rissbildung die Verteilung der Schubkräfte innerhalb der Verbundfuge unter zyklischer Beanspruchung nicht in dem Maße wie bisher angenommen beeinflusst. Man muss hier anmerken, dass sich diese Rissentwicklung trotz des nachgiebigen Lagers in Trägermitte vollzog, wodurch die Momentenspitze „gekappt“ wurde.

Es ist weiterhin festzustellen, dass die Dübelreihen, ebenso wie die Querbewehrung, eine Art Sollbruchstelle darstellen, so dass die Risse in der Regel durch die Dübelachsen verlaufen werden.

3.6.3 Lokales Trag- und Versagensverhalten

3.6.3.1 Vorversuche T7_1 und T7_2

Nach der Versuchsdurchführung und dem globalen Versagen der Träger durch das „Durchreißen“ des Stahlprofils wurde die Betonplatte aufgestemmt. Wie aus den Auswertungen sekundärer Versuchsergebnisse, wie sie in Abschnitt 0 für die Versuche T7_3 bis T7_6 mit exemplarischen Darstellungen geschildert wurden, vermutet werden konnte, hatten annähernd alle Dübel zwischen den Lasteinleitungspunkten bereits versagt. Bild 3.37 zeigt den Versuch T7_1 nach dem Öffnen der Betonplatte.

Auf der linken Seite von Bild 3.37 sieht man noch die mit ⊗ gekennzeichneten Stellen der Lasteinleitungspunkte. Auf einer Strecke von ca. jeweils 1,20 m links und rechts der Mitte hatten alle Bolzen versagt. Bei genauerer Betrachtung der „Bruchflächen“ ist eindeutig zu erkennen, dass es sich um Ermüdungsbrüche handelt. Es zeigen sich glatte Flächen, die durch Rastlinien der Beanspruchung gekennzeichnet sind, das Versagen erfolgte dann durch einen statischen Bruch des verbliebenen Restquerschnitts. Der Versuch T7_2 lieferte das gleiche Versagensbild.

Bild 3.37 Versuch T7_1 nach dem Öffnen der Betonplatte

Durch Ultraschallmessungen war es nicht gelungen, das Versagen einzelner Bolzen während der Versuchsdurchführung festzustellen, allerdings wurde bei den Vor – Versuchen noch kein erhöhter Aufwand betrieben. Bei der Überwachung einer solchen Vielzahl von KD über eine Versuchsdauer von jeweils ca. 3 Wochen pro Versuch kann man leicht den dafür erforderlichen Aufwand ermessen. Zum Zeitpunkt der ersten beiden Versuche erschien ein vorzeitiges Dübelversagen auch noch nicht wahrscheinlich. Für die weiteren Versuche folgte daraus aber, dass ein exaktes Feststellen der sukzessiven Versagensvorgänge innerhalb des Systems für die Beschreibung des tatsächlichen Ermüdungsverhaltens unerlässlich ist. Aus diesem Grund wurde an der Universität Kaiserslautern eine neue Messmethode entwickelt, um den Bolzenabriss mit vertretbarem Aufwand, möglichst automatisiert über einen Messprozessrechner, feststellen zu können. Diese Methode sollte darüber hinaus geeignet sein, diese Messungen auch im „Feld“, weitgehend zerstörungsfrei, durchzuführen, um bestehende Brückenbauwerke eventuell auf bereits vorhandene Ermüdungsschäden der Verdübelung überprüfen zu können.

3.6.3.2 Entwicklung neuer Messmethoden zur exakten, automatisierten Feststellung des Dübelversagens

Das an der Universität Kaiserslautern im Rahmen dieser Arbeit entwickelte Messverfahren basiert auf Spannungen und Spannungsabfällen an in Reihe geschalteten Widerständen innerhalb einer

Messkette. Es werden einfache grundlegende physikalische Prinzipien der Elektrizitätslehre ausgenutzt. Bild 3.38 zeigt das Messprinzip.

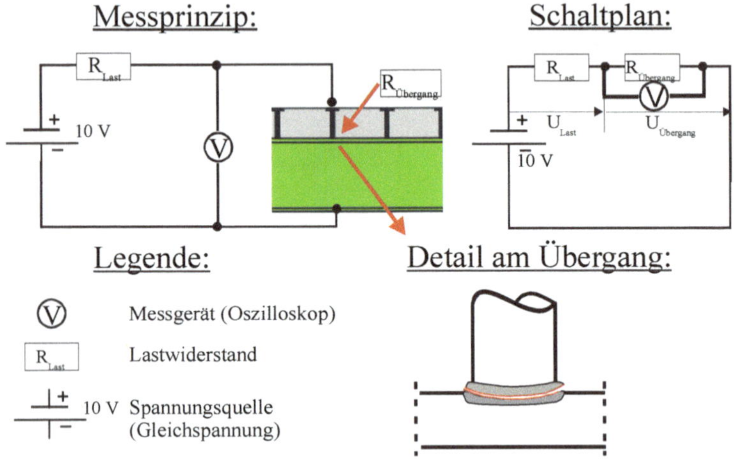

Bild 3.38 Messprinzip zur Messung des Bolzenabrisses

Der Dübel wird durch einen Massepunkt am Träger und eine Lötstelle am Bolzenkopf in einen Stromkreis eingebunden. Es wird eine konstante Messspannung (Gleichspannung) angelegt. Das eingebaute Messgerät, z. B. ein Oszilloskop, misst den Spannungsabfall „über" den Bolzen ($U_{Übergang}$), bzw. zeigt diesen optisch an.

Bei einer Reihenschaltung von Widerständen ist die elektrische Stromstärke I durch jeden Widerstand gleichgroß. Bei zwei Widerständen wird die Energie E_{zu} in zwei Teilenergien E_{ab1} und E_{ab2} abgegeben. Nach dem Energiesatz gilt dann $E_{zu} = E_{ab1} + E_{ab2}$, und die Division dieser Gleichung durch die transportierte Ladung Q liefert

$$\frac{E_{zu}}{Q} = \frac{E_{ab1}}{Q} + \frac{E_{ab2}}{Q} \qquad \text{Gl. 3.5}$$

Die Summe entspricht gerade der angelegten Quellspannung U, die einzelnen Summanden den Spannungsabfällen U_1 und U_2. Unter Berücksichtigung des *Ohm*'schen Gesetzes:

$$I = \frac{U}{R} \qquad \text{Gl. 3.6}$$

folgt, dass sich bei einer Reihenschaltung in einem unverzweigten Stromkreis die Spannungsabfälle wie die zugehörigen Teilwiderstände verhalten.

$$\frac{U_1}{U_2} = \frac{R_1}{R_2} \qquad \text{Gl. 3.7}$$

Ist die Schweißnaht am Bolzenfuß noch intakt, besser gesagt, besteht noch eine feste Verbindung mit dem Grundmaterial über einen gewissen Restquerschnitt und findet dadurch keine Verschiebung des Bolzens in seinem Schweißbett statt, so ist der Übergangswiderstand $R_Ü \approx 0$, und die komplette Spannung fällt über den Lastwiderstand ab, das Oszilloskop zeigt ein konstantes (Null-) Signal in Form einer horizontalen Linie an.

Finden nur die geringsten Relativverschiebungen des abgescherten Bolzens im Schweißbett statt, so entsteht ein Übergangswiderstand $R_Ü \neq 0$, der nun mit dem Lastwiderstand R_{Last} in Reihe geschaltet ist. Je größer die Verschiebungen oder der Luftspalt werden, desto größer wird der Widerstand.

Die angelegte Messspannung fällt nun nicht mehr allein am Lastwiderstand ab, sondern sie verteilt sich proportional zu den entsprechenden Widerständen. Am Oszilloskop wird dies durch plötzliche Peak - Werte im „Rhythmus" der aufgebrachten Belastung angezeigt.

Basierend auf diesen einfachen Messprinzipien wurde ein Messkreis aufgebaut. Die Bolzen wurden mit einer kleinen Lötstelle am Bolzenkopf versehen (Bild 3.39), am Träger wurde ein Massepunkt angebracht, und alle Bolzen wurden an einen eigens für diese Zwecke hergestellten Sammelkasten über entsprechende Kabel an Messplatinen aufgelegt. Der Sammelkasten enthält die notwendige Spannungsquelle und die Lastwiderstände. Über eine Messkarte, die über ausreichend viele analoge Eingangskanäle verfügt, kann dass Spannungssignal mit einem Messprozessrechner verarbeitet und permanent überwacht werden. Es besteht dadurch die Möglichkeit, „beliebig" viele Bolzen in einem Träger von Beginn an zu überwachen.

Solche Messungen könnten darüber hinaus problemlos in neuen Brückenkonstruktionen mit eingebaut werden (Stichwort: Bauwerksmonitoring), da lediglich die Kontaktstelle zum Bolzen hergestellt werden muss, die auch nicht notwendigerweise am Bolzenkopf, sondern auch am Schaft des Bolzen verlötet sein kann. Alles andere - Spannungsquelle, Messkarte, Lastwiderstände, Massepunkt an die Haupttragkonstruktion - kann in einer externen, mobilen Messeinrichtung untergebracht werden.

Bild 3.39 Lötstellen zur Überwachung des Bolzenabrisses am Bolzenkopf

Auch bestehende Brückenkonstruktionen könnten problemlos überprüft werden, sofern die Position der Bolzen bekannt ist. In eine winzige Bohrung durch die Betonplatte bis zum Kontakt mit dem Bolzenkopf kann eine Messspitze eingeführt werden, deren Querschnitt nur 1 – 2 mm beträgt. Da der Rest der Messkette wieder „aufgelöst“ und nach außen verlagert werden kann, wird eine annähernd zerstörungsfreie Überprüfung möglich. Dieses letzte Messverfahren wurde bei den späteren Push-Out Versuchen angewendet, da der Zeit- und Kostenaufwand für das Herstellen der Lötstellen bei der geringen Anzahl von Bolzen nicht gerechtfertigt schien.

3.6.3.3 Trägerversuche T7_3 bis T7_6

3.6.3.3.1 Tatsächliches Dübelversagen

Tabelle 3.5 zeigt die Anzahl der Kopfbolzen, die zu Beginn des Versuchs zwischen den LEP aufgeschweißt waren. Dieser Verdübelungsgrad η_{LEP} wird jeweils zu 1,0 bzw. 100% festgesetzt. In Spalte 3 ist die Anzahl der Dübel angegeben, die bis zum Eintritt des globalen Versagens (Tabelle 3.3) der Versuchsträger bereits versagt hatten, und der sich hieraus ergebende Restverdübelungsgrad $\eta_{LEP,Rest}$.

Tabelle 3.5 Anzahl der Dübel , die bis zum Versuchsende versagt haben

Versuch	Anzahl der Dübel zwischen den LEP ("η_{LEP} =100 %“)	Anzahl der abgescherten Dübel	"$\eta_{LEP,REST}$“ zwischen den LEP

T7_3	38	26	31,6 %
T7_4	34	28	17,7 %
T7_5	**42**	**13**	**69,0 %**
T7_6	46	40	13,0 %

In Bild 3.40 sind der Bereich zwischen den LEP und die erreichten Lastspielzahlen der dort aufgeschweißten Dübelpaare bis zu deren Versagen abgebildet. Das Bolzenversagen setzte frühzeitig ein, jedoch immer erst bei einer höheren Lastspielzahl als für den Versagenstyp „C“ berechnet (Tabelle 3.3) wurde. Mit Ausnahme des Versuchs T7_5 versagte das Bolzenpaar direkt über der Mitte zuerst. Danach fand ein sukzessives Versagen der Kopfbolzen von „innen nach außen“ statt. Der Mittelwert der Versuchsergebnisse für den Versagenstyp „C“ ist als Horizontale eingetragen.

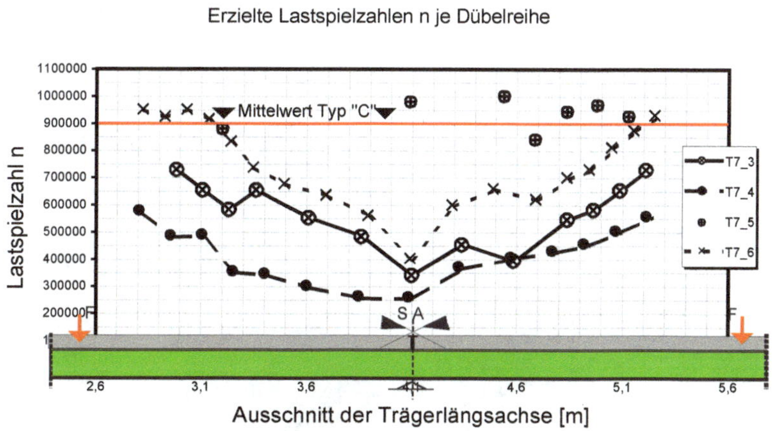

Bild 3.40 Erreichte Lastspielzahlen der Dübelpaare zwischen den LEP

Bild 3.41 Versuchsträger T7_4 nach Ende des Versuchs

Bild 3.42 Versuchsträger T7_3 nach Ende des Versuchs

Über weite Bereiche der Lebensdauer lag damit eine unterbrochene Verbundfuge vor, denn fast alle Dübel zwischen den LEP der Versuche T7_3, T7_4 und T7_6 versagten. Bild 3.41 zeigt beispielhaft den Versuchskörper T7_4 nach Ende des Versuchs, Bild 3.42 den Träger T7_3. Nachdem die Betonplatten in zwei Schnitten in Querrichtung aufgestemmt worden waren, konnten diese einfach abgehoben und „weggeklappt" werden. Das gute Funktionieren der entwickelten Messmethode konnte auf diese Weise ebenfalls bestätigt werden.

Bild 3.43 und Bild 3.44 zeigen den Vergleich der tatsächlich erreichten Lastspielzahlen mit den prognostizierten Werten für die einzelnen Versuche. Die Darstellung im halblogarithmischen Maßstab sollte hier nicht über die teilweise sehr großen Abweichungen (Faktor 100 und mehr) hinwegtäuschen. In Versuch T7_5 wurde keine vollständig unterbrochene Verbundfuge zwischen den LEP erreicht, wobei sich bei der Anfertigung von Makroschliffen der verbliebenen Bolzen später herausstellte, dass diese alle bereits weit fortgeschrittene Risse aufwiesen und vermutlich noch innerhalb weniger weiterer Lastwechsel versagt hätten, vgl. hierzu Kapitel 6.

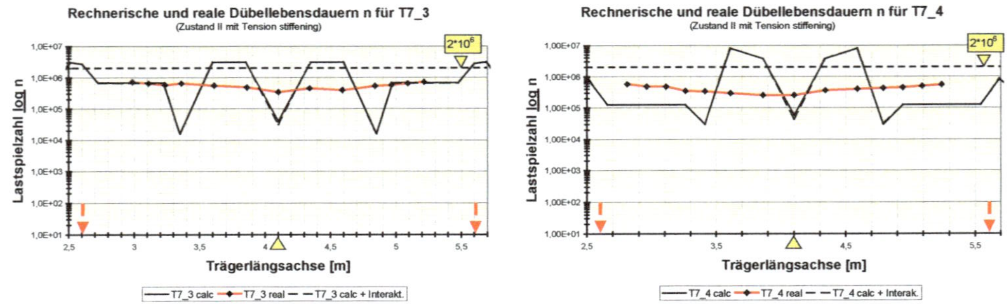

Bild 3.43 Vergleich der tatsächlich erreichten Lastspielzahlen mit den prognostizierten Werten für T7_3 (links) und T7_4 (rechts)

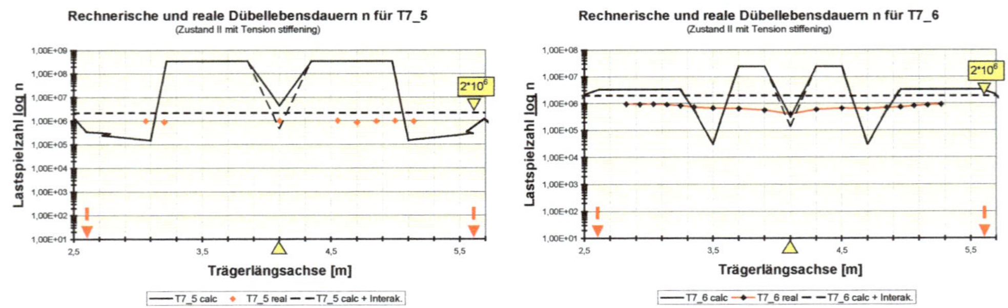

Bild 3.44 Vergleich der tatsächlich erreichten Lastspielzahlen mit den prognostizierten Werten für T7_5 (links) und T7_6 (rechts)

Zum Dübelversagen, wie es oben besprochen wurde, soll folgendes festgehalten werden:

1. Die Dübel direkt über der Trägermitte versagen zuerst, sie unterliegen einer reinen Wechselbeanspruchung.

2. Danach findet ein Reißverschlussversagen der Verbundfuge statt (*incremental collapse*).

3. Lange nach dem ersten Dübelversagen versagt der gekerbte Flansch im Stützbereich, eine interaktive Beanspruchung aus Schub und Zug findet dort dann aber schon lange nicht mehr statt.

4. Das Versagen des ersten Dübels (Versagenstyp „A“ oder „B“) über der Mitte kann nur unter Verwendung der Interaktionsbeziehung für den Versagenstyp „C“, mindestens unter Berücksichtigung des Mitwirkens des Betons zwischen den Rissen, und unter Ansatz der vollen Dübelkraftschwingbreite aus unsymmetrischen Lastfällen konservativ abgeschätzt werden, vgl. Bild 3.44.

5. Je enger die Dübel im Stützbereich angeordnet werden, desto „unsicherer“ wird das unter Punkt 4. genannte Vorgehen, vgl. Bild 3.43 mit Bild 3.44. Bedenkt man die in Abschnitt 3.6.2.2 diskutierten Ergebnisse der Dehnungsmessungen, so ist dies auch einsichtig: je stärker der Verbundquerschnitt im Stützbereich zusammenwirkt, desto größer wird die zu übertragende Schubkraft, unabhängig von der Rissbildung, vgl. Bild 3.32. Dass für die hier betrachteten Träger auf diese Weise ein konservatives Ergebnis erzielt wurde, ist also weniger auf die mechanisch richtige Erfassung der Vorgänge im Stützbereich zurück zu führen, sondern liegt eher darin begründet, dass die Interaktionsbeziehung an sich sehr restriktiv zu sein scheint. Das Ergebnis muss also als eher zufällig bezeichnet werden. Ordnet man aufgrund dieser Versuchserfahrungen die Dübel in einem imaginären Versuch T7_7 noch enger als in Versuch T7_5 an, so müsste die Interaktionsbeziehung unsichere Bemessungsergebnisse liefern.

6. Die Dübel, die der größten Schwellbeanspruchung unterlagen und eigentlich immer die kürzesten Lebensdauern erwarten ließen, versagten niemals zuerst. Es hat demnach den Anschein, als sei innerhalb des Tragsystems „Verbundträger“ die Wechselbeanspruchung, genau wie für alle anderen stark gekerbten Stahlbauteile auch, ungünstiger.

7. Die Lebensdauern rein schwellend beanspruchter Dübel werden zum Teil sowohl deutlich unter- als auch überschätzt.

Mit dem bestehenden Bemessungskonzept kann die ertragbare Lastspielzahl sowohl wechselnd als auch schwellend beanspruchter Dübel nicht richtig erfasst werden. Wurden die Lebensdauern einiger schwellend beanspruchter Dübel im Rahmen der Bemessung noch überschätzt, so kann man damit argumentieren, dass aufgrund des vorangegangen Versagens der benachbarten Dübel auch die Beanspruchung deutlich erhöht wurde. Die Lebensdauern hätten dann nur unter der Anwendung einer gültigen Schadensakkumulationshypothese berechnet werden können. Dass die *Miner*-Regel hier nicht ohne weiteres anwendbar ist, wurde bereits von *Mensinger* in [1.10] gezeigt, vgl. auch Kapitel 2.

Die Lebensdauern werden aber bereichsweise ebenso deutlich unterschätzt (vgl. z.B. Bild 3.43, Versuch T7_4 im Bereich von ca. 2,65 m bis 3,50 m bzw. 4,65 m bis 5,50 m), und dies obgleich die rechnerische Schubspannungsschwingbreite ganz offensichtlich relativ gering ist. Ein anderes Beispiel hiefür sind die beiden Dübelreihen in Versuch T7_5 bei ca. 3,35 m. Dort war die Dübelumgebung noch „intakt", aber ihre Lebensdauern liegen dennoch weit von der rechnerischen Prognose entfernt.

Die Diskrepanzen zwischen der theoretischen Lebensdauerprognose und der Realität sind also nicht nur auf die in den Versuchen durch das sukzessive Versagen einzelner Dübelreihen erzeugte Mehrstufenbelastung zurück zu führen. Offensichtlich bestätigt sich die am Ende des Abschnitts 3.6.2.2 getroffenen Annahme, dass die Lebensdauer durch das Vorhandensein deutlicher Plastizitätserscheinungen auch auf dem Gebrauchslastniveau nicht mehr eindeutig durch eine Schubspannungsschwingbreite beschrieben werden kann. Offensichtlich sind die plastischen Einflüsse so groß, dass das lokale Verhalten unter diesen Umständen nur noch durch die entsprechenden Dehnungen erfasst werden kann.

Es mangelt demnach nicht nur an einer sicher anwendbaren Schadensakkumulationshypothese, sondern offensichtlich muss das komplette Bemessungskonzept, basierend auf Nennspannungen, von neuem hinterfragt werden. Die zu Beginn der Arbeit angeführten Bedenken zum Hintergrund und zu den Anwendungsvoraussetzungen des Nennspannungskonzeptes müssten bestätigt werden. Die in der Normung geforderten konstruktiven Randbedingungen sind nicht hinreichend, um die Anwendung des vorgeschlagenen EC4 - Konzeptes zu ermöglichen. Die Einflüsse aus der Dübelnachgiebigkeit und dem zyklischem Materialverhalten sind zusätzlich signifikant und bestimmen die Lebensdauer mit.

3.6.3.3.2 Schlupfmessungen

Den Auswertungen der Schlupfmessungen kommt eine zentrale Bedeutung zu. Wie im vorangegangen Abschnitt erläutert, können die lokalen Ermüdungsvorgänge unter dem Einfluss von Plastizität am besten durch die lokalen Dehnungen beschrieben werden, da nur der Zusammenhang zwischen den Dehnungen und daraus resultierenden Spannungen noch eindeutig sein kann, nicht umgekehrt.

Leider sind die lokalen Dehnungen mit gängigen Messmethoden nicht bestimmbar. Die einzige lokale Weggröße, die relativ exakt gemessen und auch in ihrer zeitlichen Entwicklung aufgezeichnet werden und damit unter Umständen als Behelfsgröße geeignet sein kann, um ein modifiziertes örtliches Konzept zu erarbeiten, ist der Schlupf. Aus diesem Grund wurde der Aufzeichnung der Relativverschiebungen innerhalb der Verbundfuge besondere Aufmerksamkeit und Sorgfalt geschenkt, vgl. Abschnitt 3.4.3.

Bild 3.45 und Bild 3.46 zeigen exemplarisch die Schlupfentwicklung anhand des Versuches T7_4 für verschiedene Lastspielzahlen und Lastfälle. Zusätzlich ist in Bild 3.46 die Entwicklung der Schlupfschwingbreite dargestellt. Hier fällt zunächst auf, dass die in den Randbereichen auftretenden Kräfte in der Verbundfuge nicht ausreichten, um den Haftverbund zu lösen: es tritt praktisch kein Schlupf auf. Das bedeutet, dass in diesen Bereichen die Verbundkräfte erst gar nicht auf die Verdübelung wirken, ein Ermüdungsversagen ist nicht zu erwarten. Darüber hinaus ist zu erkennen, dass in den Bereichen, in denen nennenswerter Schlupf auftritt, dieser mit fortschreitender Lastspielzahl stetig zunimmt. Nachdem einige Bolzen versagt haben, setzt ein stärkeres Schlupfwachstum ein. Außerdem erkennt man deutlich, dass der Schlupf am mittleren Auflager für die unsymmetrischen Lastfälle LS 2 und LS 4 keinen Vorzeichenwechsel aufweist. Damit ist auch der Nulldurchgang der Schubkraft nicht mehr direkt in der Mitte, was ein deutliches Anzeichen für die Nachgiebigkeit der Verbundfuge ist. Die Kraft wird über das Auflager herüber gehängt, und mehrere Dübel nahe des mittleren Auflagers erfahren dadurch eine Wechselbeanspruchung.

Zu beachten ist auch die Entwicklung der Schlupfschwingbreite, die von den LEP zur Mitte hin zunimmt. Für einen größeren Bereich links und rechts der Mitte stellen sich dann in etwa die gleichen Werte ein, das „Spannungsverhältnis" ist jedoch unterschiedlich und ändert sich von reiner Wechselbeanspruchung (R = -1) hin zu rein schwellender Beanspruchung (R = 0).

Bild 3.47 zeigt den Schlupfverlauf innerhalb mehrere quasistatischer Zyklen für das Dübelpaar in der Mitte. Da die Dübelkraft nicht messbar ist, wurde als Bezugsgröße auf der Ordinate die Auflagerkraft am mittleren Auflager abgetragen. Die signifikanten Laststufen sind zur besseren Orientierung gekennzeichnet. Die Abbildung soll verdeutlichen, dass es bis zum Versagen nur zur Ausbildung einer geringen Schlupfschwingbreite kommt. Danach nimmt der Schlupf zwar deutlich zu, die Dübel haben aber bereits versagt. Der gleiche Sachverhalt wird in Bild 3.48 in anderer Form dargestellt, welches die Schlupfhüllkurven für das gleiche Dübelpaar, aufgetragen über der Lastspielzahl n, zeigt.

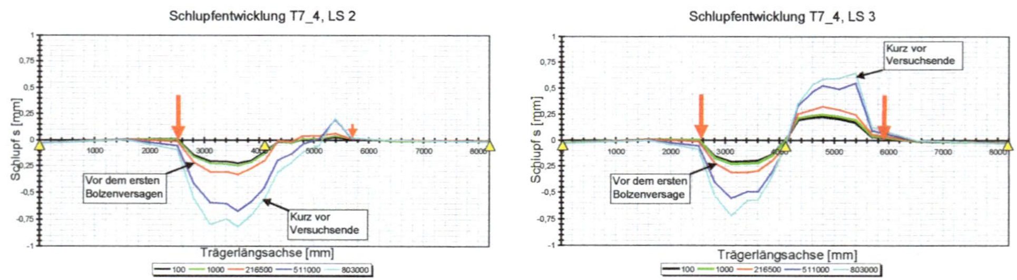

Bild 3.45 Schlupfentwicklung Versuch T7_4 LS 2 (links) und LS 3 (rechts)

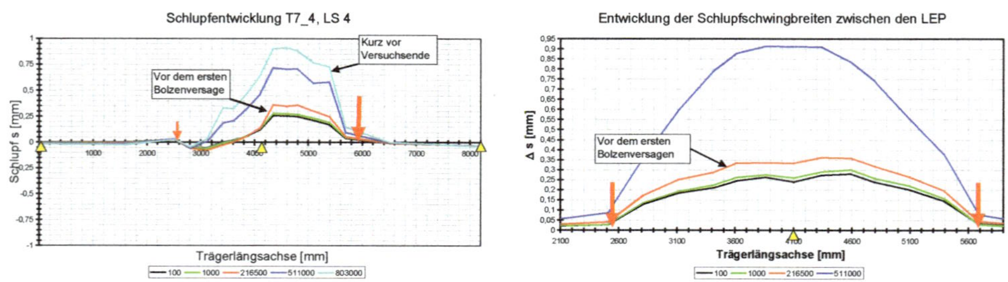

Bild 3.46 Schlupfentwicklung Versuch T7_4 LS 4 (links) und Entwicklung der Schlupfschwingbreiten Versuch T7_4 (rechts)

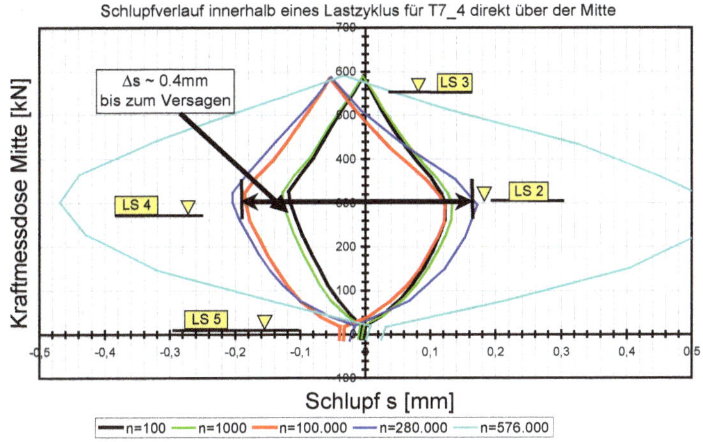

Bild 3.47 Schlupfverlauf innerhalb der quasistatischen Messzyklen, Versuch T7_4 Mitte

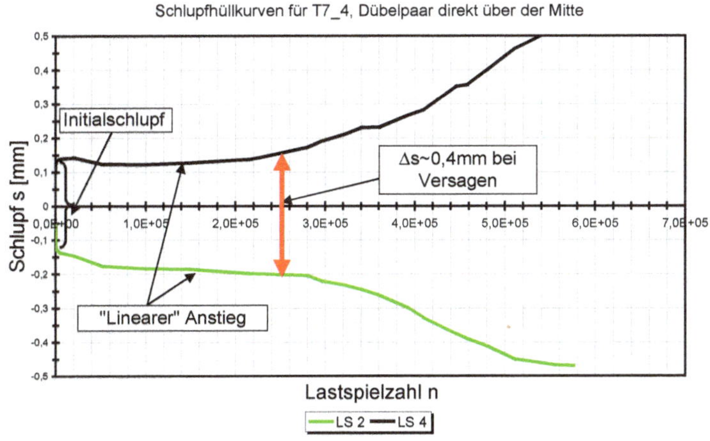

Bild 3.48 Schlupfhüllkurven Versuch T7_4 Mitte

Bild 3.49 und Bild 3.50 zeigen zum Vergleich die Schlupfentwicklungen für das Dübelpaar in der Mitte von Versuch T7_5.

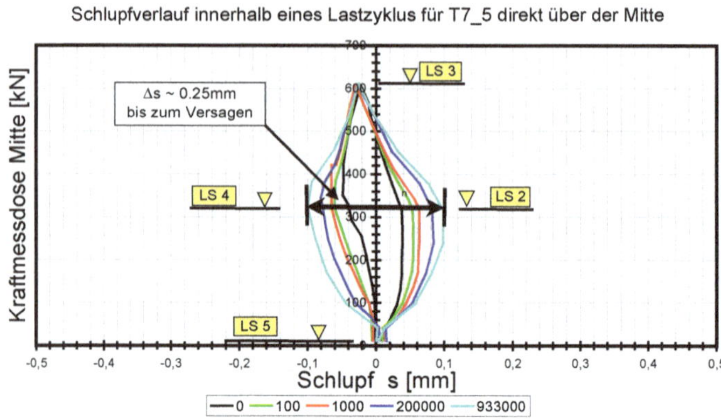

Bild 3.49 Schlupfverlauf innerhalb der quasistatischen Messzyklen, Versuch T7_5 Mitte

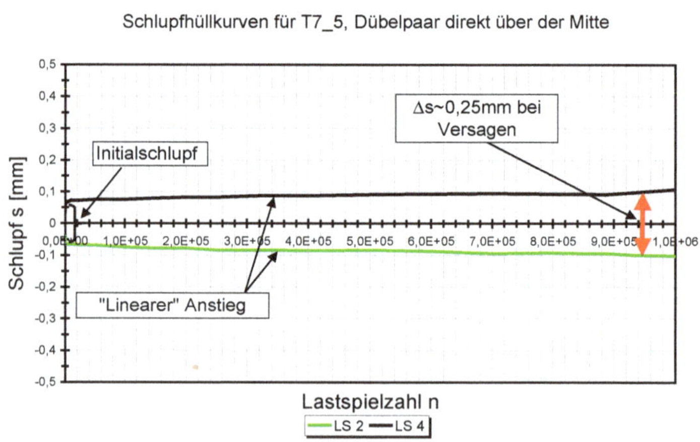

Bild 3.50 Schlupfhüllkurven Versuch T7_5 Mitte

Qualitativ stellen sich immer die gleichen Schlupfverläufe ein, unabhängig vom „Spannungsverhältnis". Nach dem Lösen des Haftverbundes kommt es zur Ausbildung eines Initialschlupfes. Danach steigt der Schlupf über weite Bereiche langsam und annähernd linear an. Zu Versuchsende hin setzt überproportional wachsender Schlupf ein. Vergleicht man die Absolutwerte der Relativverschiebungen in Bild 3.47 und Bild 3.49, so kann man leicht erkennen, dass in Versuch T7_5 wesentlich kleinere Schlupfwerte auftraten als in T7_4, was einerseits auf die stärkere Verdübelung, vor allem aber auf die bessere Dübelanordnung zurück zu führen ist.

Diese Schlupfentwicklungen entsprechen prinzipiell denen kraftgeregelter Push-Out Versuche, die zur Ableitung der für den Nachweis der Betriebsfestigkeit erforderlichen *Wöhler*linie herangezogen wurden. Dennoch gibt es zwei signifikante Unterschiede:

1. Das Versagen der Bolzen tritt in aller Regel vor dem Beginn des starken Schlupfzuwachses ein, und das gilt für alle Dübel.

2. Die Absolutwerte der Schlupfschwingbreiten Δs, bei denen das Versagen erfolgt, sind mit denen kraftgeregelter Push-Out Versuchen nicht vergleichbar. Dort wurden oftmals mehrere Millimeter Schlupf bis zum Versagen erzeugt [1.10], während sich im Träger nur wenige 1/10 - Millimeter bis zum Versagen einstellen. Zu Versuchsende hin treten zwar auch Amplituden im Millimeterbereich auf, bis dahin haben die Bolzen aber längst versagt.

Die Art und Weise wie sich der Schlupf lokal an den einzelnen Dübelpaaren entwickelt, lässt darauf schließen, dass an den Bolzen durch die innerliche statische Unbestimmtheit eine weggeregelte Beanspruchung vorliegt. Das ist daran leicht zu erkennen, dass auch über den Versagenszeitpunkt hinaus kein schlagartiger Zuwachs der Verformungen eintritt. Erst wenn die benachbarten, stützenden Dübelreihen ebenfalls versagen setzt ein stärkeres Wachstum ein. Die Dübelkraft stellt sich demnach infolge einer lokal auftretenden Verschiebung ein und nicht umgekehrt, wie es z. B. in kraftgeregelten Push-Out Versuchen der Fall ist. Es hat demnach den Anschein, als ob der Schlupf in der Tat als Behelfsgröße zur Erarbeitung eines alternativen Bemessungskonzeptes verwendet werden kann, da die ermüdungswirksamen Schubkräfte sowohl in der Höhe als auch in ihrer zeitlichen Entwicklung offensichtlich durch die Relativverschiebungen festgelegt sind.

Durch die kontinuierlich aufgezeichneten Schlupfkollektive standen am Ende der Trägerversuche mehr als 60 vollständige Datensätze zur Verfügung, die als Eingangsdaten für weggeregelte Push-Out Versuche wieder verwendet werden könnten.

3.7 Vergleich der Versuchsergebnisse mit den Bemessungsergebnissen nach *Oehlers*

Das Bemessungskonzept nach *Oehlers* wurde in Kapitel 1 erläutert. Es soll nun überprüft werden, ob die tatsächlich erreichten Lastspielzahlen mit diesem alternativen Konzept besser abgeschätzt werden können.

Die Berechnung erfolgt nach der Gleichung für Verbundträger. Die rechnerische Lebensdauer nach *Oehlers* wird von mehr Einflussparametern als beim EC4 - Konzept gesteuert. In einer umfangreichen Studie an der Universität Kaiserslautern [2.23] wurde deshalb die Gewichtung der einzelnen Parameter untersucht.

Der große Unterschied zum EC4 besteht in der näherungsweisen Berücksichtigung der Dübelnachgiebigkeit durch den Parameter n. Nach der Definition von *Oehlers* ist n die Anzahl der Dübel zwischen dem Bemessungspunkt und dem nächstliegenden Krümmungswechsel der Biegelinie. Wie stark die Lebensdauerprognose durch n gesteuert wird, zeigt die folgende Untersuchung am Träger T7_4.

Die Variation der Dübelanzahl wird mit 4 unterschiedlichen Werten durchgeführt. Zunächst wird mit $n = \infty$ gerechnet, was nach *Oehlers* zu einer ersten Näherung führen soll. Dies ist gleichbedeutend mit der Annahme starren Verbundes. Im nächsten Schritt werden alle Dübel zwischen den beiden Lasteinleitungspunkten in Rechnung gestellt, wodurch sich eine Gesamtzahl von $n = 38$ ergibt. Für die dritte Dübelanzahl von $n = 18$ werden die Dübel zwischen den Lasteinleitungspunkten und der Mitte berücksichtigt. Abschließend wird, entsprechend *Oehlers*` Definition, über die Bestimmung der Krümmungswechsel n anhand der Biegelinie ermittelt. Die Ergebnisse der jeweiligen Versagensprognosen sind in Bild 3.51 für den Bereich zwischen den LEP zusammengestellt.

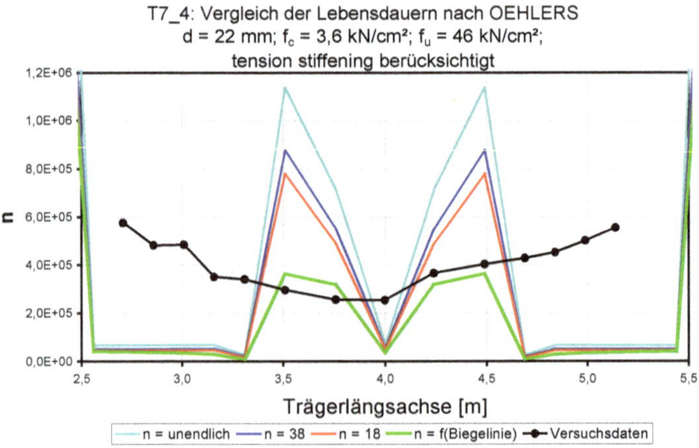

Bild 3.51 Abhängigkeit der Lebensdauerprognose von n und Vergleich mit den Versuchsergebnissen

Anhand von Bild 3.51 wird deutlich, wie stark die Lebensdauer von der Nachgiebigkeit der Dübel beeinflusst wird, und es zeigt sich, dass auch bei *Oehlers* die Annahme starren Verbundes ($n = \infty$) zu keiner sinnvollen Bemessung oder Lebensdauervorhersage führt.

Je genauer man n anhand der Biegelinie abschätzt, um so mehr nähert sich die Lebensdauerprognose dem tatsächlichen Verhalten, zumindest für die ersten Versagenszeitpunkte. Dies ist allerdings naturgemäß mit großem Aufwand verbunden, da mehrere Laststellungen berücksichtigt werden müssen.

Weiterhin fällt auf, dass die Lebensdauer direkt über der Stütze auch ohne die Berücksichtigung von Interaktionseffekten konservativ abgeschätzt werden kann. Bei der Anwendung des EC4 - Konzeptes werden nämlich für die Versuche T7_5 und T7_6 erst durch die Berücksichtigung der Interaktion konservative Bemessungsergebnisse erzielt, obgleich der zugehörige Versagenstyp „C" erst viel später eintrat.

Bild 3.52 zeigt exemplarisch den Vergleich der rechnerischen Lebensdauern nach *Oehlers* und nach EC4, Teil 2 mit den Ergebnissen Trägerversuche. Die Lastspielzahl ist hier logarithmisch aufgetragen!

Das Bemessungskonzept von *Oehlers* liefert offensichtlich durchweg konservative Ergebnisse, sogar unter der Annahme starren Verbundes. Durch die vereinfachte Berücksichtigung der Nachgiebigkeit werden die Lebensdauern bereichsweise sogar recht gut abgeschätzt. Die Reduktion der statischen Tragfähigkeit mit der Lastspielzahl und eine stärkere Neigung der „*Wöhler*linie", die bei *Oehlers* allerdings nicht allein von log $\Delta\tau$ abhängig ist, führen zu diesem Ergebnis. Unberücksichtigt blieben auch hier die Folgen der Lasterhöhung durch vorzeitiges Dübelversagen (Stichwort: Betriebsfestigkeit und *Miner* – Regel). Wenn die Lebensdauern der Dübel in Stützennähe also etwas überschätzt werden, so würde bei Berücksichtigung der Kräfteumlagerungen mit Sicherheit auch dort ein konservatives Ergebnis erzielt werden können. Beim EC4 – Konzept darf dies nicht unbedingt erwartet werden, da gerade in diesem Bereich die Lastspielzahlen um den Faktor 200 bis 2000 überschätzt werden.

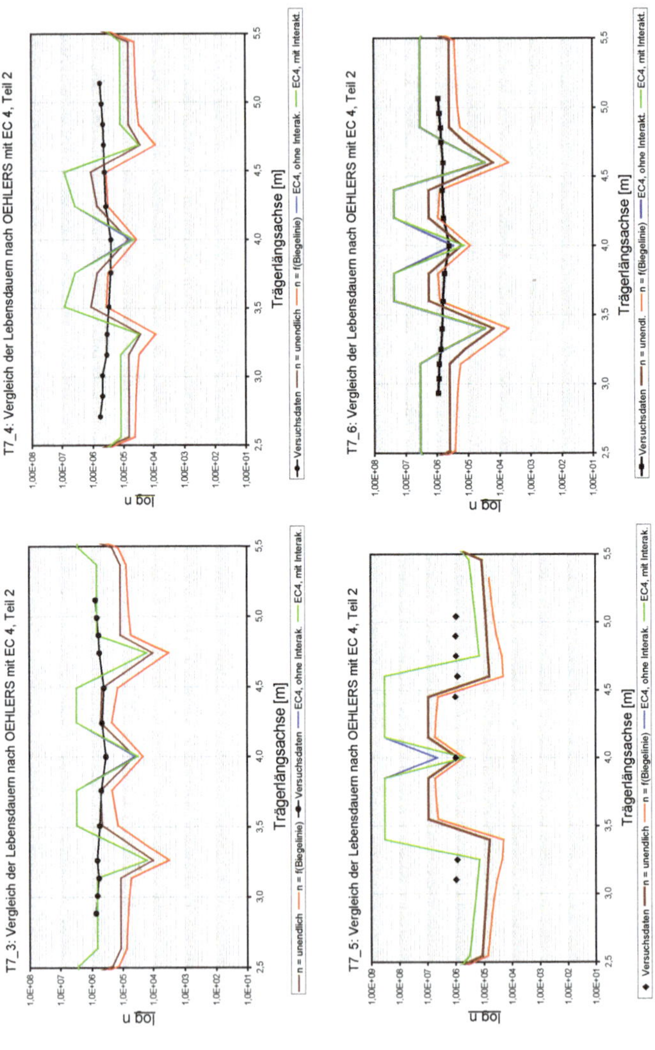

Bild 3.52 Vergleich der rechnerischen Lebensdauern nach *Oehlers* mit EC4, Teil 2 und den tatsächlichen Lastspielzahlen

4 Ableitung eines Bemessungskonzeptes aus den Trägerversuchen

Der Vergleich der tatsächlich erzielten Lebensdauern mit den prognostizierten Werten nach dem EC4 - Konzept gibt Anlass, über folgende Annahmen nachzudenken:

Annahme 1:

Unter Einhaltung der konstruktiven Randbedingungen des EC4, Teil 2 lässt sich der Zusammenhang zwischen einer Schubspannungsschwingbreite nach der „Cousinen" Formel und der erreichbaren Lebensdauer herstellen.

⇒ Dann wäre die bisherige, aus Push-Out Versuchen abgeleitete *Wöhler*linie nicht ausreichend gut auf die Verhältnisse im Träger übertragbar und müsste modifiziert werden. Der Fehler läge demnach zu großen Teilen auf Seiten des „Modellkörpers", den man zur Ableitung eines Bemessungskonzeptes herangezogen hat.

Annahme 2:

Die *Wöhler*linie des EC4, Teil 2 beschreibt das Ermüdungsverhalten einbetonierter KD prinzipiell richtig.

⇒ Im Träger existieren dann Einflussfaktoren wie z.B. die Dübelnachgiebigkeit und das zyklische Materialverhalten, welche die Verteilung der Dübelkräfte so stark beeinflussen, dass sie bei der Ermittlung der Dübelbeanspruchungen zusätzlich berücksichtigt werden müssen, um die *Wöhler*linie überhaupt erst anwenden zu können. In diesem Fall läge der Fehler hauptsächlich auf Seiten der Übertragungsfunktion, und eine einfache „Handrechnung" reicht zur Bestimmung der Dübelkräfte nicht aus.

Annahme 3:

Lokal, an der Kerbe, treten große plastische Dehnungen auf, so dass ein Zusammenhang zwischen einer Spannung und einer daraus resultierenden Lebensdauer nicht mehr herstellbar ist, denn die Korrelation zwischen der Spannung und daraus resultierender Dehnung ist nicht mehr eindeutig.

⇒ Eine derartige Beschreibung des Ermüdungsverhaltens wäre stets mit sehr großen Streuungen behaftet, wie es der Stand der Forschung auch widerspiegelt, vgl. Kapitel 1. Es ist dann nur noch der umgekehrte Weg möglich: man ermittelt die Spannungen aus den Dehnungen, wobei nur die örtlichen (elastisch – plastischen) Dehnungen zur Beschreibung des Ermüdungsverhaltens geeignet sind. In diesem Fall wäre die Erarbeitung eines Örtlichen Konzeptes erforderlich.

4.1 Erarbeitung einer Träger – *Wöhler*linie auf der Grundlage elementar statischer Methoden

Durch die Tatsache, dass der Versagenszeitpunkt einzelner Dübel mit der Erarbeitung der neuen Messmethoden eindeutig bestimmt werden kann, lässt sich unter verschiedenen Annahmen theoretisch eine *Wöhler*linie direkt aus den Trägerversuchen ableiten.

Es soll zunächst das unter Annahme 1 in Kapitel 4 angesprochenen Gedankenmodell untersucht werden. Dazu müssen die Dübelkraftschwingbreiten nach elementar statischen Methoden bestimmt und mit den dazugehörigen Lebensdauern ins Verhältnis gesetzt werden. Die so berechneten Wertepaare können dann einer statistischen Analyse unterzogen werden.

In einem ersten Schritt werden hierfür die Ausgangsschwingbreiten, ohne Berücksichtigung des Ausfalls einzelner Dübel, verwendet. Dieses Vorgehen ist nicht exakt, da die Schwingbreitenerhöhung unter Verwendung einer Schadensakkumulationshypothese und einer gültigen *Wöhler*linie mit berücksichtigt werden müssten. Das ist jedoch nicht ohne weiteres möglich. In [1.10] wurde gezeigt, dass die Anwendbarkeit der *Miner* - Regel auf die vorliegende Problematik zu hinterfragen ist, vgl. Abschnitt 2.3.

Wenn man von den Versagenszeitpunkten zweier Dübel einer Reihe den Mittelwert bildet, stehen aus Trägerversuche ca. 50 Wertepaare zur Verfügung. Alternativ kann auch jeder Dübel einzeln mit seiner zugehörigen Lastspielzahl betrachtet werden, was die Grundgesamtheit auf über 100 Wertepaare erhöht.

Bevor diese Wertepaare statistischen Auswerteverfahren unterzogen werden können, muss die Zulässigkeit der verwendeten Verfahren anhand der Grundgesamtheit überprüft werden. [2.23,4.1,4.2]

4.1.1 Überprüfung der Grundgesamtheit [4.3]

Eine Grundvoraussetzung für die Durchführung einer Korrelationsanalyse ist, dass die untersuchte Datenmenge normalverteilt ist. Eine adäquate statistische Methode zur Überprüfung einer angenommenen Verteilung ist der χ^2 - Test. Bei der Anwendung dieses Testverfahrens stellt man zunächst die Hypothese auf, dass die Verteilung einer Stichprobe der einer Normalverteilung entspricht.

Im ersten Schritt wird die Stichprobe bezüglich der Zufallsvariablen X in k Intervalle unterteilt, wobei darauf zu achten ist, dass sich in jedem Intervall mindestens 5 Werte befinden. Man erhält in jedem Intervall die absoluten Häufigkeiten N_i. Es folgt nun die Berechnung der theoretisch zu erwartenden Stichprobenwerte e_i in jedem Intervall. Mit $n = \Sigma N_i$ und p_i = Wahrscheinlichkeit im Intervall i lassen sich diese bestimmen ($e_i = n \cdot p_i$).

Die Werte p_i werden aus einer tabellarisch aufgetragenen, standardisierten Normalverteilung abgelesen. Nachdem man nun für jedes Intervall die real aufgetretene und die theoretisch zu erwartende Häufigkeit bestimmt hat, werden im dritten Schritt die Abweichung dieser Werte berechnet. Es gilt:

$$\chi_0^2 = \sum_{i=1}^{k} \frac{(N_i - n \cdot p_i)^2}{n \cdot p_i} \qquad \text{Gl. 4.1}$$

Um den Vergleichswert c zu erhalten, müssen ein Signifikanzniveau α gewählt und der Freiheitsgrad f bestimmt werden. Letzteres erfolgt über die Gleichung

$$f = k - r - 1 \qquad \text{Gl. 4.2}$$

mit

r ...Anzahl der geschätzten Parameter in der Hypothese (z. B. Mittelwert m, Standardabweichung σ)

Mit α wird nun die Wahrscheinlichkeit $p(\chi^2 \leq c) = 1 - \alpha$ berechnet, d. h., die Wahrscheinlichkeit, dass ein $\chi^2 > c = \alpha$. Die beiden Eingangswerte p und f dienen nun dazu, aus einer tabellierten χ^2-Verteilung den Wert c abzulesen. Somit lässt sich eine Entscheidungsregel aufstellen:

Ist $\chi_0^2 \leq c$ wird die Hypothese akzeptiert,

ist $\chi_0^2 > c$ wird die Hypothese verworfen.

Die Grundgesamtheit wird in gleichmäßige Intervalle eingeteilt. Hierbei gelten die folgenden Grenzen:

$N < 200.000$

$200.000 \leq N < 375.000$

$375.000 \leq N < 550.000$

$550.000 \leq N < 725.000$

$725.000 \leq N < 900.000$

$900.000 \leq N < 1.075.000$

Über eine tabellarische Auswertung ist es nun möglich, die Summe der Abweichungen χ^2 zu bestimmen.

Tabelle 4.1 Auswertung der Versuchsergebnisse

Klasse (in Tausend)	n_i	u_i ($=n_i-m_x/\sigma$)	$p_{i,absolut}$ (abgelesen)	p_i	$e_i = n \times p_i$ ($n = \Sigma\, n_i$)	$(n_i-e_i)^2/e_i$
200 - 375	7	-1,18	0,1190	0,1190	5,950	0,19
375 - 550	11	-0,35	0,3632	0,2442	12,210	0,12
550 - 725	15	0,48	0,6844	0,3212	16,060	0,07
725 - 900	10	1,31	0,9049	0,2205	11,025	0,10
900 - 1075	7	2,14	0,9838	0,0789	3,945	2,37
Σ	**50**				**χ^2 =**	**2,84**

Hierbei sind

m_x . . . Mittelwert = 623.742

σ . . . Standardabweichung = 210.521.

Mit den Werten k = 5 (Anzahl der Klassen) und r = 2 (Anzahl der geschätzten Parameter – bei einer Normalverteilung stets 2) kann der Freiheitsgrad f = 2 ermittelt werden (f = 5 – 2 – 1). Bei einem gewählten Signifikanzniveau von $\alpha = 5$ % und einer sich daraus ergebenden Wahrscheinlichkeit $p(\chi^2 \leq c)$ von 95 % kann für c ein Wert von 5,99 abgelesen werden. Da $c > \chi^2$ ist, wird die Hypothese („Die Messreihe ist normalverteilt“) angenommen.

4.1.2 Vorbemerkung zur Durchführung der statistischen Analysen

Bei der Bestimmung der Korrelationskoeffizienten und der Regressionsgeraden wird konsequent $\underline{\Delta\tau}$ als abhängige und die Lastspielzahl N als unabhängige Variable verwendet, die Regression wird also von $\underline{\Delta\tau \text{ auf } N}$ geführt. Dies entspricht dem Vorgehen des EC4 und des BS 5400. Es soll aber darauf hingewiesen werden, dass für jedes andere geschweißte Kerbdetail die Regression zur Ableitung von Ermüdungsfestigkeitskurven von N auf $\Delta\sigma$ geführt wird!

Es muss an dieser Stelle nochmals erwähnt werden, dass über die Art der Regression für den Fall der einbetonierten KD international diskutiert wird [1.42]. Die Art der Regression hat bei stark streuenden Grundgesamtheiten nicht nur erhebliche Auswirkungen auf das Ergebnis der Regressions- und damit der Bemessungsgeraden, sondern dies hat noch viel weitreichendere Folgen. Es geht hierbei um Fragen des Sicherheitskonzeptes und um Bemessungsphilosophien für den Grenzzustand der Tragfähigkeit einschließlich der Ermüdung von Verbundbrücken. Diese Diskussion ist keineswegs nur eine Diskussion über mathematische Konventionen, wie es von manchen Forschern formuliert wird.

Dieser an sich sehr wichtige Dialog soll an dieser Stelle dennoch nicht wiedergegeben werden. Für den interessierten Leser wird stattdessen auf die Veröffentlichung von *Johnson* [1.42] verwiesen. Im Rahmen der vorliegenden Auswertungen wird das Vorgehen nach EC4 und BS 5400 gewählt, um die Vergleichbarkeit mit dem bisherigen Konzept zu gewährleisten, keinesfalls aber, um dieses Vorgehen in seiner Richtigkeit zu bestärken.

4.1.3 Gemeinsame Auswertung aller Wertepaare der Grundgesamtheit

Mit $x = \log N_{Versuch}$ und $y = \log \Delta\tau\left(\frac{V \cdot S}{I}\right)$ ergibt sich ein Korrelationskoeffizient von $r = -0{,}1081$. Die Korrelation zwischen den Merkmalen der nach elementar statischen Methoden berechneten Dübelbelastung und der Lebensdauer ist wie erwartet sehr gering.

Diese geringe Abhängigkeit kann durch die Ermittlung beider Regressionsgeraden (X→Y <u>und</u> Y→X) verdeutlicht werden. Je größer der Öffnungswinkel der beiden Geraden ist, um so schlechter ist die Korrelation. Bei $|r| = 1$ sind die Geraden deckungsgleich, bei $r = 0$ bilden sie einen Öffnungswinkel von 90°. Beide Gleichungen sind zusammen mit den Wertepaaren in Bild 4.1 aufgetragen.

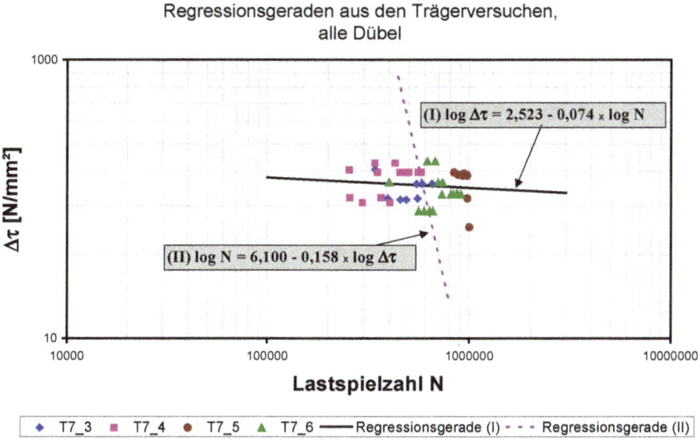

Bild 4.1 Regressionsgeraden aus der Auswertung aller Versuchsdaten

Die Gerade (II), die nach EC4 und BS 5400 als *Wöhler*linie definiert wird, weist in diesem Fall eine extrem steile Neigung auf, sie wäre für eine Anwendung in der Bemessung untauglich. Im Gegensatz zu einer flach geneigten *Wöhler*linie hat eine Ungenauigkeit bei der Bestimmung der Dübelkräfte nahezu keine Veränderung der Lastspielzahl zur Folge.

Dass auf diese Art und Weise keine Korrelation zu erzielen ist, ist nicht weiter überraschend, da sich die Schwingbreiten gerade bei der Annahme starren Verbundes durch den Ausfall einzelner Dübel stark erhöhen. Ohne die Berücksichtigung der Schadensakkumulation kann so kein Zusammenhang erzielt werden.

4.1.4 Differenzierung nach der Art der Beanspruchung

Durch eine Differenzierung der Versuchsdaten hinsichtlich der Art der Beanspruchung könnte zumindest für die Dübel, die als erstes versagt haben, eine bessere Korrelation erreicht werden. Bei einer linearen Berechnung sind nur die Dübel direkt über dem mittleren Auflager wechselnd beansprucht. Alle anderen Dübel unterliegen einer Schwellbeanspruchung.

4.1.4.1 Wechselbeanspruchung

Es ergibt sich eine kleine Datenmenge von nur 4 Wertepaaren. In diesem Fall ist es zur Vergrößerung der Population zweckmäßig, jeweils die einzelnen Dübelergebnisse in die Auswertung aufzunehmen. Eine solch geringe Datenmenge ist zu einer stochastischen Auswertung nur bedingt geeignet, und die Resultate können nur als Tendenz bewertet werden.

Bild 4.2 stellt die Wertepaare mit den zugehörigen Regressionsgeraden dar. Aus der Punkteverteilung ergibt sich eine eindeutige Ausdehnung, was auf eine gute Abhängigkeit hinweist: die Geraden zeigen eine nahezu vollständige Überdeckung: $r = -0{,}9503$. Im Vergleich zur Ermüdungsfestigkeitskurve des EC4 ist die *Wöhler*linie (Regressionsgerade (II)) mit einem Neigungsexponenten von $m = 2{,}48$ aber erheblich stärker geneigt.

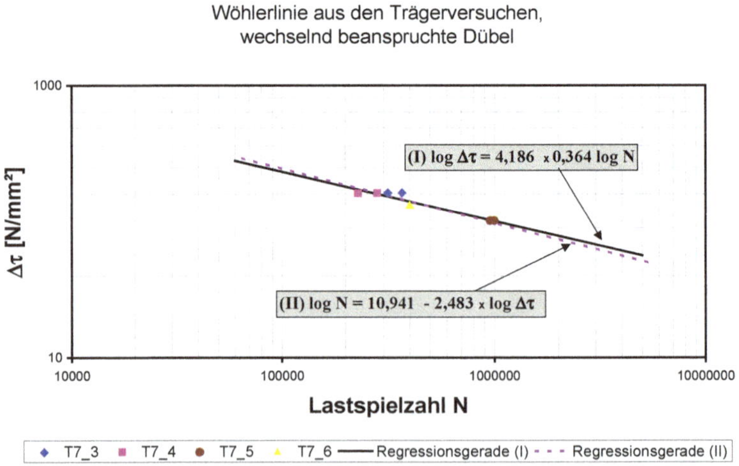

Bild 4.2 Regressionsgeraden aus der Auswertung der wechselnd beanspruchten Dübel

4.1.4.2 Schwellbeanspruchung

Gegenüber der Auswertung aller Versuchsdaten ergibt sich unter der Zugrundelegung der Ausgangsschwingbreiten nochmals eine Verschlechterung in der Abhängigkeit zwischen den beiden untersuchten Größen, $r = -0{,}0048$. Die Geraden stünden annähernd senkrecht aufeinander. Die Gründe hierfür wurden in Abschnitt 4.1.3 schon erläutert.

4.1.5 Ermittlung einer Ermüdungsfestigkeitskurve unter der Voraussetzung der Gültigkeit der *Miner*-Regel

Für die schwellend beanspruchten Dübel kann dennoch versucht werden, eine Ermüdungsfestigkeitskurve abzuleiten. Folgende Parameter sind für jeden Dübel bekannt oder bestimmbar:

- $\Delta\tau_i$ Schwingbreite für jeden Schädigungszustand i des Trägers
- n_i Lastwechselzahl für jeden Schädigungszustand i
- $N = N_e$ Versagenslastspielzahl jedes Dübels

Jedes Dübelversagen definiert einen neuen Schädigungszustand. Man postuliert dann, dass die lineare Schädigungshypothese nach *Palmgren* und *Miner* anwendbar sein soll:

$$\Rightarrow \sum \frac{n_i}{N_i} \overset{!}{=} 1 \qquad \text{Gl. 4.3}$$

Unter dieser Annahme lassen sich für jeden Dübel iterativ die beiden Bestimmungsparameter der *Wöhler*linie, der Neigungsexponent m und der Einhänge- oder Detailparameter k, berechnen, die diese Bedingung erfüllen.

Sollten sich auf diese Weise für jeden Dübel jedes Trägers mit geringen Abweichungen die gleichen Werte ergeben, so kann auch für die schwellend beanspruchten Dübel eine *Wöhler*linie angegeben werden, für die dann auch die *Miner* - Regel angewendet werden kann.

Etwas problematisch ist hier allerdings die Schwingbreitenermittlung. Durch die bereichsweise unterbrochene Verbundfuge ist es nicht mehr möglich, die Dübelkräfte nach der „Cousinenformel" nur unter Berücksichtigung des sich vergrößernden Dübelabstandes zu berechnen. In den Bereichen, in denen die Verbundfuge unterbrochen wird, ändert sich auch die Steifigkeit des Gesamtsystems, die anteiligen Normalkräfte werden abgebaut und die Kräfte werden nicht vollständig auf die benachbarten Dübel, sondern in der Hauptsache in das Stahlprofil umgelagert, welches dann verstärkt auf Biegung beansprucht wird. Da die globale Belastung eine Gebrauchslast ist, verfügt das System auch über ausreichend Tragreserven, um dies zu gewährleisten. Bild 3.29 und Bild 3.32 verdeutlichen diesen Sachverhalt, dort wurden die Entwicklung der anteiligen Normalkraft und die Dehnungsquerschnitte gezeigt. Die Berechnung der Schwingbreiten erfolgt hier zweckmäßigerweise mit einem FE - Modell, welches die Dübel als steife Federn abbildet (Abschnitt 4.2).

Beispiel:

Betrachtet wird der Dübel j, der im i-ten Schädigungszustand versagt. Für diesen Dübel ergeben sich die folgenden Kollektivstufen:

$$\frac{n_{j,1}}{N_1}+\frac{n_{j,2}}{N_2}+\ldots\ldots\ldots+\frac{n_{j,i}}{N_i}\overset{!}{=}1{,}0=\frac{n_{j,e}}{N_e} \qquad \text{Gl. 4.4}$$

mit: $N_i = k + m \cdot \log \Delta\tau_i$ Gl. 4.5

k... Einhängeparameter der *Wöhler*linie

m... Neigungsexponent der *Wöhler*linie

Die Gewichtung der einzelnen Kollektivstufen erfolgt dabei automatisch über die Größe der Schwingbreite $\Delta\tau_i$.

Zum Einhängeparameter k:

In Abschnitt 1.4.3 wurde bereits die physikalische Interpretation des Einhänge- oder Detailparameters erläutert, er ist ein Maß für die generelle Ermüdungsempfindlichkeit eines Bauteils. Rein rechnerisch wird der Einhängeparameter k wie folgt berechnet:

$$k = \log N_D + m \cdot \log \Delta\tau_D \qquad \text{Gl. 4.6}$$

mit:

N_D... Lastspielzahl der Dauerfestigkeit, i.d.R. $2 \cdot 10^6$ bzw. $5 \cdot 10^6$ Lastwechsel

$\Delta\tau_D$... Dauerfestigkeit

m... Neigungsexponent der *Wöhler*linie

Streng genommen ist k also auch wieder abhängig vom Neigungsexponenten der *Wöhler*linie. k hängt aber auch von der Dauerfestigkeit ab, deren Existenz für einbetonierte KD bislang nicht experimentell nachgewiesen ist.

Die schematische Darstellung in Bild 4.3 verdeutlicht, in welchem Maße die Größe der Dauerfestigkeit und damit der Wert k den Neigungsexponenten der Regressionsgeraden beeinflusst. Die Ellipse soll dabei eine beliebige statistische Grundgesamteinheit beschreiben.

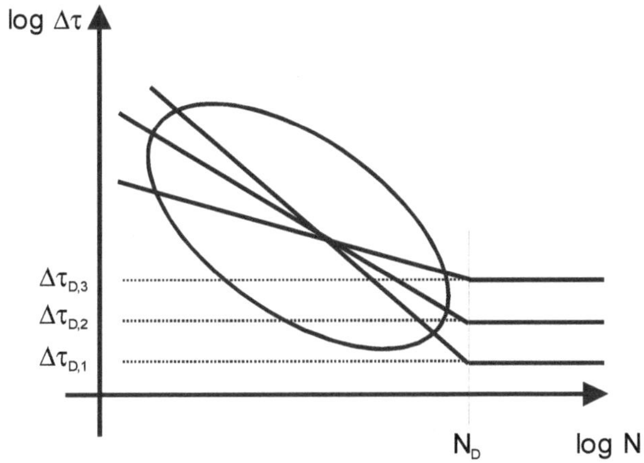

Bild 4.3 Abhängigkeit der *Wöhler*linienneigung m vom Einhängeparameter k

Um die Parameter dennoch bestimmen zu können, wurde für die Dauerfestigkeit $\Delta\tau_D$ = 90 N/mm² angenommen. Das entspricht dem Wert, der zukünftig auch als Bezugswert der Ermüdungsfestigkeit für $N = 2 \cdot 10^6$ Lastwechsel nach EC4, Teil 2 definiert wird. Mit der charakteristischen Gleichung der *Wöhler*linie aus dem Hintergrundbericht zum EC4, Teil 2 ergibt sich für k folgende Gleichung:

$$k = \log 2{\cdot}10^6 + m \cdot \log 90 \; [\text{N/mm}^2] \qquad \text{Gl. 4.7}$$

$$= 6{,}301 + m \cdot 1{,}9542$$

Damit ist k nur noch abhängig von m und kann direkt in den Iterationsprozess mit eingebunden werden.

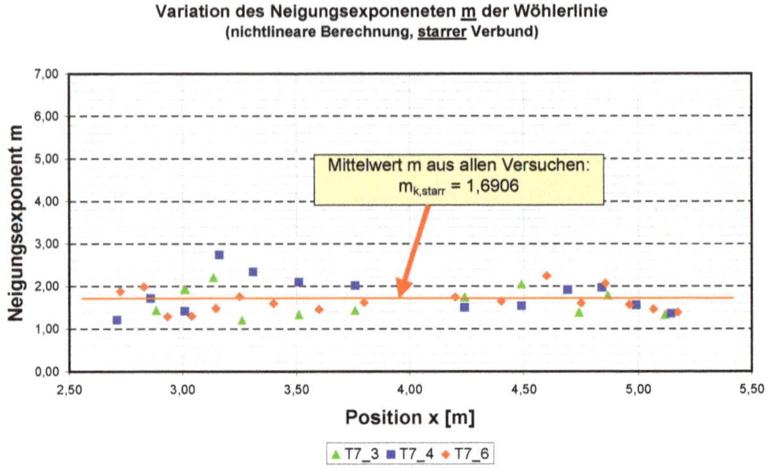

Bild 4.4 Neigungsexponent m der schwellend beanspruchten Dübel, abgeleitet aus den Trägerversuchen

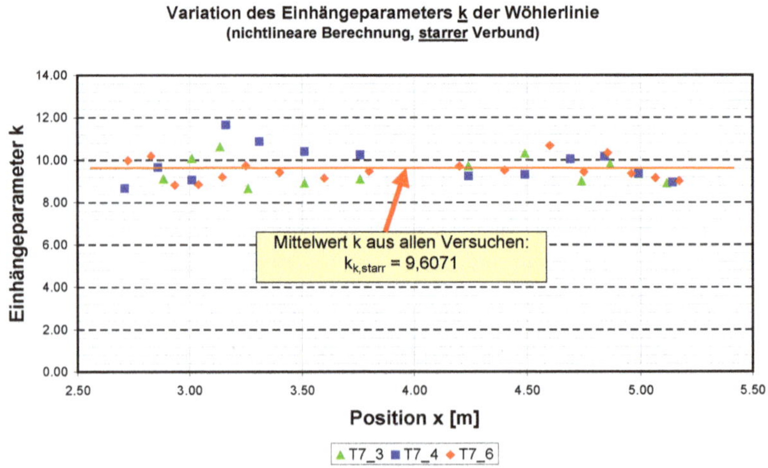

Bild 4.5 Einhängeparameter k der schwellend beanspruchten Dübel, abgeleitet aus den Trägerversuchen

Bild 4.4 und Bild 4.5 zeigen die Verteilung der Bestimmungsparameter, die sich für die einzelnen Dübel der verschiedenen Träger ergeben. Auf der Abszisse ist die Position der Dübel auf dem Träger aufgetragen. Die Dübelkräfte wurden dabei nichtlinear mit dem in Abschnitt 4.2 beschriebenen FE - Modell berechnet, die Dübel selbst wurden dabei zunächst starr abgebildet.

Die Ergebnisse des Versuches T7_5 sind nicht dargestellt, sie ergeben sich aber in der gleichen Größenordnung, wie sich auch später bei der Berechnung der Dübelkräfte mit nachgiebigem Verbund zeigen wird.

Offensichtlich lassen sich die schwellend beanspruchten Dübel tatsächlich mit einer *Wöhler*linie beschreiben, die Abweichungen sind relativ gering. Vergleicht man die hier vorliegenden Streubreiten mit den Streuungen, die schon aus unterschiedlichen Push-Out Versuchsserien resultieren, vgl. Kapitel 1, so müssen die Abweichungen als sehr gering bezeichnet werden. Das gleich gilt auch für den Einhängeparameter k. Bild 4.6 zeigt den Vergleich der ermittelten *Wöhler*linien mit dem charakteristischen Wert der *Wöhler*linie aus [1.9].

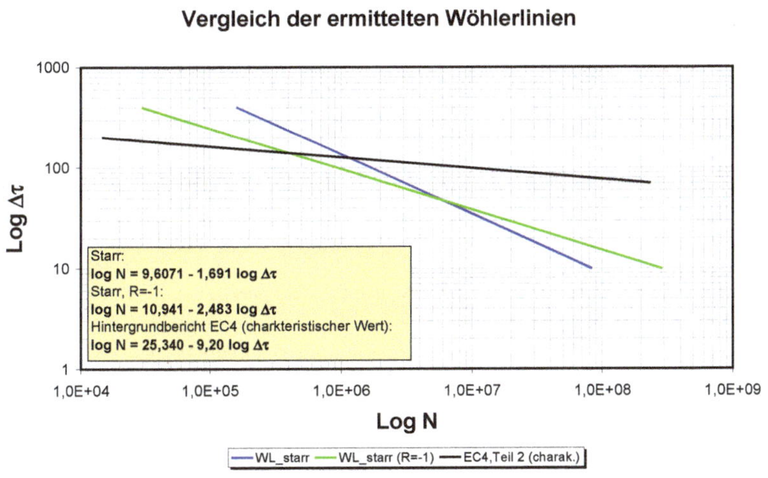

Bild 4.6 Vergleich der ermittelten *Wöhler*linien

Bereits die Untersuchungen von *Mensinger* [1.11] zeigten, dass bei Betriebsbelastungen signifikant kürzere Lebensdauern erzielt werden als bei kraftgeregelter Einstufenbelastung. Dieses Ergebnis kann hiermit bestätigt werden. Allerdings muss dieser Sachverhalt jetzt nicht mehr durch eine pauschale Reduzierung der Summe der Teilschädigungen berücksichtigt werden. Die in Bild 4.6 angegebenen *Wöhler*linien sind direkt in Kombination mit der *Miner* - Regel anwendbar. Folgende Punkte sind zusätzlich festzuhalten:

- Die *Wöhler*linien wurden für Versagensschwingspielzahlen zwischen 200.000 und 900.000 ermittelt, sie basieren allerdings auf dem gleichen Grenzwert der Ermüdungsfestigkeit für 2

Millionen Lastwechsel wie auch die *Wöhler*linie des EC4, dieser Wert ist bislang aber nicht experimentell abgesichert.

- Im Bereich großer Schwingbreiten ergeben sich größere ertragbare Lastspielzahlen als nach EC4.
- Es kann nicht bestätigt werden, dass die Schwellbeanspruchung in jedem Fall die ungünstige Beanspruchung ist, das ist offensichtlich nur für sehr kleine Schwingbreiten der Fall.
- Ein Neigungsexponent von der Größe $m \leq 3$ lässt auf plastisches Verhalten im Kerbgrund schließen [4.4 – 4.7].

Die Dübelnachgiebigkeit, das zyklische Materialverhalten und plastische Einflüsse beeinflussen die Verteilung der Dübelkräfte bereits auf dem Gebrauchslastniveau, auch bei Einhaltung der konstruktiven Randbedingungen des EC4, Teil 2. Die Dübelformel kann als Übertragungsfunktion zur Ermittlung der Dübelkräfte unter zyklischer Beanspruchung nur angewendet werden, wenn die daraus resultierenden Ungenauigkeiten entsprechend aufgefangen werden, dies muss mit einer deutlich stärkeren Neigung der *Wöhler*linie „erkauft“ werden.

Wie bereits in Kapitel 1 erläutert wurde, gibt der Neigungsexponent Aufschluss darüber, wie empfindlich das untersuchte Bauteil gegenüber Veränderungen der (Schub-) Spannungsschwingbreite ist. Daraus folgt, dass der Neigungsexponent um so kleiner und die Neigung damit um so steiler werden muss, je ungenauer die Eingangswerte bestimmt werden können. Die Ungenauigkeiten auf Seiten der Dübelkraftermittlung unter nicht ruhender Beanspruchung werden dadurch kompensiert.

Die *Wöhler*linie nach EC4, Teil 2 ist nicht automatisch ungeeignet, um das Ermüdungsverhalten zu beschreiben. Die nichtlinearen Einflussfaktoren werden in Push-Out Versuchen, die einer kraftgeregelten Einstufenbeanspruchung unterworfen werden, nicht durch den Modellkörper, sondern vielmehr durch die Art der Beanspruchung „kompensiert“. Ein derart stabiler Beanspruchungszustand lässt sich in Trägern durch die bislang formulierten konstruktiven Randbedingungen nicht erreichen.

Die Berücksichtigung der Dübelnachgiebigkeit und lokaler, zyklischer Plastizitätserscheinungen, generell von nichtlinearem Verhalten, bei der Ermittlung der lokalen Beanspruchungen stellt in Ansätzen bereits eine Art „Örtliches Konzept“ dar, allerdings nur auf Seiten der Beanspruchungsermittlung.

Alternativ hierzu ist die Erarbeitung eines tatsächlichen Örtlichen Konzeptes die logische Konsequenz. Hierfür müssten die vorhandene Nichtlinearitäten sowohl durch entsprechende zyklische Werkstoffkennlinien für die Ermittlung der lokalen Beanspruchungen berücksichtigt als auch die zur Beurteilung der Ermüdungswirksamkeit dieser Beanspruchungen entsprechend erforderlichen „Dehnungs“ - *Wöhler*linien bereitgestellt werden.

Im folgenden soll zunächst überprüft werden, inwiefern die Berücksichtigung bislang vernachlässigter Nichtlinearitäten noch zu einer Verbesserung der Korrelation und damit der Lebensdauervorhersage führt. Im Anschluss daran wird versucht, ein Örtliches Konzept, modifiziert auf die vorliegenden Gegebenheiten, in ersten Ansätzen herzuleiten, vgl. hierzu Kapitel 5.

4.2 FE - Modellierung der Verbundträger zur Berücksichtigung (statisch) nichtlinearer Materialeigenschaften

In Abschnitt 4.1.4 wurde deutlich, dass eine verbesserte Übertragungsfunktion im Hinblick auf die Erarbeitung eines funktionalen Zusammenhanges zwischen $\Delta\tau$ und einer rechnerischen Lebensdauer Erfolg versprechend sein kann. In Kapitel 2 wurde bereits erläutert, dass ein FE - Modell die komplexeste Form einer Übertragungsfunktion darstellt, „Handlösungen" erscheinen hier nur für einfache, statische Belastungsfälle möglich [1.10,2.16,2.17,2.18]. Ebenso wurden die besonderen Schwierigkeiten bei der Modellierung des nichtlinearen Dübeltragverhaltens angesprochen. Ist die Modellierung des nichtlinearen statischen Tragverhaltens mit den heute zur Verfügung stehenden Hilfsmitteln relativ problemlos möglich, so stellt vor allem die Formulierung und Implementierung des zyklischen Materialverhaltens unter nicht ruhender Beanspruchung ein noch nicht vollständig gelöstes Problem dar. In einem ersten Schritt werden die Folgen des statisch nichtlinearen Tragverhaltens untersucht.

4.2.1 Modellbildung mit dem Programmsystem SOFISTIK

4.2.1.1 Diskretisierung

Für die numerische Nachrechnung der Versuchsergebnisse wurde versucht, den Zweifel-Verbundträger möglichst realitätsnah abzubilden. Für die Darstellung der Betonplatte und des Stahlträgers wurden Flächenelemente, für die Kopfbolzendübel Federelemente gewählt.

4.2.1.1.1 Betonplatte

Für die Diskretisierung der Betonplatte wurden sogenannte QUAD - Elemente gewählt. Hierbei handelt es sich um ein viereckiges Flächenelement mit vier Knoten. Bild 4.7 zeigt ein solches Element mit den resultierenden Schnittgrößen.

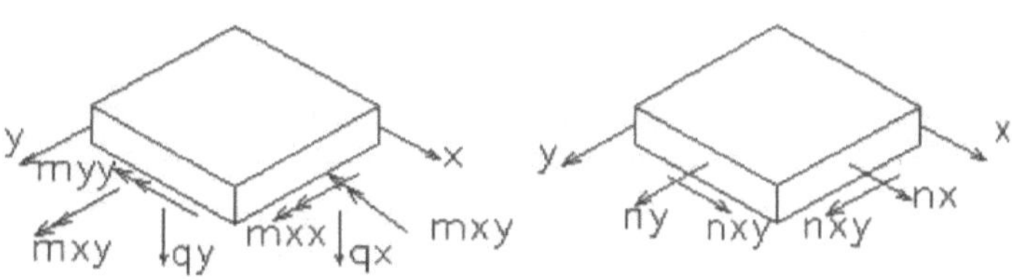

Bild 4.7 QUAD - Element mit Platten- und Scheibenschnittgrößen aus [4.8]

Die Genauigkeit der Lösungen hängt von der Elementgeometrie ab. Bild 4.8 und Bild 4.9 stellen exemplarisch die Diskretisierung des Versuchs T7_4 dar.

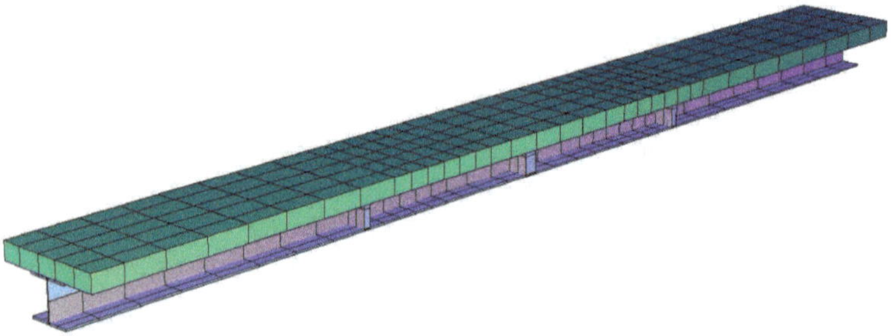

Bild 4.8 Diskretisierung Versuch T7_4 (Draufsicht)

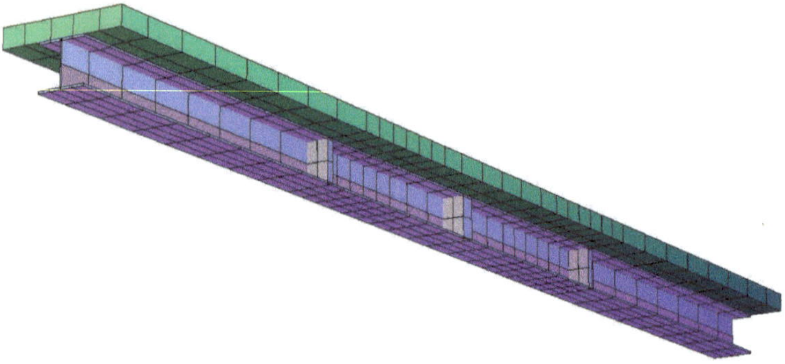

Bild 4.9 Diskretisierung Versuch T7_4 (Untersicht)

4.2.1.1.2 Stahlträger

Die Vorgehensweise bei der Diskretisierung des Stahlträgers ist analog zur Vorgehensweise bei der Betonplatte. Hierbei ist jedoch anzumerken, dass Obergurt, Steg und Untergurt jeweils einzeln abgebildet werden. Die Anzahl der Elemente orientiert sich an der Anordnung der Dübel. Der Ober- und Untergurt werden in Querrichtung aufgrund der Dübel und des Steges in jeweils 4 Elementreihen unterteilt. Der Steg wird in seiner Höhe in 2 Schichten unterteilt.

4.2.1.1.3 Abbildung der Dübel

Die Dübel werden mit Federelementen abgebildet. Federelemente idealisieren in SOFISTIK Tragwerksteile durch eine vereinfachte Kraft – Verformungs - Beziehung. Sie können als Auflagerbedingungen oder als Koppelfedern zwischen zwei Knoten definiert werden. Zur Abbildung der Dübel werden solche Koppelfedern verwendet. Um die in den Versuchen unter Belastung auftretenden Verschiebungen zwischen Betonplatte und Träger richtig nachzurechnen, müssen für die Federelemente Hauptrichtungen definiert werden (in Trägerlängsrichtung). Dies wird z.B. erreicht, indem man die zu verbindenden Knoten zwischen Betonplatte und Stahlträger in Längsrichtung minimal (z.B. 2mm) gegeneinander versetzt, wie es in Bild 4.10 dargestellt ist.

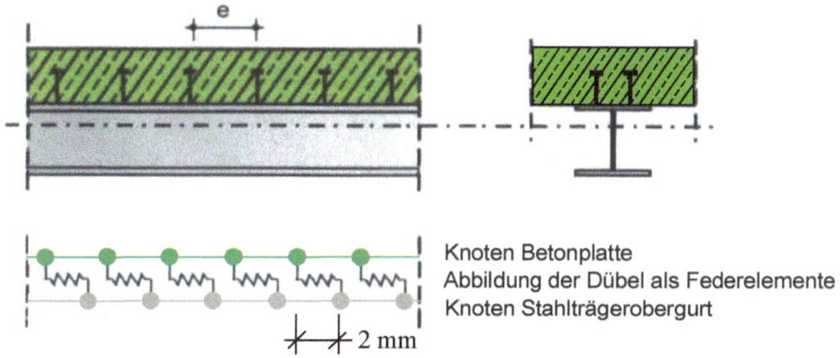

Bild 4.10 Art der Kopplung der Betonplatte mit dem Stahlträgerobergurt

Programmseitig sind zwei prinzipielle Nichtlinearitäten für die Federelemente vorgesehen, nämlich die Ausbildung eines Fließplateaus und ein Bereich kraftloser Verformung, siehe Bild 4.11. Vollständige Arbeitslinien mit nichtlinearem Verlauf abzubilden, ist durch Parallel- oder Hintereinanderschaltung mehrerer Federn mit unterschiedlichen Fließplateaus möglich. Durch den zweiten nichtlinearen Effekt, den Bereich kraftloser Verformung, ist es besonders gut möglich, den auftretenden bleibenden Schlupf, der sich unter nicht ruhender Belastung im Verlauf der Lebensdauer ausbildet, zu implementieren, vgl. Abschnitt 2.2.3.1, Bild 2.6 und 2.7.

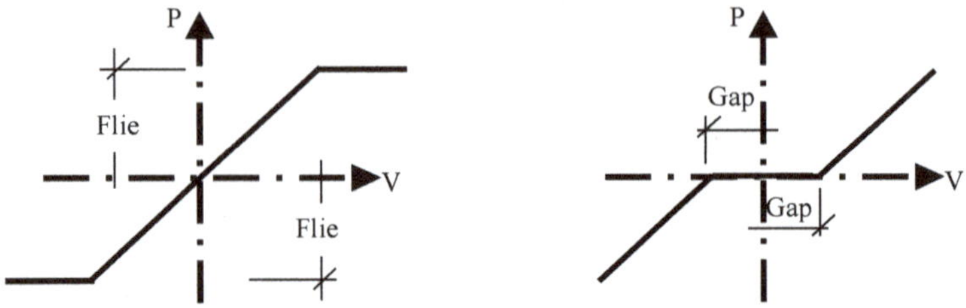

Bild 4.11 Federkennlinie mit Fließanteil (links) bzw. Schlupf (rechts) aus [4.8]

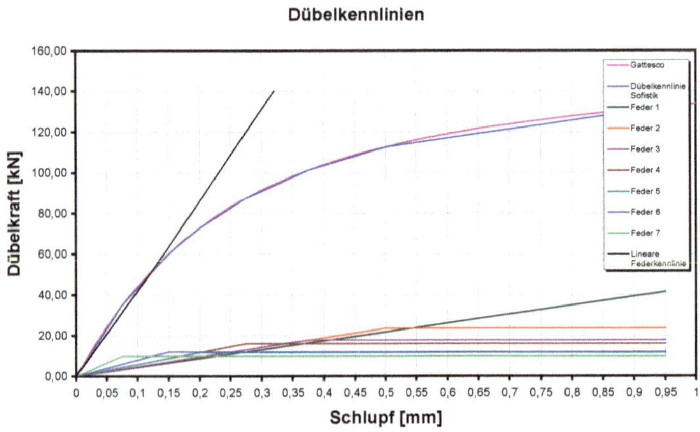

Bild 4.12 Erzeugung eine nichtlinearen Kennlinie durch Hintereinanderschaltung von 7 Federn

Bild 4.12 zeigt exemplarisch eine nichtlineare Kennlinie, die durch das Hintereinanderschalten von 7 Federn mit unterschiedlichem Fließplateau erzeugt wurde. Zum Vergleich ist auch eine entsprechende nichtlineare Kennlinie eingetragen, wie sie sich durch den funktionalen Zusammenhang nach *Gattesco*, vgl. Abschnitt 2.2.3.1 [1.11,2.26] ergibt.

Im SOFISTIK - Modell wurde zunächst mit einer solchen vollständig nichtlinearen Dübelkennlinie gearbeitet, sie wurde an Ergebnissen von Push-Out Versuchen kalibriert. Der Verlauf im unteren Bereich ist annähernd linear, und erst bei einer Dübellast von ca. 60 kN geht die Dübelkennlinie in einen deutlich nichtlinearen Ast über. Da die maximalen Federkräfte bei der nichtlinearen Nachrechnung der Trägerversuche den Wert von 60 kN nicht überschritten, wurde die Kennlinie zur Verkürzung der Rechenzeiten durch eine Feder mit linearem Verlauf ohne Fließplateau neu abgebildet, so dass eine vereinfachte Kennlinie entsprechend Bild 2.7, zunächst noch ohne den Bereich kraftloser Verformung, verwendet werden konnte. Als Kontrolle wurden die Ergebnisse der beiden Modelle verglichen. Für die vorliegenden Verhältnisse wurden praktisch keine Abweichungen festgestellt [4.9]. Prinzipiell muss dies aber für jede Geometrie, Dübelanordnung und Lastkonfiguration neu überprüft werden. Sollten Dübelkräfte auftreten, die deutlich größer sind, muss die Kennlinie vollständig nichtlinear abgebildet werden.

4.2.1.1.4 Aufbringen der Lasten

Im Labor wird die Last durch die Hydraulikzylinder auf den Träger aufgebracht. Zur besseren Lastverteilung, und damit keine lokale Beschädigung am Träger entsteht, wird jeweils eine quadratische Stahlplatte mit einer Seitenlänge von 400 mm zur Lastverteilung eingebaut. Dadurch wird die Einzellast etwas „verschmiert", und es entsteht eine Flächenlast entsprechend der Lastplattenfläche.

Bild 4.13 Lasteinleitungsplatte in den Trägerversuchen

In SOFISTIK wird die Last nicht als Flächenlast, sondern mit zwei Einzellasten mit einem Knotenabstand der QUAD - Elemente von 150 mm aufgebracht. Diese Art der Abbildung der Lasten ist für die Berechnung genügend genau, da in SOFISTIK freie Elementlasten (Flächenlasten) in Knotenlasten umgerechnet werden, und man mit dem Ansatz der Lasten an den benachbarten Knoten diesem Einfluss Rechnung trägt. Kontrollrechnungen haben diese Annahme bestätigt [4.9].

4.2.1.1.5 Abbildung der Lagerung

Bei der Auswertung der Versuchsergebnisse wurde bei allen Versuchen festgestellt, dass sich nach der ersten statischen Be- und Entlastung bei den Durchbiegungen unter dem Mittelauflager eine plastische Verformung von ca. 0,3 bis 0,5 mm einstellte, vgl. Abschnitt 3.8.1, Bild 3.27 und Bild 3.28.

Um dem Einfluss dieser Verformungen in der numerischen Berechnung und deren Auswirkung auf das Gesamtsystem zu erfassen, wurde das Mittelauflager mit Hilfe von zwei Federelementen so abgebildet, dass bei völliger Entlastung eine plastische Verformung zurückbleibt. Bild 4.14 zeigt die in SOFISTIK für die Versuche T7_3 bis T7_6 eingegebenen Federkennlinien. Bild 4.15 zeigt exemplarisch für den Versuch T7_4 die daraus resultierende Auflagerkennlinie.

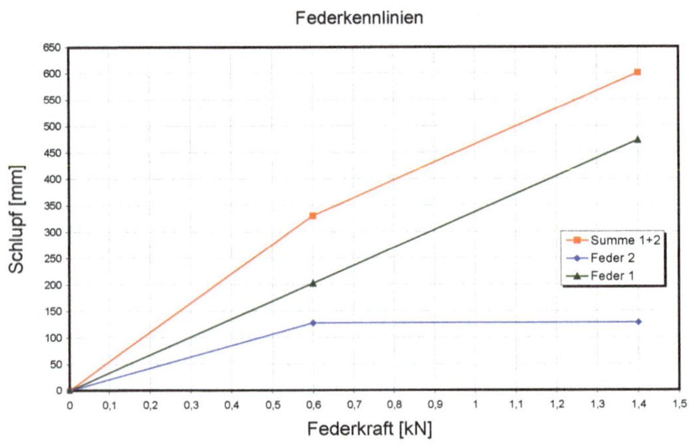

Bild 4.14 Federkennlinie der Federn für Mittelauflager

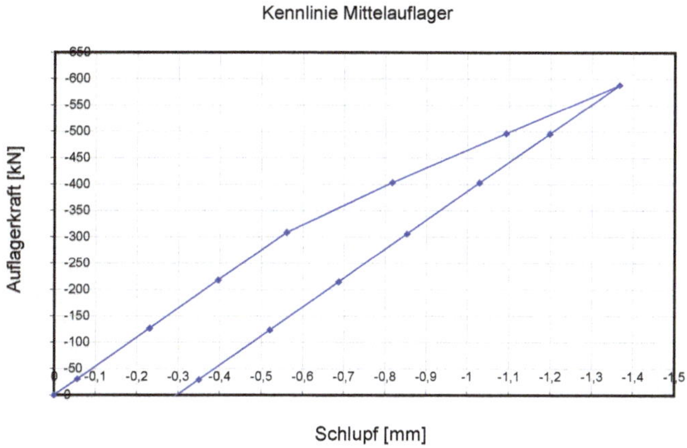

Bild 4.15 Auflagerkennlinie SOFISTIK - Modell T7_4

Die Grundlagen für das verwendete FE - Modell wurden in einer umfangreichen Studie an der Universität Kaiserslautern [4.10] erarbeitet. Dabei wurden vor allem die möglichen Einflüsse aus der Diskretisierung ebenso wie die möglichen Einflüsse aus der Implementierung unterschiedlicher Materialeigenschaften auf die Dübelkraftverteilung untersucht. In [4.10] wurde sozusagen die Sensibilität des Tragsystems untersucht, um die Spielräume aufzuzeigen, innerhalb deren Modifikationen der verwendeten Materialgesetze überhaupt zulässig sind, ohne das Ergebnis dadurch „künstlich" zu verändern oder gar zu verbessern. Nach Abschluss dieser Studie wurde in [4.9] die systematische Nachrechnung der Trägerversuche durchgeführt, wobei das FE - Modell nur einmal an einem Träger kalibriert wurde. Die verwendeten Materialgesetze, vor allem die der Verbundfuge, wurden danach nicht mehr neu angepasst. Es wurden nur noch gemessene Materialparameter wie etwa die Eigenschaften des Baustahles oder des Betons verändert.

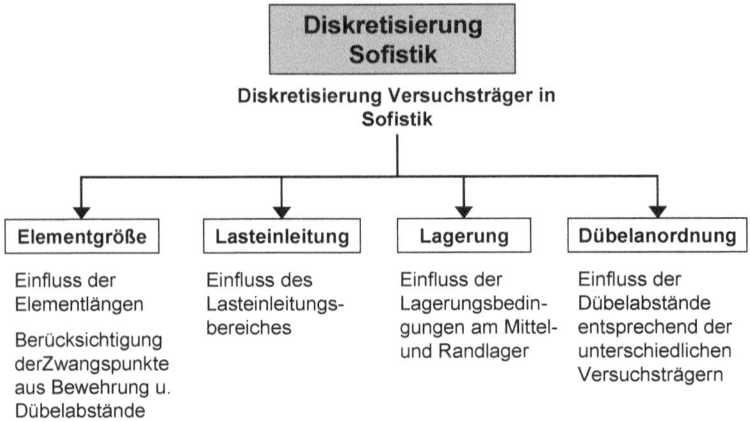

Bild 4.16 Untersuchte Einflussfaktoren bei der Diskretisierung [4.10]

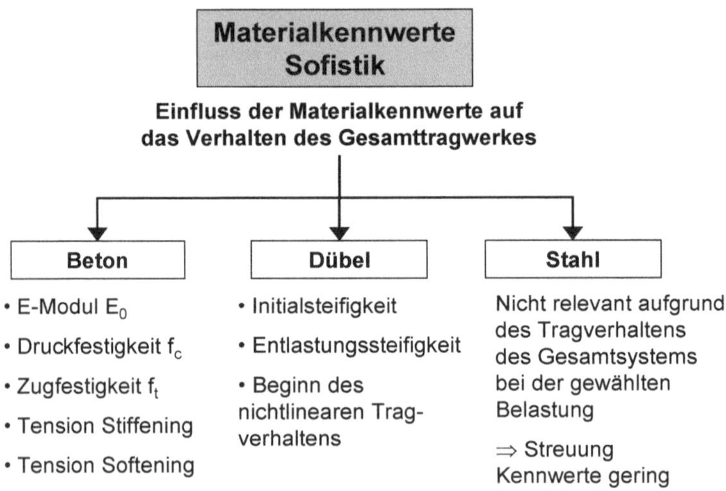

Bild 4.17 Variation der Materialkennwerte [4.10]

Bild 4.16 zeigt eine Übersicht über die untersuchten Faktoren bei der Diskretisierung, Bild 4.17 enthält Übersicht über die untersuchten Materialparameter. Neben den Einzelparametern wurden auch sinnvolle Interaktionen einzelner Parameter untersucht. Die Materialeigenschaften der Verbundmittel und die Betoneigenschaften im Zugbereich beeinflussen die Verteilung der Dübelkräfte am stärksten, auch bei einer nichtlinearen Berechnung. Aus diesem Grund sollen die erarbeiteten Zusammenhänge genauer beleuchtet werden.

4.2.1.2 Festigkeitswerte des Betons

Im allgemeinen ist die Kenntnis der Betondruckfestigkeit ausreichend, um die mechanische Beanspruchungsfähigkeit der Betone beurteilen zu können. Andere Festigkeits- und Formänderungskennwerte, wie etwa die Betonzugfestigkeit oder der Elastizitätsmodul können näherungsweise aus der Betondruckfestigkeit errechnet werden und sind nur in Sonderfällen durch Materialprüfungen zu bestimmen.

4.2.1.2.1 Betondruckfestigkeit

BETONDRUCKFESTIGKEIT

DIN 1045-1 — *Prüfkörper Würfel*

$$f_{1c} = 0.79 \cdot f_{c,cube}$$

$$f_{c,cube} = f_{c,cube200} = \beta_{W200}$$

$$f_{c,cube200} = 0.95 \cdot f_{c,cube150}$$

$$f_{c,cube200} = 0.85 \cdot f_{c,cube100}$$

Prüfkörper Zylinder $(d/h = 150/300\,mm)$

$$f_{1c} = 0.95 \cdot f_{c,cyl}$$

$$f_{c,cyl} = 0.83 \cdot f_{c,cube200}$$

EC 2 — $f_{ck} = f_{ck,cyl} \quad (d/h = 150/300\,mm)$

Bild 4.18 Ansätze zur Bestimmung der Betondruckfestigkeit

Der Bezugswert für alle Bemessungen im konstruktiven Betonbau ist die einachsige Druckfestigkeit des Betons f_{1C}, die der Festigkeit eines schlanken Prismas entspricht. Für die Ermittlung der einachsigen Druckfestigkeit aus an verschiedenen Prüfkörpern mit unterschiedlichen Größen ermittelten Festigkeitswerten werden entsprechende Umrechnungsbeiwerte angesetzt. Einige Ansätze sind nachfolgend aufgelistet, siehe Bild 4.18.

Bei den vorliegenden Versuchsträgern wurden jeweils drei Probewürfel für die Ermittlung der Festigkeitswerte angefertigt. In Tabelle 4.2 sind die ermittelten Druckfestigkeiten für die Versuchsträger T7_3 bis T7_6 aufgelistet.

Tabelle 4.2 Rechnerische Betondruckfestigkeitswerte der Versuchsträger

Versuchsträger	$f_{ck,cube150}$ [kN/cm²]	$f_{c,cube200}$ [kN/cm²]	$f_{c,cyl}$ [kN/cm²]	DIN 1045-1 f_{1c} [kN/cm²]	EC 2 f_{1c} [kN/cm²]
T 7_3	3.85	3.658	3.036	2.890	3.036
T 7_4	4.74	4.503	3.737	3.557	3.737
T 7_5	4.83	4.589	3.809	3.625	3.809
T 7_6	4.30	4.085	3.391	3.881	3.391

4.2.1.2.2 Betonzugfestigkeit

4.2.1.2.2.1 Tension Stiffening

Tension Stiffening drückt die Steifigkeitszunahme aus, die der Bewehrungsstab durch die Mitwirkung des zwischen den Rissen ungerissenen Beton erfährt, verglichen mit dem „nackten" Stab. Dehnungsgesteuerte Versuche mit unbewehrtem Beton zeigen, dass Beton kein spröder, sondern ein entfestigender Werkstoff ist.

Das Nachrissverhalten von unbewehrten Beton kann demnach auch mit einem abfallenden Ast modelliert werden. Solch ein Stoffmodell für unbewehrten Beton bezeichnet man als „Tension – Softening - Modell".

Tension-Stiffening Ansatz über linear abfallende Gerade im Zugbereich

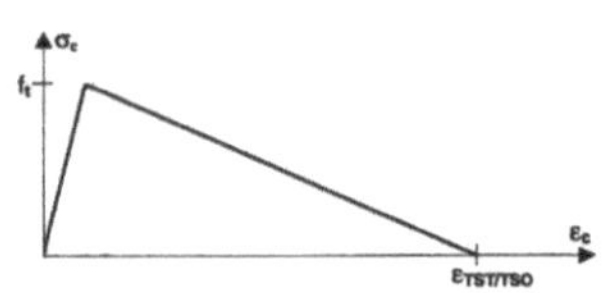

Bild 4.19 Berücksichtigung des Mitwirkens des Betons zwischen den Rissen durch abfallenden Ast im Zugbereich des Betonwerkstoffgesetzes

Für den Tension – Stiffening - Ansatz gibt es verschiedene Modelle mit unterschiedlichen Entfestigungsansätzen. Die Ansätze nach EC2 und CEB – FIP - MC90 sind in Bild 4.20 dargestellt. Wenn keine genauen Werte für die Betonzugfestigkeit vorliegen, kann die zentrische Betonzugfestigkeit aus der Betondruckfestigkeit mit Hilfe analytischer Ansätze gewonnen werden, Bild 4.21.

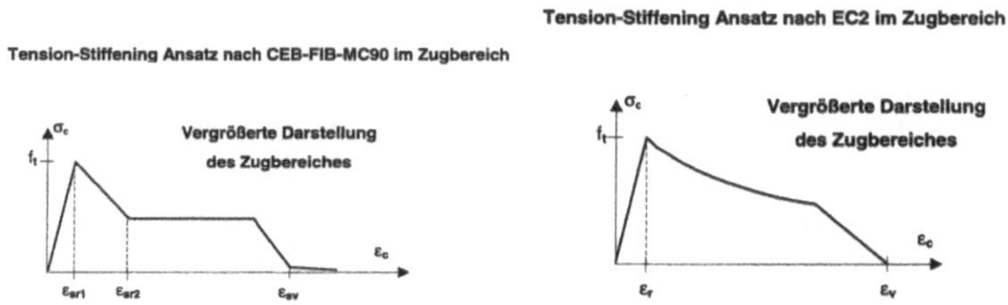

Bild 4.20 Tension – Stiffening - Ansatz nach CEB – FIP - MC90 (links) und EC2 (rechts)

Die Betonzugfestigkeit ist eine stark streuende Materialgröße. Dies zeigt sich schon in den Festigkeitswerten der einzelnen analytischen Ansätze. Sie bewegt sich bei den Versuchsträgern je nach Berechnungsansatz in den Grenzen von 0,29 [kN/cm²] bis 0,77 [kN/cm²]. Ohne konkrete, aufwendige Zugfestigkeitsermittlungen ist es daher schwierig, einen Wert für den eingebauten Beton anzugeben. Jedoch ist es entsprechend den vorliegenden Ansätzen möglich, die Zugfestigkeit grob abzuschätzen und einen geeigneten Wert anzunehmen.

BETONZUGFESTIGKEIT

Vereinfachend $f_{ct} = 0.10 \cdot f_{1c}$ (10%)

DIN 1045 $\beta_{bz} = 0.25 \cdot \beta_{WN}^{2/3}$

DIN 1045-1 $f_{ctm} = 0.30 \cdot f_{ck}^{2/3}$

Heilmann - Rüsch $f_{ctm} = \alpha_{ct} \cdot \beta_W^{2/3} = 0.241 \cdot \beta_W^{2/3}$

mit $f_{1c} = 0.79 \cdot \beta_W$

$f_{ctm} = 0.282 \cdot f_{1c}^{2/3}$

Fraktilwerte

5%: $f_{ct} = 0.70 \cdot f_{ctm}$

95%: $f_{ct} = 1.30 \cdot f_{ctm}$

CEB-FIP-MC90 $f_{ctm} = 0.302 \cdot f_{ck}^{2/3}$

mit $f_{1c} = 0.95 \cdot f_{c,zyl} = 0.95 \cdot f_{ck}$

$f_{ctm} = 0.312 \cdot f_{1c}^{2/3}$

Bild 4.21 Ansätze zur Berechnung der Betonzugfestigkeit

Tabelle 4.3 Betonzugfestigkeitswerte der Versuchsträger

Versuchsträger	10% f_{ct} [kN/cm²]	Heilmann f_{ctm} [kN/cm²]	CEB-FIB-MC90 f_{ctm} [kN/cm²]	DIN 1045 β_{bz} [kN/cm²]	EC2 f_{ctm} [kN/cm²]
T 7_3	0.289	0.572	0.654	0.594	0.629
T 7_4	0.356	0.657	0.751	0.682	0.722
T 7_5	0.363	0.665	0.761	0.690	0.732
T 7_6	0.388	0.696	0.771	0.661	0.677

Auf Bild 4.22 bis Bild 4.24 sind die zur Versuchsnachrechnung festgelegten Betonarbeitslinien zu sehen.

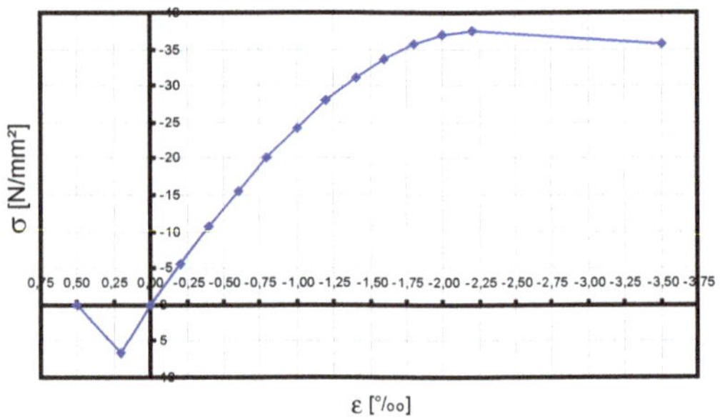

Bild 4.22 Arbeitslinie Beton: Versuch T7_4

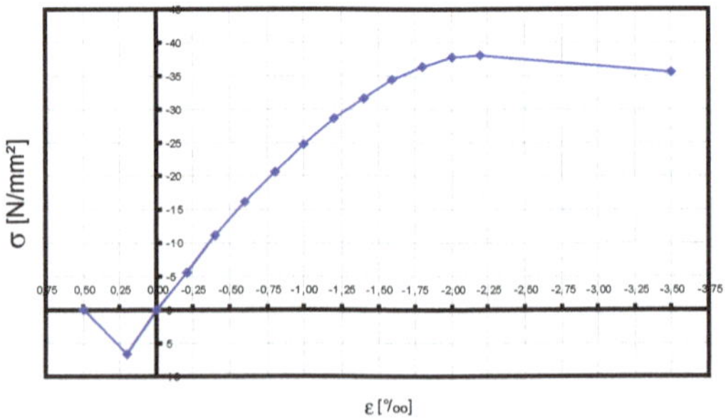

Bild 4.23 Arbeitslinie Beton: Versuch T7_5

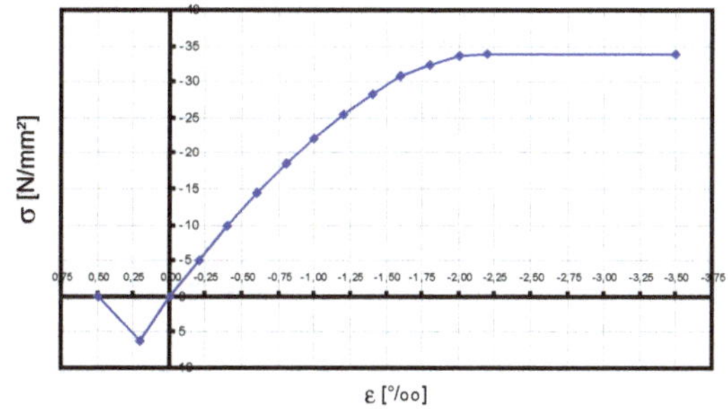

Bild 4.24 Arbeitslinie Beton: Versuch T7_6

Das Mitwirken des Betons zwischen den Rissen wurde also einheitlich durch einen linear abfallenden Ast im Zugbereich der Betonarbeitslinie abgebildet. Die Modellierung mit den Ansätzen nach [3.3] oder [1.18] brachte keine wesentliche Verbesserung der Berechnungsergebnisse. Lediglich das Niveau der Betonzugfestigkeit hat maßgeblichen Einfluss auf die Verteilung der Dübelkräfte. Die rechnerischen Werte nach [4.11,4.12,3.3,1.18] weichen dabei nur wenig voneinander ab, lediglich die 10% - Regel liefert hier deutlich geringere Werte. Da das Unterschätzen der Betonzugfestigkeit bezüglich der Berechnung der Dübelkräfte im negativen Momentenbereich aber eine untere Grenze liefert, wurde die Betonzugfestigkeit als Mittelwert aus [1.18,3.3,4.11,4.12] angenommen.

4.2.1.3 Dübelkennlinie

Die Festlegung einer Dübelkennlinie für die Ermittlung der Dübelbeanspruchungen unter nicht ruhender Belastung gestaltete sich schwierig und bedurfte einiger Überlegungen. Zur Beschreibung des statischen Last - Verformungspfades für Traglastbetrachtungen existiert eine Vielzahl analytischer Ansätze. *Becker* stellt in [2.1] eine Zusammenstellung dar, erweitert um einen eigenen Ansatz. Die Beziehung nach *Gattesco* wurde in der vorliegenden Arbeit in Abschnitt 2.2.3.1.1 bereits vorgestellt.

Für die Betrachtung nicht ruhender (Gebrauchs-) Belastungen müssen jedoch andere Prioritäten gesetzt werden, denn die sichere Abschätzung des Traglastniveaus der Verdübelung ist hier von untergeordneter Bedeutung.

Bereits bei der Simulation des ersten Lastzyklus der Trägerversuche werden alle Dübel be- und auch wieder entlastet. Normalerweise wird zur Beschreibung dieses Verhaltens angenommen, dass die (Sekanten-) Steifigkeit der Erstbelastung auch der Entlastungssteifigkeit entspricht. Dies entspricht jedoch nicht der Realität, da die Entlastungssteifigkeit größer ist als die Sekantensteifigkeit der Erstbelastung. Dies hat weitreichende Folgen bei der Berechnung der Dübelkraftschwingbreiten, was im folgenden an einem Gedankenmodell erläutert wird. Es ist dazu notwendig, sowohl die erste statische Be- und Entlastung als auch die wiederkehrende Belastung auf Gebrauchslastniveau zu betrachten [1.35].

Bild 4.25 gibt eine idealisierte Last-Verformungskurve eines statischen, weggeregelten Traglastversuches mit KD wieder. Bis zum Punkt A, i.d.R. bei etwa 50% der Traglast P_{max}, liegt eine annähernd lineare Last - Verformungscharakteristik vor. Zusätzliche Verformungen verursachen einen Steifigkeitsabfall, bis etwa beim Punkt B das plastische Plateau erreicht wird. Danach stellt sich bei zunehmender Verformung ein annähernd konstantes Traglastniveau ein, bis beim Punkt C das maximale Verformungsvermögen erreicht wird. Nach *Oehlers* [1.35] stellt sich dann bei etwa 95% der Traglast (Punkt D) der Bruch des Dübels ein, verbunden mit einem schlagartigen Steifigkeitsabfall.

Wird ein Dübel beispielsweise bis zum Punkt F belastet und danach entlastet, folgt der Entlastungspfad der Kurve F-G, mit einem bleibenden Schlupf 0-G. Der Entlastungspfad ist niemals der gleiche wie der Belastungspfad 0-F, auch nicht für sehr kleine Kräfte. Bild 4.26 zeigt einen Ausschnitt der Last – Verformungskurve aus einem solchen Traglastversuch mit KD22 ($P_{max,Versuch} \approx 140$ kN) und verdeutlich das unterschiedliche Be- und Entlastungsverhalten bereits bei kleinen Kräften.

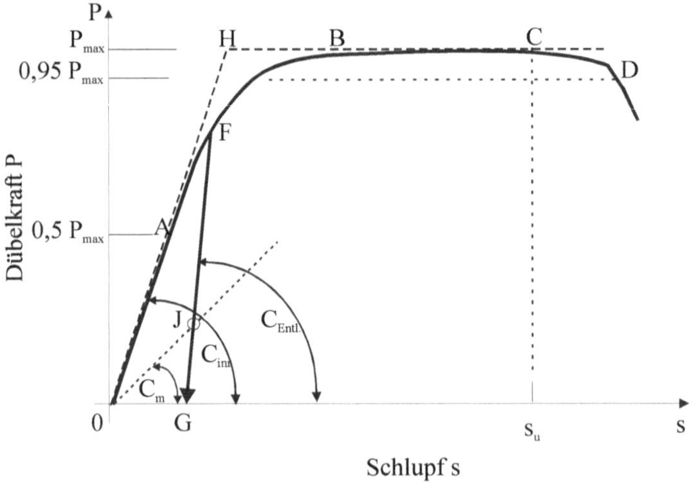

Bild 4.25 Idealisiertes statisches Last-Verformungsverhalten [1.35]

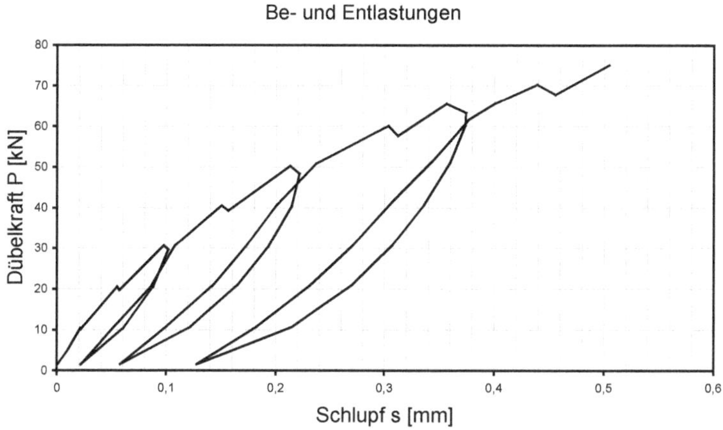

Bild 4.26 Be- und Entlastungspfade innerhalb eines statischen Traglastversuches

Man erkennt auch, dass eine Idealisierung des Entlastungspfades wie er in Bild 4.25 dargestellt ist, den Sachverhalt nicht exakt beschreibt, denn auch die Entlastungssteifigkeit ist nicht konstant. Der Unterschied zwischen der Belastungssteifigkeit C_{ini} und der Entlastungssteifigkeit C_{Entl} wird um so größer, je höher das Lastniveau ist, von dem aus die Entlastung erfolgt. Bei einer erneuten Belastung folgt der Dübel wieder dem Pfad G-F, die Tangentialsteifigkeit $C_{Entl.}$ ist größer als die Sekantensteifigkeit C_{ini} der Erstbelastung, obwohl in Wirklichkeit die tatsächliche Sekantensteifigkeit C_m z.B. im Punkt J auf dem Pfad G-F sogar noch kleiner ist als C_{ini}. Dies ist ein wichtiger Sachverhalt, da oftmals versucht wird, den Schädigungszustand von Dübeln nach längerer Einsatzdauer in realen Brückenbauwerken durch Steifigkeitsmessungen zu beurteilen. Es ist dabei aber nur möglich, die Entlastungssteifigkeit $C_{Entl.}$ zu messen. Der einzige Weg die tatsächliche Steifigkeit festzustellen besteht daher darin, die Brücke bereits zum Zeitpunkt der Errichtung zu instrumentieren. Bild 4.27 verdeutlicht die Folgen des Ansatzes „falscher" Steifigkeiten bei der Berechnung der Dübelkraftschwingbreiten. Dargestellt ist hier sowohl das Last - Verformungsverhalten eines Dübels als auch des ganzen Trägers unter nicht ruhender Belastung.

Angenommen, zu Beginn der nicht ruhenden Belastung eines Verbundträgers wurde z. B. durch das Herstellungsverfahren „Eigengewichtsverbund" auf dem Belastungsniveau A des Trägers eine Dübelkraft $P_{UL} \geq 0$ eingeprägt. Durch die nicht ruhende Verkehrsbelastung wird das Lastniveau des Trägers jetzt auf den Punkt B gesteigert. Da es sich um Gebrauchslasten handelt, verhält sich die Gesamtstruktur, ebenso wie der Dübel bei Erstbelastung, annähernd linear elastisch. Der Dübel erreicht die Oberlast P_{OL} auf dem Pfad A-B.

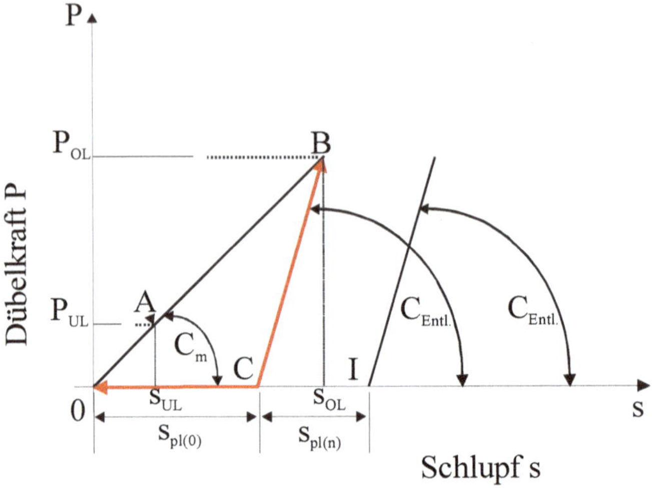

Bild 4.27 Idealisiertes Last-Verformungsverhalten unter zyklischer Beanspruchung [1.35]

Wird der Träger nun wieder entlastet, so folgt die Gesamtstruktur dem Pfad B-A, während der Dübel aber auf dem Pfad B-C-0 entlastet wird. Offensichtlich ist also die Dübelkraftschwingbreite, bei der Entlastung größer als der Wert $\Delta P = P_{OL} - P_{UL}$, den man unter Ansatz linear-elastischer Berechnungsmethoden ermitteln würde. Dies kann man auch veranschaulichen, indem man <u>nach</u> erfolgter Erstbelastung sowohl den Träger als auch den Dübel gedanklich bis auf Punkt 0 entlastet und danach wiederbelastet.

Beim Wiederbelastungsvorgang wandert der Dübel zunächst auf dem Pfad 0-C, die Dübelkraft ist annähernd Null. Erst beim Erreichen des Punktes C nimmt er mit $C_{Entl.}$ solange wieder Kraft auf, bis die komplette Verkehrslast wieder auf den Träger aufgebracht wurde. Die Gesamtstruktur hat sich dabei auf dem Pfad 0-A verformt.

Ist die Entlastungssteifigkeit $C_{Entl.}$ gerade so groß, dass der Punkt C als die lotrechte Projektion von Punkt A auf der Abszisse zu liegen kommt, so erfährt der Dübel (mit Ausnahme der ersten statischen Belastung) eine Schwingbreite $\Delta P = P_{OL}$. Liegt C auf der Abszisse rechts der Projektion von A, so ist ΔP ebenfalls $= P_{OL}$. Liegt C links der Projektion von A, so ist $\Delta P \leq P_{OL}$, in jedem Fall jedoch größer als $\Delta P = P_{OL} - P_{UL}$.

Führt man nun Lebensdauerprognosen auf der Basis nichtlinear berechneter Dübelkräfte durch und verwendet dazu die Erstbelastungssteifigkeit C_{ini}, so wird man die Lebensdauer der Dübel überschätzen, da die tatsächlich auftretenden Schwingbreiten unterschätzt werden. Betrachtet man nochmals Bild 4.26, so wird deutlich, dass der Unterschied zwischen C_{ini} und $C_{Entl.}$ bei kleinen Dübelkräften jedoch nicht sehr groß ist.

Auf Grund dieser Überlegungen und im Hinblick auf die Berechnung mehrerer Lastzyklen wurde die zur Nachrechnung der Trägerversuche herangezogene Steifigkeit der Dübelkennlinie am Entlastungspfad nach erfolgter Erstbelastung von insgesamt 15 Push-Out Versuchen kalibriert. Die Push-Out Versuche wurden zur Ableitung zyklischer Materialgesetze und zur Erarbeitung eines modifizierten Örtlichen Konzeptes durchgeführt und werden in Kapitel 5 näher beschrieben. Die Steifigkeit der Verbundfuge für die Erstbelastung wurde dadurch überschätzt. Als Mittelwert der durchgeführten Versuche ergab sich für KD22 ein Wert von $\mathbf{C_{ini} = C_{Entl.} = C_m = 427\ kN/cm}$.

Es wurden ebenso Berechnungen durchgeführt, bei denen die Be- und Entlastungssteifigkeiten mit unterschiedlichen, kalibrierten Werten implementiert wurde. Diese Berechnungen ergaben (natürlich) die beste Übereinstimmung mit den Versuchsergebnissen des ersten Belastungszyklus (zum Vergleich $C_{ini,kali} = 350$ kN/cm ≈ 80% von $C_{Entl.}$). Da sich jedoch alle weiteren Belastungszyklen mit der vergrößerten Steifigkeit, sowohl für die Be- als auch für die Entlastung, vollziehen, wurden die geringfügig größeren Abweichungen bei der Nachrechnung des ersten Belastungszyklus akzeptiert.

4.3 Ermittlung der Dübelkraftschwingbreiten auf der Grundlage einer physikalisch nichtlinearen Berechnung

4.3.1 Zur Güte des FE - Modells

Da die Dübelkräfte nicht direkt gemessen werden können, ist es nicht möglich, die Berechnungsergebnisse mit den Versuchswerten direkt zu vergleichen. Um die Plausibilität der Ergebnisse beurteilen zu können, wurde folgendes Vorgehen gewählt:

a) Vergleich der Berechnungsergebnisse am Einfeldträger unter Ansatz einer unendlich großen Federsteifigkeit mit den Ergebnissen einer Handrechnung nach elementar statischen Methoden.

b) Überprüfung der Berechnungsergebnisse unter Ansatz einer nachgiebigen Verdübelung für einfache Lastfälle mit den Lösungen der DGL des elastischen Verbundes.

c) Vergleich der Durchbiegungen, der Dehnungen im Stahlprofil und der Relativverschiebungen entlang der Verbundfuge.

Die Punkte a) und b) dienten der prinzipiellen Überprüfung des FE - Modells. Die Abweichungen bei der Berechnung der Dübelkräfte lagen hierbei bei weniger als 2%, vgl. Bild 4.28.

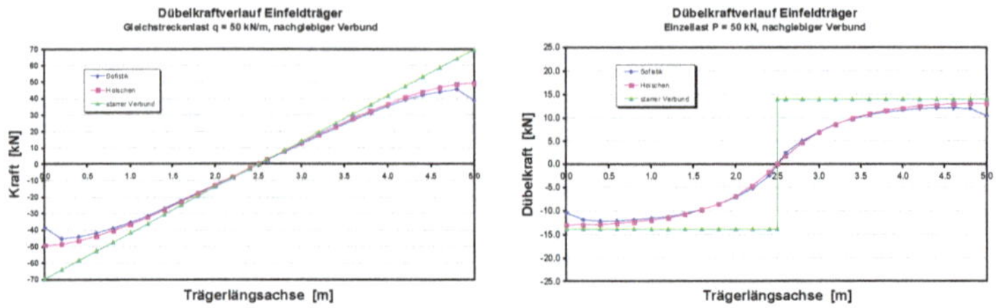

Bild 4.28 Vergleich der FE-Berechnungen mit den Handberechnungen

Sollten die unter Punkt c) untersuchten Parameter alle eine gute Übereinstimmung mit den Versuchsergebnissen zeigen, so wird davon ausgegangen, dass auch die Dübelkräfte annähernd exakt bestimmt werden!

Zur Verdeutlichung der sehr umfangreichen und gut übereinstimmenden FE - Berechnungen sollen im folgenden nur einige wenige exemplarische Berechnungsergebnisse aufgezeigt werden. Eine vollständige Darstellung der Vergleichsberechnungen ist an dieser Stelle nicht möglich, da sie aus über 700 Diagrammen besteht. Die Berechnungsergebnisse werden aus diesem Grund an verschiedenen Trägerversuchen für unterschiedliche Lastfälle dargestellt, um zu zeigen, dass bei allen mechanischen Größen für alle Träger mit immer gleichen Verbundeigenschaften ähnlich gute Übereinstimmungen erzielt wurden.

4.3.1.1 Vergleich der Durchbiegungen w_{real} - w_{calc}

Der Versuch T7_6 zeigte ebenfalls gute Übereinstimmungen, der Versuch T7_3 wurde nicht in allen Detailpunkten verglichen, da es hier zu mehreren Störungen mit den Steuereinheiten bei der Versuchsdurchführung kam, wodurch einige Messdaten verloren gingen.

Es zeigte sich erwartungsgemäß, dass die Belastungsfälle (LS 2 und LS 3) etwas besser abgebildet werden können als die Entlastungsfälle (LS 4), was auf das unterschiedliche Verhalten der Verdübelung bei der Be- und Entlastung zurück zu führen ist. Einen weiteren Grund liefert die Randlagerungen der Träger. Durch das Abspannen der Träger nach unten, um das Abheben bei unsymmetrischen Lastfällen zu vermeiden, entstand eine „Teileinspannung“ der äußeren Auflager. Hauptsächlich verantwortlich für die Abweichungen bei der Durchbiegungsberechnung dürfte aber der komplexe Spannungszustand im Stahlprofil über dem mittleren Auflager sein. Es ist anzunehmen, dass sich hier zumindest lokal eine Fließzone im Untergurt des Stahlprofils ausgebildet hat. Neben der großen Biege- und Schubbeanspruchung kommt noch hinzu, dass an dieser Stelle beidseitig des Steges insgesamt sechs Steifen eingeschweißt worden waren, welche allerdings im Bereich des OG des Stahlprofils ausgespart wurden, um eine Verfälschung des Ermüdungsverhaltens durch Schweißeigenspannungen weitgehend zu vermeiden. Insgesamt können die Übereinstimmungen bei der Durchbiegungsberechnung aber als ausreichend genau bezeichnet werden.

4.3.1.2 Vergleich der Dehnungen im Stahlprofil $\varepsilon_{real} - \varepsilon_{calc}$

Mit den Dehnungen im Stahlprofil verhält es sich ähnlich wie mit den Durchbiegungen. Die **Be**lastungsfälle liefern zumindest für die Dehnungen im Untergurt wieder gute Übereinstimmungen. Die Dehnungen im Obergurt können nur näherungsweise verglichen werden. Das ist darauf zurück zu führen, dass gerade im Feldbereich die Nulllinie zu Beginn der Belastung nahe am oder sogar im Obergurt liegt. Dadurch sind die Dehnungen gerade auf Unterlastniveau sehr klein und liegen im Bereich der Messtoleranz der verwendeten DMS, die Messergebnisse müssen dadurch mit Vorbehalt betrachtet werden. Hinzu kommt, dass durch die örtliche Lasteinleitung der Verbundkräfte über die Dübel lokale Dehnungszustände im Obergurt des Stahlträgers entstehen, die mit diesem FE - Modell nicht erfasst werden können.

Es muss außerdem erwähnt werden, dass die Dehnungen direkt über der Stütze, ebenso wie unter den LEP inter- bzw. extrapoliert wurden, da durch die Steifen an diesen Stellen keine DMS angebracht werden konnten. Es ist demnach anzunehmen, dass sich gerade über der Mitte ähnliche Dehnungsspitzen ausbilden, wie sie auch mit dem FE - Modell berechnet werden.

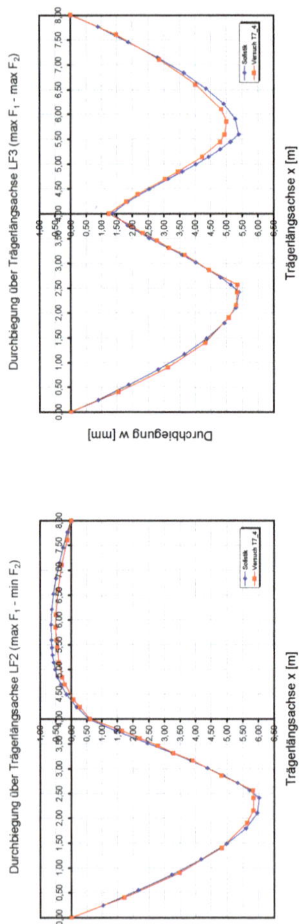

Bild 4.29 Exemplarischer Vergleich der Durchbiegungen für Versuch T7_4 bei LS 2 und LS 3

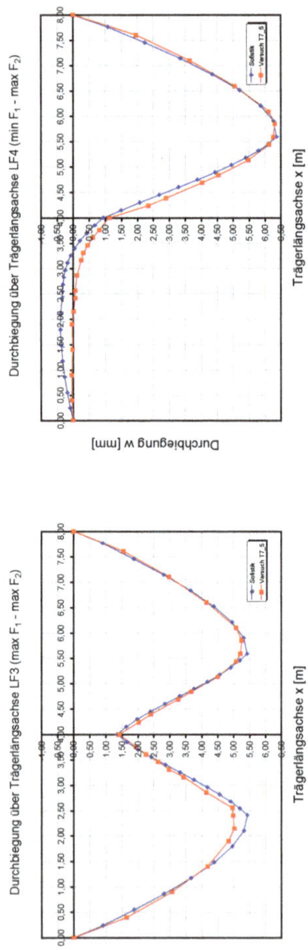

Bild 4.30 Exemplarischer Vergleich der Durchbiegungen für Versuch T7_5 bei LS 2 und LS 4

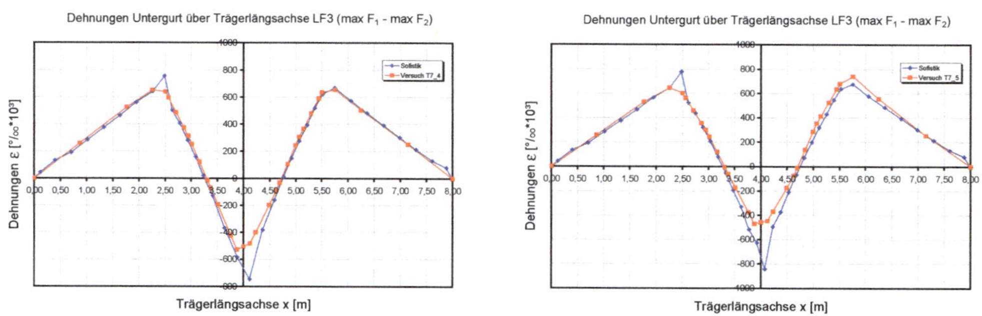

Bild 4.31 Dehnungen im UG des Stahlträgers für Lastfall Volllast (LS 3) bei T7_4 (links) und T7_5 (rechts)

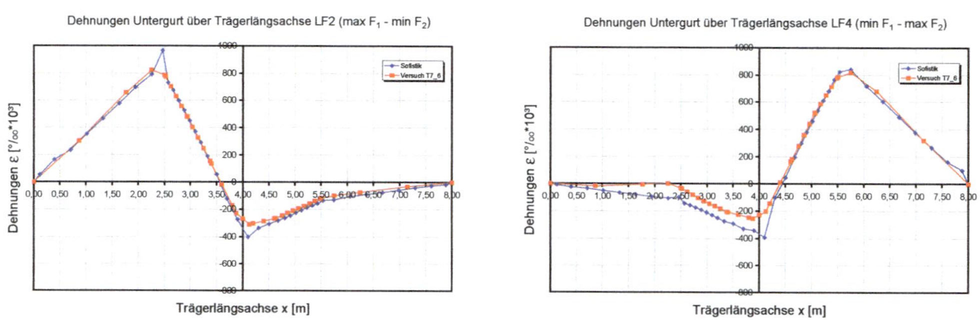

Bild 4.32 Dehnungen im UG des Stahlträgers für LS 2 (links) und LS 4 (rechts) bei T7_6

4.3.1.3 Vergleich der Relativverschiebungen entlang der Verbundfuge

Da es ganz besonders um die Untersuchung der Verbundfuge geht, ist gerade dieser Vergleich von Bedeutung. Wichtig ist, dass die Verbundeigenschaften nicht an den Trägerversuchsergebnissen kalibriert wurden, wie z.B. in [1.34]. Ein solches Vorgehen macht wenig Sinn, da die Eingangsdaten solange verändert werden, bis schließlich „Input = Output“ ist.

Bei den hier vorliegenden Nachrechnungen wurden die Verbundeigenschaften als Mittelwert aus einer größeren Versuchsreihe von Push-Out Versuchen abgleitet, die „Materialeigenschaften“ wurden unabhängig von den Trägerversuchen ermittelt.

Auch bei den Schlupfvergleichen fällt sofort auf, dass die Be- und Entlastungssteifigkeiten beim ersten Lastzyklus eigentlich unterschiedlich sind. Trotzdem kann hier durchweg von einer guten Übereinstimmung mit den Versuchsergebnissen gesprochen werden. Dies ist um so mehr der Fall, wenn man sich die absoluten Abweichungen vor Augen führt, diese liegen im Bereich weniger hundertstel Millimeter!

Bei Versuch T7_5 traten etwas größere Abweichungen auf, Bild 4.34 (links). Das ist vor allem darauf zurück zu führen, dass sich der Haftverbund zwischen den LEP bei der Durchführung des ersten statischen Zyklus entgegen den Erfahrungen bei den anderen Versuchen nicht vollständig löste. Aus diesem Grunde wurde zum Vergleich die Kurve für n = 100 mit aufgenommen, die dann allerdings bereits deutlich größere Schlupfwerte als das FE - Modell aufweist, welches zu diesem Zeitpunkt noch keine zyklischen Materialeigenschaften berücksichtigte.

In Anbetracht der Komplexität des betrachteten Systems, der Vielzahl der nichtlinearen Einflussparameter und der komplizierten Lastfolge kann die Übereinstimmung der Berechnungsergebnisse mit den Versuchswerten dennoch als gut bezeichnet werden. Das gilt insbesondere, wenn man den vergleichsweise gering gehaltenen Kalibrieraufwand berücksichtigt.

Aus diesem Grund kann davon ausgegangen werden, dass mit den vorliegenden Modellen auch die Dübelkraftverteilung unter Berücksichtigung nichtlinearen Tragverhaltens für die erste Be- und Entlastung hinreichend genau ermittelt werden kann.

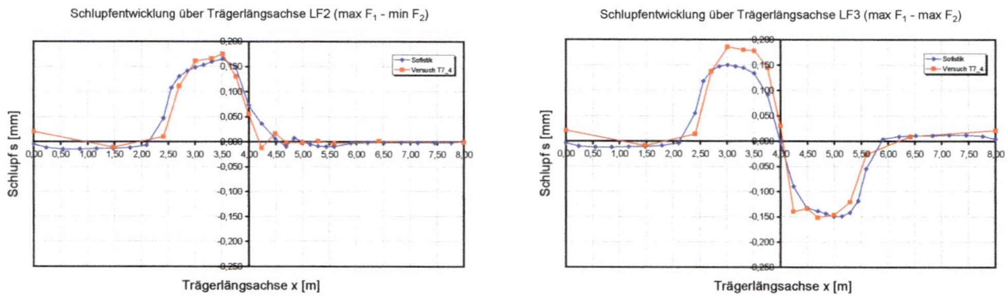

Bild 4.33 Vergleich der Schlupfwerte für T7_4 für LS 2 (links) und LS 3 (rechts)

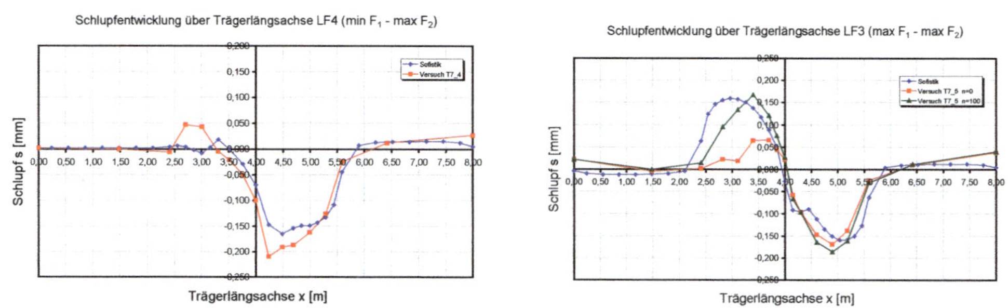

Bild 4.34 Vergleich der Schlupfwerte für T7_4 für LS 4 (links) und Versuch T7_5 für LS 3 (rechts)

4.3.1.4 Vergleich der Dübelkräfte

Aus den in den folgenden Bildern dargestellten Dübelkraftverläufen lassen sich folgende Ergebnisse ableiten:

- Offensichtlich werden die Dübel insbesondere bei den unsymmetrischen Lastfällen durch die Rissbildung im gezogenen Betongurt nicht derart entlastet, wie es die Ergebnisse einer linearen Berechnung widerspiegeln. Besonders auffällig ist dies bei Versuch T7_5, Bild 4.37 (links). Hier zeichnete sich schon bei der Auswertung der Dehnungsmessungen ab, dass die übertragenen Schubkräfte weitaus größer sind als dies nach elementar statischen Methoden berechnet wurde, vgl. auch Bild 3.30 und Bild 3.32.
- Durch die Nachgiebigkeit der Verbundmittel kommt es bei unsymmetrischer Belastung wie erwartet zu einem Überhang der Dübelkräfte über die Mitte. Dadurch unterliegen mehr Dübel als nur die direkt über der Mitte einer Wechselbeanspruchung.
- Es tritt annähernd jedes Spannungsverhältnis $-1 \leq R \leq 1$ auf.
- Belastungsspitzen, wie sie sich bei einer linearen Berechnung beim Übergang von Zustand II zu Zustand I theoretisch ausbilden, treten in Wirklichkeit nicht auf. Beanspruchungsspitzen werden abgebaut, und die Kräfte werden umgelagert.
- Die Dübel direkt über der Mitte erfahren so ziemlich die kleinsten Schwingbreite, mitunter auch deutlich kleiner als sie mit Methoden der elementaren Statik berechnet werden kann. In Abschnitt 4.1.4.1 wurde für diese Dübel eine gute Korrelation zwischen der Schubspannungsschwingbreite und der Lebensdauer hergeleitet. Legt man jetzt die nichtlinear berechnete Schwingbreite zu Grunde, wird die Neigung der *Wöhler*linie noch steiler werden.

Die nichtlinear berechneten Dübelkräfte können nun erneut verwendet werden, um eine Korrelation zwischen der Schubspannungsschwingbreite und den tatsächlich erzielten Lastspielzahlen herzuleiten.

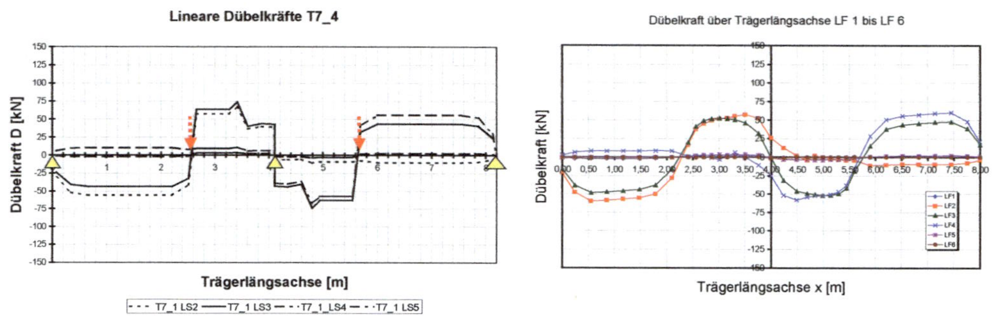

Bild 4.35 Vergleich der linear berechneten Dübelkräfte mit den nichtlinearen Werten für T7_4

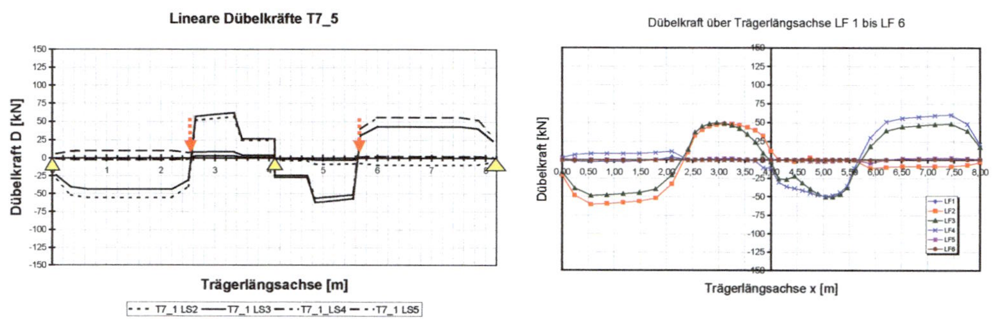

Bild 4.36 Vergleich der linear berechneten Dübelkräfte mit den nichtlinearen Werten für T7_5

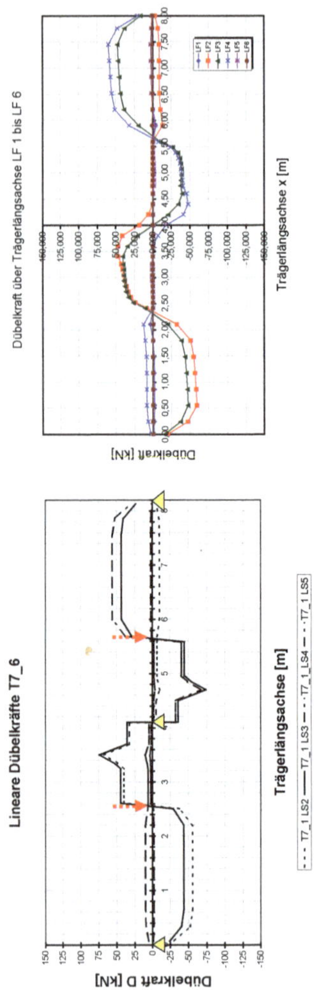

Bild 4.37 Vergleich der linear berechneten Dübelkräfte mit den nichtlinearen Werten für T7_6

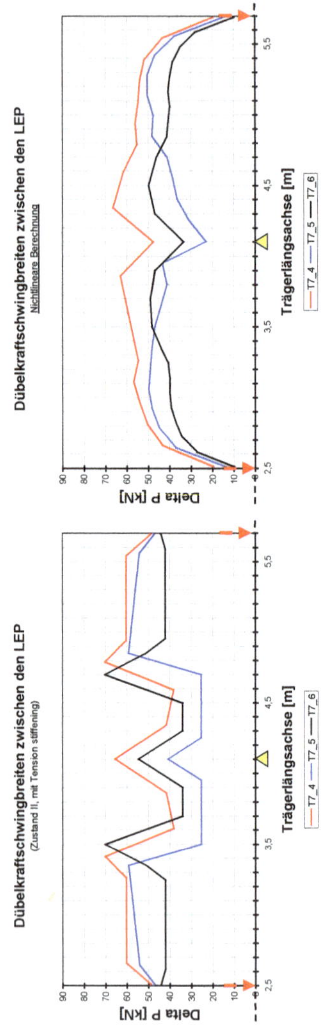

Bild 4.38 Vergleich der linear berechneten Dübelkraftschwingbreiten zwischen den LEP mit den nichtlinearen Werten für T7_4, T7_5 und T7_6

4.4 Erarbeitung einer Träger – *Wöhler*linie auf der Grundlage <u>nichtlinear</u> berechneter Dübelkräfte

Das Vorgehen ist analog demjenigen in Abschnitt 4.1. Es wird zunächst versucht, alle Dübel gemeinsam auszuwerten (Bild 4.39), danach erfolgt eine Differenzierung nach der Art der Beanspruchung.

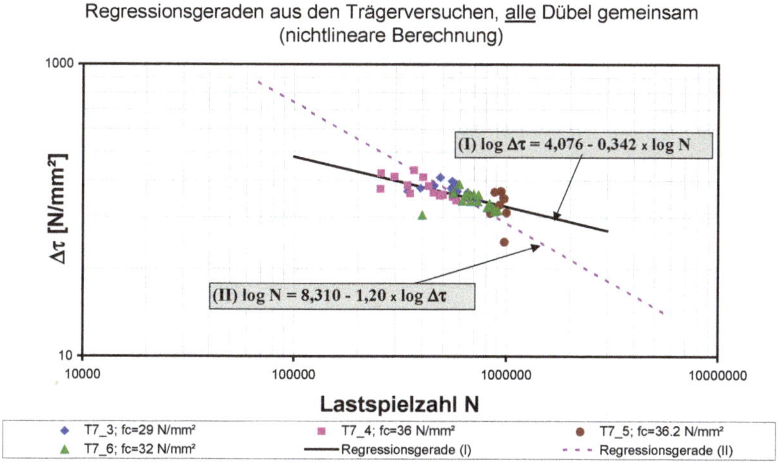

Bild 4.39 Regressionsgeraden aus der Auswertung aller Versuchsdaten bei nichtlinearer Dübelkraftermittlung

Im Vergleich zu der Wertemenge aus der linearen Berechnung (Bild 4.1) zeigt sich eine deutliche Ausrichtung der Punktwolke und eine insgesamt flachere Verteilung. Die mit den Wertepaaren durchgeführten stochastischen Analysen lassen erkennen, dass die nichtlinear berechneten Dübelkräfte zu einem guten Zusammenhang zwischen $\Delta\tau$ und der Lastspielzahl führen, $r = -0{,}64$.

Dieser Sachverhalt ist von großer Bedeutung, denn es erscheint zunächst überraschend, dass bereits ohne die Berücksichtigung des sukzessiven Dübelversagens eine relativ gute statistische Abhängigkeit vorliegt.

Zum einen liegt das an den in Abschnitt 4.1.5 geschilderten Zusammenhängen, dass nämlich das sukzessive Dübelversagen nicht automatisch zu einer Umlagerung der gesamten Schubkräfte auf den Nachbardübel führt. Diese teilweisen Umlagerungen werden dann durch die Berücksichtigung der Nachgiebigkeit noch weiter reduziert.

Darüber hinaus wird eine Schwingbreitenvergrößerung z.T. auch durch das zyklische Materialverhalten kompensiert. Die Umlagerungen äußern sich nicht in signifikanten Schwingbreitenerhöhungen, sondern werden durch größere lokale Verschiebungen, in der Hauptsache durch eine stetig größer werdenden Bereich kraftloser Verformungen, aufgefangen, vgl. die Bilder 2.5 und 2.6. Durch die größeren Verformungen entstehen zwar signifikant größere Dehnungen an der Kerbspitze, die Spannungsschwingbreite wird durch das elastisch - plastische Verhalten aber weniger beeinflusst.

4.4.1 Schwellend und wechselnd beanspruchte Dübel

Durch die Differenzierung der Datenmenge hinsichtlich der Belastungsart soll gezeigt werden, ob sich der in Abschnitt 4.1.4 angedeutete Trend einer gesteigerten Abhängigkeit bestätigen lässt. Die Gesamtdatenmenge teilt sich durch die Berücksichtigung der Dübelnachgiebigkeit jetzt in 21 schwellend und 29 wechselnd beanspruchte Dübelpaare auf.

4.4.1.1 Schwellbeanspruchung

Durch die Trennung und die Berücksichtigung der Nachgiebigkeit erhält man für die schwellend beanspruchten Dübel jetzt eine sehr kompakte, aber noch eindeutig ausgerichtete Punktwolke. Die Näherungsgeraden liegen dicht beieinander, und mit einem Korrelationskoeffizienten von r = –0,8596 lässt sich eine hohe Abhängigkeit nachweisen, siehe Bild 4.40. Es ist auffallend, dass der Einhängeparameter k der Regressionsgeraden mit 9,925 wiederum deutlich niedriger liegt, als der nach EC4, Teil 2 ermittelte Wert von 25,34. Allerdings kommt die hier ermittelte *Wöhler*linie der iterativ ermittelten Gleichung unter dem Postulat der *Miner*-Regel schon sehr nahe und bestätigt damit das in Abschnitt 4.1.5 erläuterte Vorgehen.

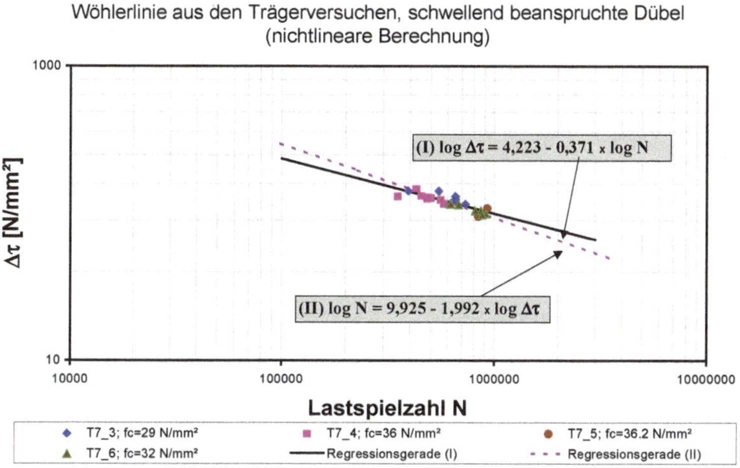

Bild 4.40 Regressionsgeraden aus der Auswertung der schwellend beanspruchten Dübel bei nichtlinearer Dübelkraftermittlung

4.4.1.2 Wechselbeanspruchung

Mit einer ausreichend großen Datenmenge von 29 Wertepaaren ist es nun auch bei den wechselnd beanspruchten Dübeln möglich, eine über einen Trend hinausgehende Aussage hinsichtlich der Korrelation zu treffen.

Trägt man die aus der Gesamtmenge verbleibenden Daten auf, so erhält man eine relativ eng verteilte Menge, aus der jedoch „Ausreißer" hervorstechen (Bild 4.41). Die mit einem Koeffizienten von $r = -0{,}5876$ nur mittelmäßige Korrelation zeigt auch, dass diese Werte einen besonderen Einfluss haben. Bei den extrem abweichenden Punkten handelt es sich um die Ergebnisse der Dübel, die direkt über dem Mittelauflager angeordnet waren.

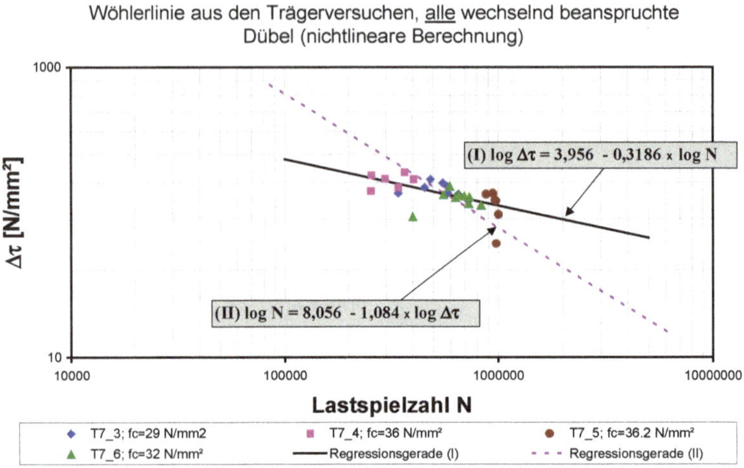

Bild 4.41 Regressionsgeraden aus der Auswertung der wechselnd beanspruchten Dübel bei nichtlinearer Dübelkraftermittlung

Also um die Dübelpaare, die einer annähernd reinen Wechselbeanspruchung mit einem Verhältnis von $R \approx -1$ zwischen maximaler und minimaler Beanspruchung ausgesetzt waren. Diese Erkenntnis führt zu folgendem Unterscheidungskriterium:

- Wechselbeanspruchte Dübel mit einem Verhältnis $|R| \neq 1$, und
- rein wechselnd beanspruchte Dübel mit $R = -1$.

4.4.1.3 Wechselnd beanspruchte Dübel mit $|R| \neq 1$

Man erhält zwei sich stark annähernde Regressionsgeraden (Bild 4.42), die einen großen stochastischen Zusammenhang signalisieren, bestätigt durch $r = -0,8371$.

Abgesehen davon können die wechselnd beanspruchten Dübel mit $|R| \neq 1$ offensichtlich auch mit der Ermüdungsfestigkeitskurve der schwellend beanspruchten Dübel beschrieben werden. Beide Beanspruchungsverhältnisse führen zu annähernd dem gleichen funktionalen Zusammenhang.

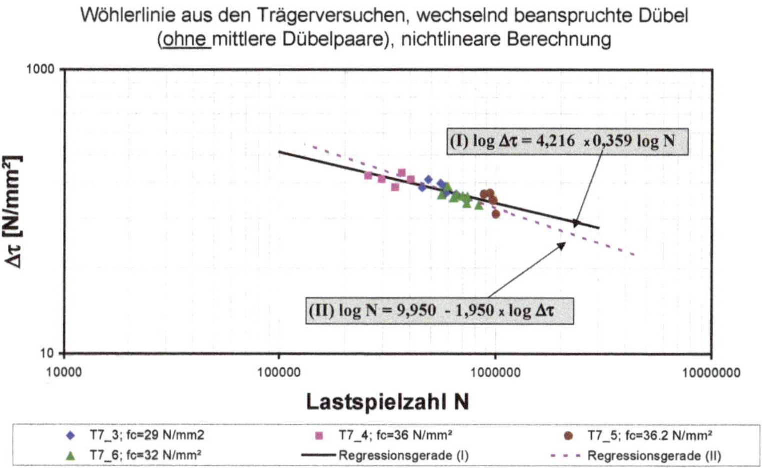

Bild 4.42 Regressionsgeraden aus der Auswertung aller wechselnd beanspruchten Dübel mit $|R| \neq 1$ bei nichtlinearer Dübelkraftermittlung

4.4.1.4 Wechselnd beanspruchte Dübel mit R = -1

Bild 4.43 zeigt die Regressionsgeraden, die sich aus den verbleibenden Wertemengen ergeben.

Die Wertemenge wurde wiederum durch Auswertung beider Ergebnisse jedes Dübelpaares auf 8 vergrößert. Es kann eine fast funktionale Abhängigkeit mit r = -0,9497 abgeleitet werden, die Prognose kann dennoch nur als Trend verstanden werden. Es zeichnet sich aber ab, dass die reine Wechselbeanspruchung zu deutlich kürzeren Lebensdauern führt. Inwiefern die in diesem Bereich relativ großen Zugspannungen im Stahlträgerobergurt den Versagensprozess beschleunigt haben, auch ohne den Riss in den Obergurt des Stahlprofils abzulenken, kann an dieser Stelle nicht beantwortet werden, hier besteht weiterer Forschungsbedarf.

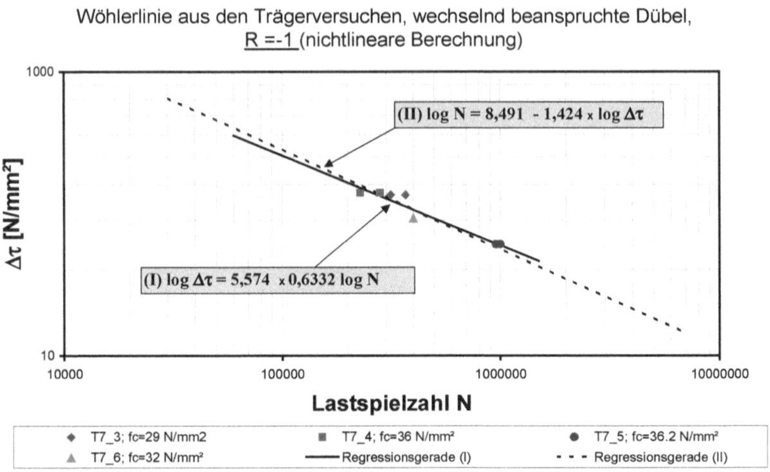

Bild 4.43 Regressionsgeraden aus der Auswertung aller Dübel mit R = -1 bei nichtlinearer Dübelkraftermittlung

4.4.2 Iterative Ableitung der Bestimmungsparameter der *Wöhler*linie unter Berücksichtigung des nachgiebigen Verbundes und der Anwendbarkeit der *Miner*-Regel

Entsprechend dem Vorgehen nach Abschnitt 4.1.5 wird wiederum versucht, die Bestimmungsparameter der *Wöhler*linie iterativ unter der Forderung nach der Anwendbarkeit der *Miner* - Regel abzuleiten. Die Dübelkräfte wurden jetzt mit Hilfe einer nichtlinearen Berechnung unter Berücksichtigung der Dübelnachgiebigkeit und des sukzessiven Dübelversagens ermittelt. Hierzu waren sehr aufwendige FE - Berechnungen notwendig, da für jeden Träger bis zu 15 Rechenläufe erforderlich waren, je nach Anzahl der unterschiedlichen Schädigungszustände. Die folgenden Abbildungen verdeutlichen die so gefundenen Zusammenhänge. Bild 4.44 und Bild 4.45 zeigen wiederum die Variation der Bestimmungsparameter, aufgetragen über der Dübelposition auf dem Träger

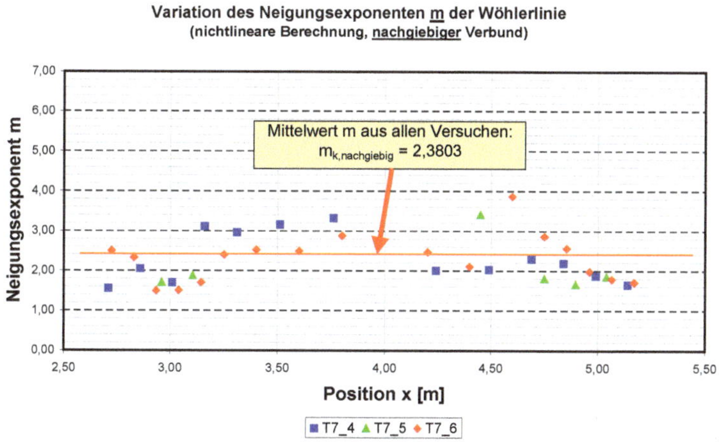

Bild 4.44 Neigungsexponent m aller Dübel mit R ≠ 1, abgeleitet aus den Trägerversuchen mit nachgiebiger Verdübelung

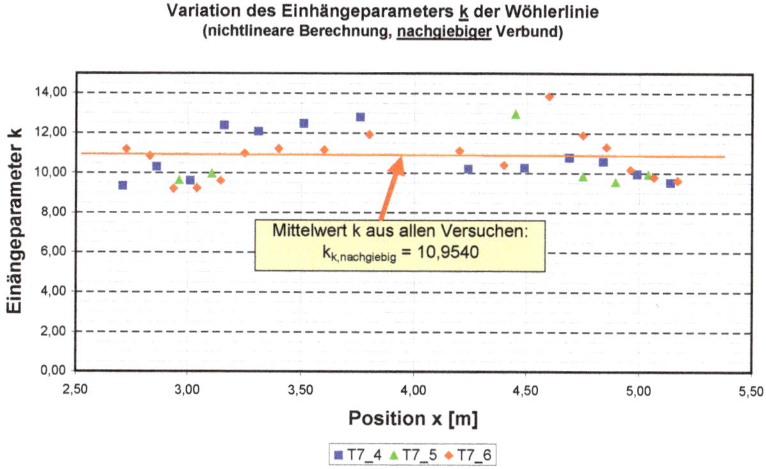

Bild 4.45 Einhängeparameter k aller Dübel mit R ≠ 1, abgeleitet aus den Trägerversuchen mit nachgiebiger Verdübelung

Die Abweichungen sind etwas größer, als sie sich bei der Annahme starrer Dübel ergeben haben. In Anbetracht der sonst üblichen Abweichungen erscheinen die erzielten Werte jedoch durchaus noch tolerierbar.

Es fällt auf, dass der Mittelwert des Neigungsexponenten jetzt etwas größer ist, was auf die Reduzierung der rechnerischen Schwingbreiten durch die Berücksichtigung der Nachgiebigkeit zurückzuführen ist. Außerdem auffällig ist, dass sich für die rein wechselnd beanspruchten Dübel nun ein deutlich ungünstigeres Verhalten darstellt als für alle anderen Dübel, was ebenfalls auf die Reduzierung der Schwingbreiten durch die Nachgiebigkeit zurückzuführen ist.

Es muss aber betont werden, dass gerade hier der Einfluss der Zugspannungen im OG des Stahlprofils so noch nicht abgeschätzt werden kann. In Kapitel 5 werden rein wechselnd beanspruchte Push-Out Versuche vorgestellt, die zudem weggeregelt durchgeführt wurden. Analog dem hier vorgestellten Verfahren können dort die Bestimmungsparameter mit den gemessenen Kraftkollektiven ohne Interaktionseinflüsse bestimmt werden. Die Datenbasis reicht dort zwar nicht aus, um eine endgültige Ermüdungsfestigkeitskurve aufzustellen, der Einfluss der Normalspannungen kann dann aber zumindest qualitativ beurteilt werden. Bild 4.46 gibt die Mittelwertkurven der ermittelten *Wöhler*linien im Vergleich mit der EC4 - *Wöhler*linie an.

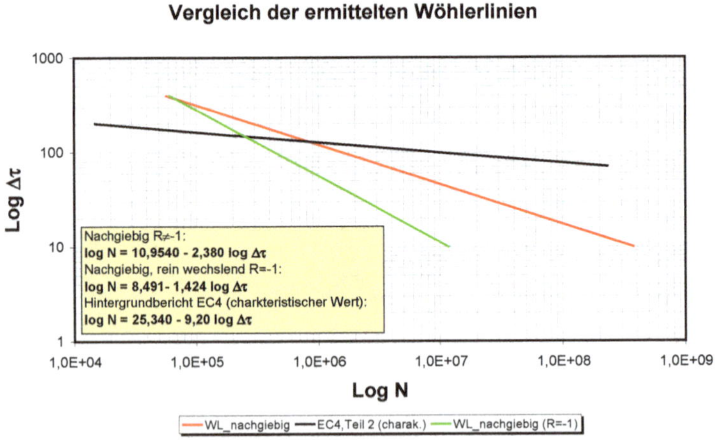

Bild 4.46 Vergleich der ermittelten *Wöhler*linien mit dem charakteristischen Wert der *Wöhler*linie nach [1.9]

4.5 Zusammenfassung von Kapitel 4

Bild 4.47 zeigt nochmals eine Zusammenstellung aller in Kapitel 4 ermittelten *Wöhler*linien, sowohl unter Annahme einer starren Verdübelung als auch unter Berücksichtigung der Dübelnachgiebigkeit.

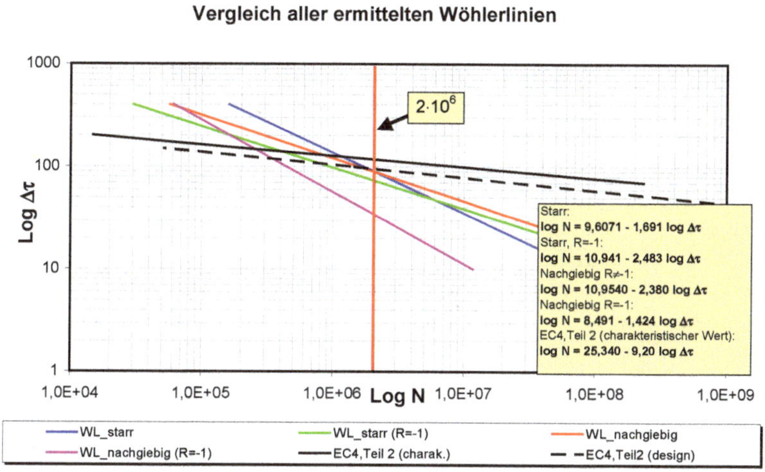

Bild 4.47 Zusammenstellung aller Ermüdungsfestigkeitskurven

Bei Verwendung der Dübelformel als Übertragungsfunktion unter Berücksichtigung der Rissbildung im gezogenen Betongurt können folgende charakteristische Gleichungen der *Wöhler*linie angegeben werden:

- Für Dübel mit einem Spannungsverhältnis $|R| \neq 1$:

$$\log N = 9{,}6071 - 1{,}691 \cdot \log \Delta\tau \qquad \text{Gl. 4.8}$$

- Für Dübel mit einem Spannungsverhältnis R = -1 (reine Wechselbeanspruchung)

$$\log N = 10{,}941 - 2{,}483 \cdot \log \Delta\tau \qquad \text{Gl. 4.9}$$

Bei einer nichtlinearen Berechnung der Dübelkräfte, die zusätzlich die Nachgiebigkeit der Verbundmittel berücksichtigt, können folgende charakteristischen Gleichungen der *Wöhler*linie angegeben werden:

- Für Dübel mit einem Spannungsverhältnis $|R| \neq 1$:

$$\log N = 10{,}954 - 2{,}38 \cdot \log \Delta\tau \qquad \text{Gl. 4.10}$$

- Für Dübel mit einem Spannungsverhältnis R = -1 (reine Wechselbeanspruchung)

$$\log N = 8{,}491 - 1{,}424 \cdot \log \Delta\tau \qquad \text{Gl. 4.11}$$

Durch die Forderung nach der Anwendbarkeit der *Miner*-Regel konnten die Bestimmungsparameter iterativ abgeleitet werden. Es zeigten sich gute bis sehr gute Übereinstimmungen der einzelnen Werte. Eine pauschale Reduzierung der Summe der Teilschädigungen, wie sie in [1.10] vorgeschlagen wurde, ist nicht mehr erforderlich.

Für den Bereich der Kurzzeitfestigkeit, ebenso wie für Lastspielzahlen n ≥ 1.000.000 Lastwechsel fehlen Versuchsergebnisse, da diese in den Trägerversuchen unter der gegebenen Belastung nicht erreicht wurden. Es hat den Anschein, als würde die EC4 - *Wöhler*linie die Lebensdauern im Bereich großer Schwingbreiten unterschätzen, wohingegen der Schädigungsbeitrag kleiner Schwingbreiten unterschätzt wird. In Anbetracht der Vielzahl kleiner Schwingbreiten, vor allem bei Straßenbrücken [1.10], sollten hier weitere Trägerversuche dieser Art mit niedrigerer Belastung durchgeführt werden. Es stehen jetzt alle Hilfsmittel zur Verfügung, das Versagensszenario entlang der nichtruhend beanspruchten Verbundfuge eindeutig nachvollziehen zu können; allerdings ist der Aufwand relativ groß.

Rein wechselnd beanspruchte Dübel zeigen offensichtlich ein ungünstigeres Ermüdungsverhalten als alle anderen Dübel. Diese Aussage muss infofern unter Vorbehalt gestellt werden, als nicht abschließend geklärt ist, inwiefern die Interaktion mit der Flanschnormalspannung das frühzeitige Versagen begünstigt hat. Hier können die in Kaptitel 5 vorgestellten, rein wechselnd beanspruchten Push-Out Versuche weitere Klarheit schaffen.

Berücksichtigt man die Dübelnachgiebigkeit, dann kann anhand der so ermittelten Schwingbreiten des ersten Belastungszyklus schon eine relativ gute Aussage über die zu erwartenden Lebensdauern getroffen werden. Es muss allerdings nach der Art des Beanspruchungsverhältnisses unterschieden werden.

Das zyklische Materialverhalten wurde bislang nicht berücksichtigt. Es lässt sich aber vermuten, dass es durch die zusätzliche Schlupfakkumulation, die sich in Form eines „kraftlosen" Bereiches im Materialgesetz äußert, zu keiner deutlichen Erhöhung der Schwingbreiten mehr kommen wird. Das würde auch dazu führen, dass die Beanspruchungen $\Delta\tau_i$ der einzelnen Schädigungszustände nochmals reduziert werden. Die resultierenden *Wöhler*linien würden nochmals restriktiver werden. Das hat aber auch zur Folge, dass die hier ermittelten Ermüdungsfestigkeitskurven nicht in jedem Fall konservative Abschätzung bedeuten, obgleich sich bereichsweise bereits eine deutlich strengere Voraussage abzeichnet.

In Abschnitt 3.6.3 wurde angenommen, dass für die vorliegende Problematik ein Bemessungskonzept, welches eine Lebensdauerbeurteilung auf der Basis von Spannungen durchführt, nicht gut anwendbar ist, da hier deutlich plastisches Verhalten vorliegt. In Kapitel 4 wurde nun durch die Einführung des Postulats bezüglich der Schadensakkumulation ein solches Konzept trotzdem „anwendbar" gemacht. Die Tatsache, dass die Ermüdungsfestigkeitskurven Neigungsexponenten mit Werten, die deutlich kleiner als drei sind aufweisen, bestätigt jedoch das stark plastische Ermüdungsverhalten [4.4 – 4.7]. Das Konzept ist nun zwar noch immer baupraktisch gut anwendbar, aus wissenschaftlicher Sicht ist es jedoch noch unbefriedigend.

Einerseits ist die Frage nach der tatsächlichen Dübelkraftentwicklung infolge zyklischen, elastisch - plastischen Materialverhaltens noch immer offen. Sollte sich dieses andererseits analytisch beschreiben lassen, bietet es sich natürlich an, ein Betriebsfestigkeitskonzept zu erarbeiten, welches eine Lebensdauerprognose basierend auf elastisch - plastischem Verhalten auch ermöglicht: ein Örtliches Konzept wäre dann die Konsequenz. Problematisch erscheint hier die Tatsache, dass die dafür eigentlich erforderlichen Kerbgrundbeanspruchungen, die lokalen Dehnungen, nicht messbar sind. Berücksichtigt man jedoch, dass der Schlupf in der Verbundfuge aus aufintegrierten Dehnungsunterschieden zwischen Stahlträger und Betongurt resultiert, dann bietet es sich an, anstelle der Dehnungen den Schlupf als örtlich messbare Größe heranzuziehen.

Es wird sich in Kapitel 5 zeigen, dass die bekannten analytischen Ansätze des Örtlichen Konzeptes unter gewissen Voraussetzungen auf den Schlupf übertragbar sind.

5 Weggeregelte Push-Out Versuche

5.1 Zielsetzung

Dieser Versuchsreihe lagen die folgenden Zielsetzungen zugrunde:

1. Wie ist es mit der Übertragbarkeit der Ergebnisse weggeregelter Push-Out Versuche auf die Verhältnisse in Trägerversuchen?
2. Kann eine analytischen Gesetzmäßigkeit für die Beschreibung der Entwicklung des plastischen, „kraftlosen" Bereiches des zyklischen Materialgesetzes hergeleitet werden?
3. Können die Grundbeziehungen eines modifizierten Örtlichen Konzeptes mit der Bezugsgröße „Schlupf" erarbeitet werden?
4. Kann die Anwendbarkeit einer linearen Schadensakkumulationshypothese auf die Ermüdungsproblematik einbetonierter KD generell überhaupt gewährleistet werden?

5.2 Versuchsaufbau und Versuchssteuerung

Die Realisierung der weggeregelten Push-Out Versuche stellte im Hinblick auf die Messtechnik eine große Herausforderung dar. Das liegt vor allem daran, dass die zu vorzugebenden Wege sehr klein, gleichzeitig aber die erforderlichen Lastspielzahlen groß sind.

Das bedeutete, dass eine sehr exakte Versuchssteuerung entworfen werden musste, die aber auch so stabil sein musste, dass in akzeptabler Versuchszeit große Lastwechselzahlen gefahren werden könnten. Hinzu kommt, dass der Push-Out Versuch eine so große Steifigkeit aufweist, dass zur Durchführung der Versuche nur leistungsstarke Hydraulikzylinder in Frage kommen, die üblicherweise auch für die Ansteuerung großer Wege ausgelegt sind. Die wenigen in der Literatur verfügbaren Versuche, die ebenfalls wegkontrolliert durchgeführt wurden, wiesen oft nur einige hundert bis tausend Lastwechsel auf, vgl. Kapitel 2.

Eine Steuerung über die interne Wegregelung des Hydraulikzylinders schied aus den genannten Gründen aus. Deswegen wurde die zylinderinterne Steuerung überbrückt, und die Verformungen wurden direkt über die in den Bolzenachsen angebrachten, induktiven Wegaufnehmer einer sehr hohen Genauigkeitsklasse angesteuert.

Alle Versuche wurden mit einer Frequenz von 1,5 Hz belastet. In regelmäßigen Intervallen wurde die zyklische Belastung für die Aufzeichnung quasistatischer Hysteresen unterbrochen.

Die Belastung der Versuche erfolgte zunächst nur rein wechselnd mit R = -1, wobei später auch einige Tastversuche mit schwellender Beanspruchung durchgeführt wurden. Insgesamt wurden 20 Versuche durchgeführt, davon 15 wechselnd (Serie 9) und 5 schwellend (Serie 10) beansprucht. Bild 5.1 zeigt den Versuchsaufbau der wechselnd beanspruchten Push-Out Versuche.

Bild 5.1 Versuchsaufbau der weggeregelten Push-Out Versuche der Serie 9 mit R = -1

Die Breite der Betonplatte (b_c = 0,80 m) , die Bolzenanordnung und die Bewehrung der Versuchskörper entsprach exakt den Abmessungen der Trägerversuche. Es wurden lediglich oben und unten zusätzlich je zwei Bügel ∅ 14 angeordnet, um ein Aufreißen des Versuchskörpers, das sog. Splitting, zu verhindern. Zur Vermeidung von planmäßigen Längszugspannungen in den Bolzen wurde oben und unten horizontale Abspannungen eingebaut, wie sie auch im EC4 vorgeschlagen werden. Diese wurden nur handfest angezogen, um ein zusätzliches Anpressen der Betonplatten auf das Stahlprofil weitgehend auszuschließen.

Die Versuchsköper wurden in horizontaler Lage in einem Betoniervorgang betoniert, Bild 5.3. Dazu wurde das Stahlprofil in Längsrichtung in zwei Hälften geschnitten und nach dem Betonieren wieder zusammengeschweißt. Die Oberfläche des Stahlprofils wurde eingeölt, um unplanmäßige Haftverbundwirkungen auszuschalten.

Die Versuchskörper wurden auf einem extra für diese Zwecke angefertigten Betonlager aufgebaut, um die Versuchskörper nach unten abspannen zu können, damit sie bei Zugbeanspruchungen nicht abheben. Der Hydraulikzylinder wurde über ein Kupplungsstück und eine Kopfplatte mit 10 Schrauben M24 10.9 mit dem Versuchskörper verschraubt, um die Zugbelastung aufbringen zu können.

Bild 5.2 Gesamtansicht des Versuchsaufbaus und Detailansicht der Steuerungswegaufnehmer (rechts)

Bild 5.2 rechts zeigt einen der induktiven Wegaufnehmer (vorne), der zur Steuerung der Versuche verwendet wurde. Dahinter befindet sich ein weiterer Wegaufnehmer, der die tatsächlich erzielten Verschiebungen kontinuierlich aufzeichnet, um die Auswertung mit den Ist-Werten durchführen zu können. Die korrespondierenden Festpunkte des Wegaufnehmers beton- und stahlseitig befinden sich exakt auf einer Höhe und liegen genau auf der Systemachse der KD. In jedem Push-Out Versuch befinden sich insgesamt 8 KD22, vier auf jeder Seite, zweireihig angeordnet. Die KD haben eine Höhe von 125 mm, einen vertikalen Abstand von 250 mm und einen horizontalen Abstand von 150 mm. Das Stahlprofil ist ein HE320B aus S235.

Insgesamt wurden jeweils 2 Wegaufnehmer zur Steuerung verwendet. Einer befindet sich an der oberen Bolzenreihe, einer an der unteren. Die Steuerung erfolgt über den Mittelwert der beiden Wegaufnehmer.

Für jeden Versuch wurden je drei Betonprobewürfel hergestellt, um die Betoneigenschaften zu Versuchsbeginn feststellen zu können.

Bild 5.3 Bewehrung des Push-Out Körpers mit Hüllrohren zur Durchführung der Abspannungen und Betoniervorgang (rechts)

5.3 Kompatibilität der Push-Out Versuche mit den Trägerversuchen

In Kapitel 1 wurden die grundsätzlichen Modellungenauigkeiten zwischen Push-Out Versuchen und Trägerversuchen erläutert. Im Laufe der vorangegangenen Kapitel manifestierte sich jedoch zusehends die Vermutung, dass weniger der Modellkörper, sondern vielmehr die Art der Belastung der Push-Out Versuche, in Kombination mit der nur ungenau möglichen Beanspruchungsermittlung in den Trägern und dem zyklischen Werkstoffverhalten, dafür verantwortlich sind, dass die direkte Übertragbarkeit nicht gewährleistet werden kann. Ein konstantes Beanspruchungsniveau, wie es sich in kraftgeregelten Push-Out Versuchen darstellt, ist in der Realität nicht erreichbar. Das wird sich auch in Abschnitt 5.6 noch zeigen. Dort werden die grundsätzlichen Voraussetzungen für die Anwendbarkeit einer linearen Schädigungshypothese aufgezeigt. Es wird sich danach auch ergeben, warum bei einer (in realen Tragwerken immer vorhandenen) Betriebsbelastung die zu erwartenden Lebensdauern stark abfallen, was auch die Ergebnisse von Kapitel 4 bereits zeigten.

In Kapitel 3 wurde die in den Trägerversuchen verwendete Messtechnik eingehend erläutert. Durch die kontinuierliche Versuchsüberwachung und Messwerterfassung konnten vollständige Schlupfkollektive für die einzelnen Dübel aufgezeichnet werden. In Kombination mit den gemessenen Versagenszeitpunkten stehen dadurch vollständige Wegkollektive als Eingangsdaten zur Versuchssteuerung für Push-Out Versuche zur Verfügung.

Sollten die damit belasteten Push-Out Versuche die gleichen Lebensdauern liefern, so können folgende Schlussfolgerungen gezogen werden:

- Der Push-Out Versuch ist prinzipiell geeignet, das Ermüdungsverhalten einbetonierter KD zuverlässig zu beschreiben.
- Die Beanspruchung der KD in realen Trägerversuchen erfolgt durch die innerlich statische Unbestimmtheit verformungsgeregelt.

- Das zyklische Werkstoffverhalten kann mit weggeregelten Push-Out Versuchen eindeutig beschrieben werden.

Zur Verifizierung der hier vorgestellten Versuche wurden insgesamt drei Versuche durchgeführt. Dabei wurden zwei Versuche mit dem Originalkollektiv des Dübelpaares direkt über der Mitte des Versuches T7_4 (S9_1 und S9_3) und ein Versuch mit dem Kollektiv des direkt benachbarten Dübelpaares (S9_2) belastet.

Tabelle 5.1 zeigt den Vergleich der ermittelten Lastspielzahlen mit den Ergebnissen der Trägerversuche. Die Push-Out Versuche wurden immer dann abgestellt, wenn mindestens 4 der 8 Bolzen versagt hatten. Für die weiteren Auswertungen ist jedoch immer nur das erste Bolzenversagen angegeben und maßgebend!

Tabelle 5.1 Vergleich der erzielten Lastspielzahlen mit den Ergebnissen der Trägerversuche

Versuch	Erzielte Lastspielzahl der Push-Out Versuche (Mittelwert aus 4 Bolzen)	Referenzwert aus T7_4 Mittelwert der Reihe	Abweichung in [%]
S9_1	240.000	254.250	**-5,9%**
S9_2	264.000	256.250	**+3,0%**
S9_3	236.400	254.250	**-7,0%**

Die Abweichungen in den erzielten Lastspielzahlen sind sehr gering, statistisch gesehen sind sie gleich null. Damit kann die Kompatibilität des weggeregelten Push-Out Versuchs mit den Verhältnissen im Träger bestätigt werden. Dieses Ergebnis ist um so eindrucksvoller, wenn man berücksichtigt, dass die Betongüten im Trägerversuch und in den Push-Out Versuch naturgemäß etwas voneinander abwichen. Offensichtlich treten diese Einflüsse aber in den Hintergrund, wenn man die „richtige" Belastung wählt. Im Grunde ist dieser Sachverhalt auch sofort einleuchtend, denn die lokalen Betonpressungen direkt vor dem Bolzenfuß sind so groß, dass dieser kleine Bereich offensichtlich ohnehin innerhalb weniger Lastwechsel zerstört wird, gleich welche Güte der verwendete Beton aufweist. Durch die Wegregelung tritt dieser Einfluss danach in den Hintergrund, bei kraftgeregelter Beanspruchung mag sich die Sachlage durchaus signifikant anders darstellen. Die Push-Out Versuche wurden trotzdem länger als drei Monate gelagert, um den Einfluss unterschiedlicher Festigkeitsentwicklungen des Betons zu minimieren.

In der Folge wurden systematische Versuchsreihen durchgeführt. Dabei wurden sowohl Einstufenversuche als auch Versuche mit einem kontinuierlichen Schlupfwachstum, wie es sich bei den Trägerversuchen ähnlich dargestellt hat, gefahren.

Die Einstufenversuche dienen im weiteren Verlauf vor allem der Ableitung der erforderlichen Gesetzmäßigkeiten des Örtlichen Konzeptes, die Wachstumsversuche dienen der Überprüfung der Anwendbarkeit der linearen Schadensakkumulationshypothese.

Beide Versuchsreihen dienen der Ableitung einer analytischen Gesetzmäßigkeit zur Beschreibung der Entwicklung des plastischen Bereiches. Tabelle 5.2 zeigt eine Zusammenstellung der verschiedenen Versuche. Dabei ist darauf zu achten, dass jeweils die Schlupfamplitude und nicht die Schwingbreite angegeben ist, auch für die schwellend beanspruchten Versuche (Serie 10).

Tabelle 5.2 Übersicht über die durchgeführten Push-Out Versuche

Versuch	Startwert der Schlupfamplitude s_a [mm]	Steigerungsrate Δs_A [mm/Lastwechsel]	Lebensdauer N für erstes Bolzenversagen	Würfeldruck-festigkeit [kN/cm²]
S9_1	Originalkollektiv T7_4	-	213500	5,47
S9_2	Originalkollektiv T7_4	-	250000	5,94
S9_3	Originalkollektiv T7_4	-	210000	5,86
S9_4	Originalkollektiv T7_4 * **0,5**	-	437000	5,90
S9_5	0,08	-	Durchläufer	6,30
S9_6	0,14	-	360000	6,30
S9_7	0,08	5,0E-07	240000	6,60
S9_8	0,08	2,5E-07	330000	6,74
S9_9	0,08	2,5E-07	474500	6,58
S9_10	0,06	2,0E-07	780200	6,65
S9_11	0,10	5,0E-07	145000	6,46
S9_12	0,15	-	300000	7,10
S9_13	0,25	-	20000	7,10
S9_14	0,11	-	1700000	7,05
S9_15 (WIG)	0,25	-	15000	7,05
S10_2	0,10	-	960000	6,00
S10_3	0,13	2,5E-07	80000	6,20
S10_4	0,08	2,5E-07	190000	6,15
S10_5	0,08	-		7,10

Bei einigen Versuchen traten „Fehler“ in der Versuchssteuerung auf, so zum Beispiel bei Versuch S9_8. Dort wurde bei ca. 300000 Lastwechseln versehentlich die Schwingbreite deutlich erhöht.

Deswegen wurde der Versuch wiederholt (S9_9), der dann auch ein anderes Resultat lieferte. Der Versuch S10_1 wurde zu früh ausgebaut, da ein loser Kontakt am Versuchskörper fälschlicherweise auf ein Bolzenversagen schließen lies, der Versuch S10_2 ist die Wiederholung dieses Versuches.

Beim Versuch S9_15 handelt es sich um einen Testversuch zur Erprobung alternativer Schweißverfahren. Hier wurden die Bolzen von Hand mittels Wolfram – Inert - Gasschweißung (WIG) aufgeschweißt. Auf die schweißtechnologischen Untersuchungen wird in Kapitel 6 näher eingegangen.

Bei den wechselnd beanspruchten Versuchen liegen demnach lediglich fünf vergleichbare Einstufenversuche vor. Diese Versuchsanzahl reicht bei weitem nicht aus, um die Gesetzmäßigkeiten für das Örtliche Konzept statistisch abgesichert aufzustellen. Sie dienen daher nur dazu, den prinzipiellen Weg und erste, allerdings sehr aussagefähige Tendenzen aufzuzeigen. Hier besteht weiterer Forschungsbedarf. Zur Formulierung der analytischen Beziehung für die Entwicklung des kraftlosen Bereiches können jedoch alle Versuche verwendet werden.

5.4 Ableitung einer analytischen Gesetzmäßigkeit für die Beschreibung der Entwicklung des plastischen, „kraftlosen“ Bereiches des zyklischen Materialgesetzes für R = -1.

5.4.1 Allgemeiner Ansatz:

Zur analytischen Beschreibung der zyklischen Dübelkennlinie bei einem Dübelschlupfverhältnis R = -1 wird ein trilinearer Ansatz gewählt. Diese Erfassung soll hierbei einfach gehalten sein, damit eine Einarbeitung der Federkennlinie mit trivialen mathematischen Funktionen und wenigen Randbedingungen möglich ist.

Die zyklische Dübelkennlinie wird in drei Bereiche unterteilt, zwei elastische und einen plastischen Bereich, die jeweils durch eine lineare Funktion beschrieben werden. Bild 5.4 zeigt einen Ausschnitt der gemessenen quasistatischen Hysteresen aus einem der Push-Out Versuche.

Dabei wird das elastische Verhalten komplett den beiden äußeren linear veränderlichen Teilästen zugewiesen, und das plastische Verhalten wird durch ein Teilstück mit konstantem Niveau erfasst. Das plastische Verhalten wird damit als kraftlose Verformung definiert, was das wirkliche Dübelverhalten in Schlupfzwischenschritten nicht ganz korrekt wiedergibt. Eine weitere Abweichung vom realen Dübelverhalten besteht darin, dass insbesondere am Ende des plastischen Bereichs bzw. am Anfang des linear elastischen Bereichs eine Abweichung zum Original-Dübelkraftwert entsteht. Aber in den Punkten (s_o,P_o) bzw. (s_u,P_u) (Bild 5.5) wird mit diesem Ansatz die Last-Schlupf-Beziehung richtig erfasst, ebenso wie die elastischen und plastischen Schlupfamplitudenanteile.

Voraussetzung für dieses Vorgehen ist, dass sich die elastischen Verformungseigenschaften im Verlauf der auftretenden Schwingspiele nicht verändern. Dieses Verhalten wird zur vereinfachten Beschreibung der zyklischen Dübelkennlinie vorausgesetzt.

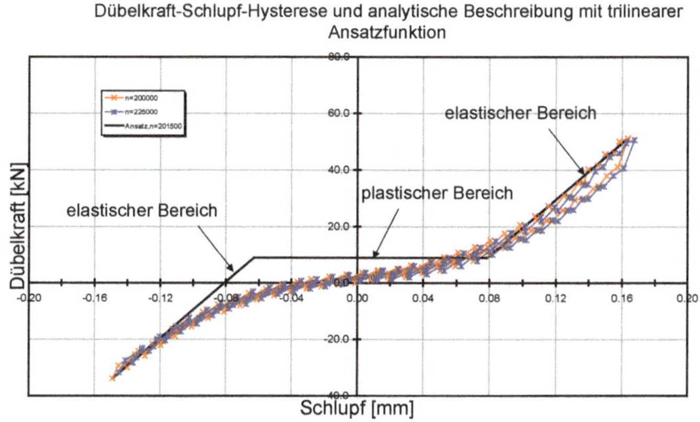

Bild 5.4 Dübelkraft-Schlupf-Hysterese und trilineare analytische Beschreibung

5.4.2 Eingangswerte und Bestimmung der Funktionsgleichungen

Die Eingangswerte zur Bestimmung der Funktionsgleichungen bestehen aus der mittleren elastischen Entlastungssteifigkeit C_m aus dem ersten statischen Zyklus und aus den Wertepaaren (s_o,P_o), (s_u,P_u), vergleiche Bild 5.5.

Damit sind fünf Randbedingungen gegeben, um das Funktional für den trilinearen Ansatz aufzustellen. Zu beachten ist, dass die mittlere elastische Steifigkeit C_m den Mittelwert der elastischen Entlastungssteifigkeit aus den Versuchen S9_1 bis S9_14 darstellt. Es ergab sich ein Mittelwert vom $C_m = 427$ kN/cm, dieser Wert wurde auch für die in Kapitel 4 beschriebenen FE-Berechnungen der Trägerversuche verwendet.

Das Vorgehen ist wie folgt: Zunächst werden die Werte aus den Randbedingungen in ein neues Koordinatensystem transformiert, das seinen Ursprung im Wertepaar (s_m,P_m) hat; somit entsprechen die Extremalwertepaare $(s_i,P_i)^m$ den Amplitudenwerten, wobei der hochgestellte Index m die auf die Mittelwerte bezogenen Werte meint. Die elastischen Äste werden durch Gleichung 5.1 beschrieben.

$$P^m = P_l^{mi} + C_m \cdot s^m \quad \text{mit dem Quadrant } i = 1,3 \qquad \text{Gl. 5.1}$$

Dann werden mit der elastischen Steifigkeit C_m und den Wertepaaren $(s_o,P_o)^m$ sowie $(s_u,P_u)^m$ die y-Achsenabschnitte P_l^{m1} und P_l^{m3} bestimmt. Anschließend werden die Wertepaare $(s_{po},P_{pu})^m$ und $(s_{pu},P_{pu})^m$ ermittelt, die hier rein elastisches von rein plastischem Verhalten abgrenzen. Damit ist der Verlauf vollständig beschrieben.

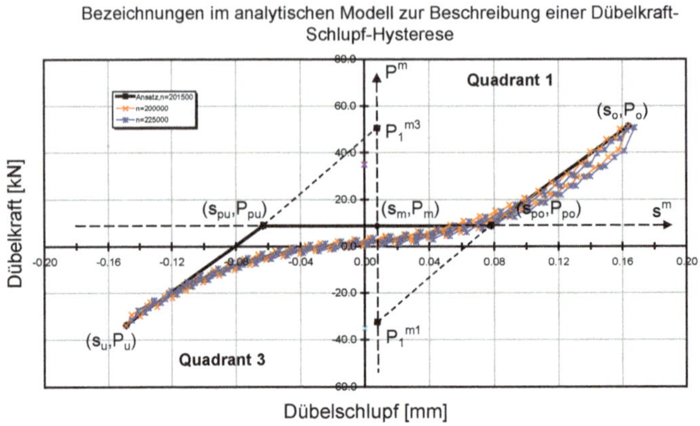

Bild 5.5 Bezeichnungen und Randbedingungen im analytischen Modell zur Beschreibung einer Dübelkraft-Schlupf-Hysterese

5.4.3 Veränderlichkeit des Verhaltens im Lauf der Lebensdauer

Die Dübelkraft-Schlupf-Hysterese ist mit dem in Abschnitt 5.4.2 vorgestellten analytischen Ansatz unter der Vorgabe der elastischen Steifigkeit C_m und der Wertepaare (s_o,P_o) und (s_u,P_u) zu bestimmten Schwingspielzahlen vereinfacht beschreibbar. Zur Beschreibung des Verhaltens im Lauf der Lebensdauer N muss aber noch die Entwicklung vom ersten Zyklus bis zum Versagen bekannt sein. Durch die Definition der rein elastischen und rein plastischen Bereiche wird das elastische Verhalten als unveränderlich angesehen. Daraus ergibt sich, dass die Veränderlichkeit nur durch die Entwicklung des plastischen Bereichs beeinflusst wird.

Bild 5.6 zeigt die Entwicklung des plastischen Verformungsanteils. Hier liefert erst die Wahl einer bezogenen Darstellung Aufschluss über Parallelitäten innerhalb der einzelnen Versuche. Auf der Abszisse ist dabei der Wert der bezogenen Lastspielzahl n/N aufgetragen, der zum Zeitpunkt des ersten Bolzenversagens den Wert 1,0 erreicht. Auf der Ordinate ist der Verhältniswert der plastischen Schlupfamplitude zur totalen Schlupfamplitude $s_{a,p}{}^m/s_a$ aufgetragen. In beiden Fällen ist die Darstellung dadurch dimensionslos.

Man erkennt, dass sich die Entwicklung immer ähnlich vollzieht, die Steigungen sind annähernd gleich. Es kommt zu Beginn der Versuche zu einem sofortigen Anstieg des plastischen Anteils, der wie bereits mehrfach erwähnt auf ein unmittelbare Zerstörung der lokalen Betonumgebung zurück zu führen ist. Der darauf folgende Anstieg vollzieht sich in annähernd gleicher Steigung und Geschwindigkeit. Das unterschiedliche Niveau ergibt sich dabei aus den verschiedenen Belastungsniveaus, vgl. Tabelle 5.2. Die Lücken innerhalb der Verläufe resultieren aus Datenüberläufen bei der

Messwertaufzeichnung. Die fehlenden Werte können allerdings in guter Näherung linear interpoliert werden.

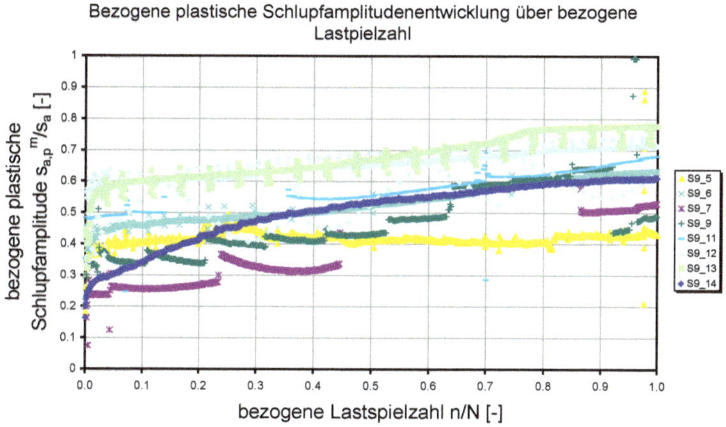

Bild 5.6 Entwicklung der bezogenen plastischen Schlupfamplitude für verschiedene Push-Out Versuche

Die Einzelpunkte in Bild 5.6 resultieren aus den statischen Hysteresen, die zusammen mit den kontinuierlichen Daten aufgezeichnet wurden. Die Kurven wurden zur besseren Darstellung gefiltert, dabei können aber nicht alle statischen Messpunkte erfasst werden.

Interessanterweise kommt es beim Versuch S9_5, dem Durchläufer, nach der Ausbildung eines Initialwertes zu keiner weiteren signifikanten Zunahme des plastischen Anteiles.

Eine einfache Korrelationsbetrachtung für verschiedene Lastwechselzahlen bestätigt die Vermutung: Es besteht eine sehr enge Korrelation zwischen der totalen und der plastischen Schlupfamplitude und dies für alle Lastwechselzahlen, unabhängig vom verwendeten Beanspruchungskollektiv (Einstufenbelastung, linear anwachsend oder Originalkollektiv),Tabelle **5.3**. Betrachtet man alle Daten in einer zusammenhängenden Korrelationsuntersuchung (ca. 15000 Wertepaare!) ergibt sich ein Korrelationskoeffizient von 97,08%!

Tabelle 5.3 Korrelationskoeffizient zwischen plastischer und totaler Schlupfamplitude

n [-]	Korrelationskoeffizient [%]
0	90.5
5000	97.1
10000	97.1
20000	97.4
n=N/2	98.0
n=N	93.9

Bild 5.7 zeigt den Zusammenhang. Eine lineare Regressionsanalyse mit einem Konfidenzniveau von 50% (50%- Fraktile) zeigt, dass sich der Zusammenhang gut als Gerade darstellen lässt.

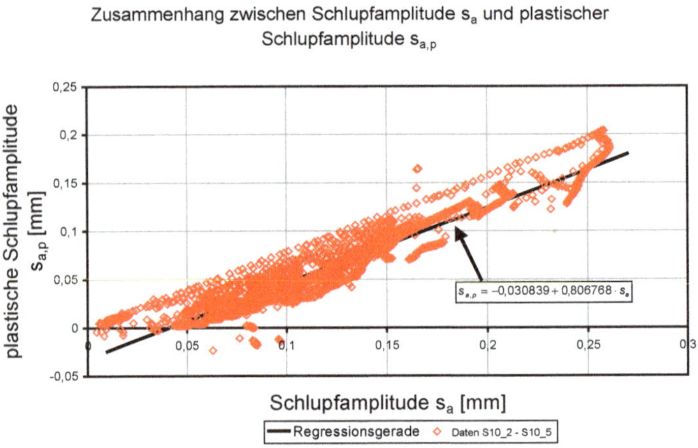

Bild 5.7 Linearer Zusammenhang von Schlupfamplitude s_a und plastischer Schlupfamplitude $s_{a,p}$ (aus linearer Regressionsanalyse mit Konfidenzniveau von 50% und 15000 Wertepaaren)

Für das Aufzeigen des linearen Zusammenhangs sind in Bild 5.7 die Wertepaare aller vorhandenen Versuche eingetragen. Der Zusammenhang lässt sich damit funktional beschreiben:

$$s_{a,p} = -0{,}030839 + 0{,}806768 \cdot s_a \ [\text{mm}]. \qquad \text{Gl. 5.2}$$

Der Wertebereich von Gleichung 5.2 kann angenommen werden vom Schnittpunkt mit der Schlupfamplitudenachse bis etwa 0,25 mm (Gl. 5.3).

$$s_a \in [0{,}038225; 0{,}25] \ [\text{mm}] \qquad \text{Gl. 5.3}$$

Damit ist die Entwicklung des plastischen Schlupfverlaufs unabhängig von der Schwingspielzahl und unabhängig von der auftretenden (und offensichtlich nur schwer bestimmbaren) Dübelkraft. Dies stellt einen signifikanten Unterschied zu allen anderen Forschungsarbeiten dar, vgl. Kapitel 2. Dies gilt, wenn die aufgebrachte Schlupfamplitude konstant oder monoton steigend ist.

Treten Schlupfamplituden von $s_a \leq 0{,}038225$ [mm] auf, handelt es sich um rein elastischen Schlupf, es tritt dann keine Plastizität auf. Unklar ist die Gültigkeit von Gl. 5.2, wenn Schlupfamplituden von $s_a \geq 0{,}25$ [mm] auftreten. In jedem Fall müsste die Gültigkeit an weiteren Versuchen getestet werden. Insbesondere stehen Untersuchungen von Reihenfolgeeinflüssen und nicht konstanten bzw. nicht monoton steigenden Schlupfamplitudenverläufen noch aus.

Im Verlauf einer an der Universität Kaiserslautern durchgeführten Studie [5.1] wurde auf vielfältige Art und Weise versucht, andere Abhängigkeiten nachzuweisen, die aber bei weitem nicht die Qualität des Zusammenhangs zwischen Schlupfamplitude und plastischer Schlupfamplitude aufweisen. In diesen Punkten konnte keine signifikante Korrelation nachgewiesen werden.

Der gefundene Zusammenhang scheint nun vielseitig verwendbar und damit von elementarer Bedeutung für die Beschreibung des Ermüdungsverhaltens unter nicht ruhender Beanspruchung zu sein (dieser Ansatz ist jedoch zunächst nur gültig für KD22 und ähnliche elastische Steifigkeitsverhältnisse der Bauteile!):

1. Mit der gefundenen Gesetzmäßigkeit lassen sich jetzt Trägerversuche nicht nur unter Berücksichtigung der Dübelnachgiebigkeit, sondern auch unter der Berücksichtigung zyklischen Materialverhaltens nachrechnen. Dies erfolgt iterativ. Nach jedem Lastzyklus wird der berechnete Schlupfverlauf in elastischen und plastischen Anteil separiert, das Materialgesetz für die Verdübelung entsprechend durch die Vergrößerung des Bereiches „kraftloser“ Verformung modifiziert, und dann kann der nächste Lastzyklus berechnet werden. Unter der Annahme, dass sich die Dübelkräfte nach anfänglich starken Umlagerungen nur noch langsam verändern, muss dies nicht für jeden einzelnen Zyklus, sondern kann auch abschnittsweise erfolgen.

2. Für einen gegebenen oder gemessenen Schlupfverlauf in einem beliebigen (Brücken-) Tragwerk kann die Abschätzung der Dübelkräfte sofort „per Hand“ durchgeführt werden. Eine aufwendige FE-Berechnung ist nicht mehr erforderlich. Für bestehende Brückentragwerke bietet sich dadurch die Möglichkeit, Restnutzungsdauerprognosen oder auch Beurteilungen des Schädigungszustandes durchzuführen. Diese Funktion ist somit das fehlende Bindeglied zur Erarbeitung einer „einfachen“ Übertragungsfunktion zur Bestimmung der Dübelkräfte unter nicht ruhender Beanspruchung, siehe Abschnitt 5.7.

5.5 Ableitung einer analytischen Gesetzmäßigkeit für die Beschreibung des plastischen, „kraftlosen" Bereichs des zyklischen Materialgesetzes für R = 0.

5.5.1 Allgemeiner Ansatz

Prinzipiell gleicht das Vorgehen dem bei wechselbeanspruchten Dübeln. Die Situation ist jedoch leicht verändert, und es genügt ein bilinearer Ansatz, um das Dübelkraft-Schlupf-Verhalten von schwellend beanspruchten Kopfbolzendübel vereinfachend zu beschreiben. Bei diesem Vorgehen reicht die Unterteilung in einen elastischen Bereich und einen plastischen Bereich, die jeweils durch lineare Funktionen beschrieben werden, aus, vergleiche Bild 5.8. Das elastische Verhalten wird ausschließlich dem äußeren Teilstück zugewiesen und das plastische Verhalten ausschließlich dem horizontalen Teilstück. Damit wird, genau wie beim Ansatz für wechselbeanspruchte Dübel, das plastische Verhalten als kraftlose Verformung definiert.

5.5.2 Eingangswerte und Bestimmung der Funktionsgleichungen

Die Randbedingungen für die aufzustellenden Funktionale sind die mittlere Steifigkeit C_m aus dem ersten statischen Zyklus und die Wertepaare (s_o,P_o), (s_u,P_u), Bild 5.8. Die mittlere Steifigkeit C_m versteht sich wiederum als Mittelwert der Entlastungssteifigkeit aus den zugrundeliegenden Versuchen (hier S10_2 bis S10_5). Die damit gegebenen Stützwerte reichen aus, um für jeden Versuch über die Lebensdauer das Dübelkraft-Schlupf-Verhalten mit dem vereinfachten Ansatz aus Abschnitt 5.5.1 zu beschreiben.

Zunächst werden wiederum die Wertepaare (s_o,P_o), (s_u,P_u) in ein neues Koordinatensystem transformiert, das seinen Ursprung im Wertepaar (s_u,P_u) hat.

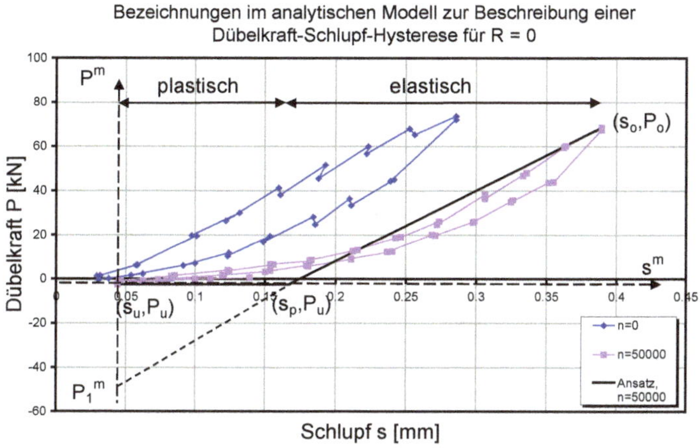

Bild 5.8 Bezeichnungen und Randbedingungen im analytischen Modell zur Beschreibung einer Dübelkraft-Schlupf-Hysterese bei R = 0

Das neue Koordinatensystem erhält zur Kennzeichnung wieder den hochgestellten Index m. Dabei wird der elastische Bereich durch Gl. 5.4 beschrieben:

$$P^m = P_1^{\,m} + C_m \cdot s^m . \qquad \text{Gl. 5.4}$$

Mit den Randbedingungen kann anschließend der Dübelkraft-Achsenabschnitt bestimmt werden und damit der Punkt (s_p,P_u), welcher ideal elastisches von ideal plastischem Verhalten abgrenzt. Damit ist der funktionale Zusammenhang des vereinfachten Modells der Dübelkraft-Schlupf-Beziehung vollständig beschrieben.

5.5.3 Veränderlichkeit des Verhaltens im Lauf der Lebensdauer

Grundsätzlich liegt damit bei den schwellend beanspruchten Kopfbolzendübeln die gleiche Situation vor wie bei den wechselnd beanspruchten Kopfbolzendübeln. Die sich in der Lebensdauer ändernde Größe ist auch hier der plastische Schlupfanteil, weil der elastische Anteil wieder als zeitlich unveränderlich angesehen wird. Es liegt auf der Hand, eine analoge Korrelationsuntersuchung von plastischem Schlupf und Schlupfschwingbreite durchzuführen.

Die Untersuchung aller vorhandener Werte der Versuche S10_2 bis S10_5 (ca. 4000 Wertepaare) ergibt einen Korrelationskoeffizienten von 94,98%. Das heißt, dass auch bei schwellend beanspruchten Kopfbolzendübeln die Entwicklung des plastischen Bereichs vom totalen Schlupf abhängt.

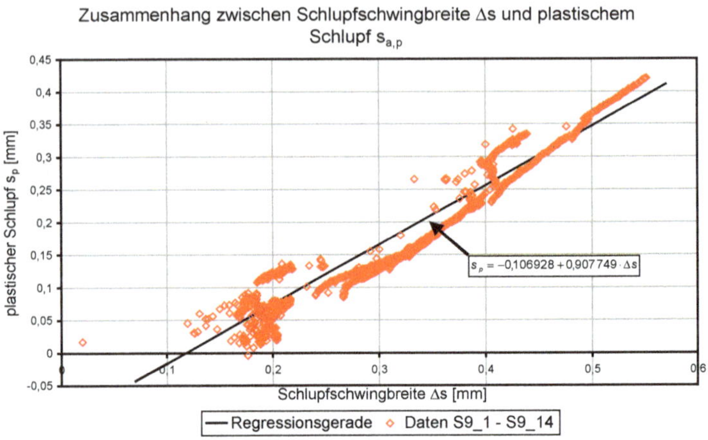

Bild 5.9 Linearer Zusammenhang von Schlupfschwingbreite Δs und plastischem Schlupf s_p (aus linearer Regressionsanalyse mit Konfidenzniveau von 50%)

Bild 5.9 zeigt das Ergebnis einer linearen Regressionsanalyse auf einem Konfidenzniveau von 50%. Der Zusammenhang zwischen plastischem Schlupf und totalem Schlupf (hier dargestellt: Schlupfschwingbreite Δs) lässt sich wiederum gut mit einer Geraden beschreiben. Man kann gut erkennen, dass gerade zu Belastungsbeginn die Abweichungen am größten sind. Das ist darauf zurück zu führen, dass die anfängliche Zerstörung des Betons stark stochastischen Charakter hat, was durch das inhomogene Gefüge des Betons begründet ist.

Der funktionale Zusammenhang wird durch Gleichung 5.5 beschrieben, Gleichung 5.6 gibt den gültigen Wertebereich wieder.

$$s_p = -0{,}106928 + 0{,}907749 \cdot \Delta s \ \text{[mm]}. \qquad \text{Gl. 5.5}$$

$$\Delta s \in [0{,}11779; 0{,}57] \ \text{[mm]} \qquad \text{Gl. 5.6}$$

Bei Schlupfschwingbreiten von $\Delta s \leq 0{,}11779$ [mm] tritt kein plastisches Verhalten auf. Bei den wechselnd beanspruchten Versuchen liegt das Niveau bei $\Delta s \leq 0{,}0674$ [mm], also bei etwa der Hälfte. Das bestätigen auch die Untersuchungen von *Gattesco* [1.20,1.21], der herausfand, dass bei wechselnd beanspruchten Dübeln kein oder ein nur schwer einstellbarer stabiler Zustand des Schlupfzuwachses vorhanden ist. Die Steigung der Δs-s_p-Kurve bzw. s_a-s_p-Kurve ist bei schwellender Beanspruchung mit $m = 0{,}907749$ [-] größer als bei wechselnder Beanspruchung mit $m = 0{,}806768$ [-], was darauf hinweist, dass mit steigendem totalem Schlupf der (einseitige) plastische Anteil bei schwellend beanspruchten Dübeln schneller zunimmt als bei wechselnd beanspruchten Dübeln.

Auch bei diesen Versuchen ist es geboten, die abgeleiteten Zusammenhänge durch weitere Versuche zu ergänzen, zu verifizieren und zu erweitern, z.B. auf die Berücksichtigung der Belastungsreihenfolge.

5.6 Berechnung verschiedener Lastzyklen der Trägerversuche unter Berücksichtigung des zyklischen Materialverhaltens

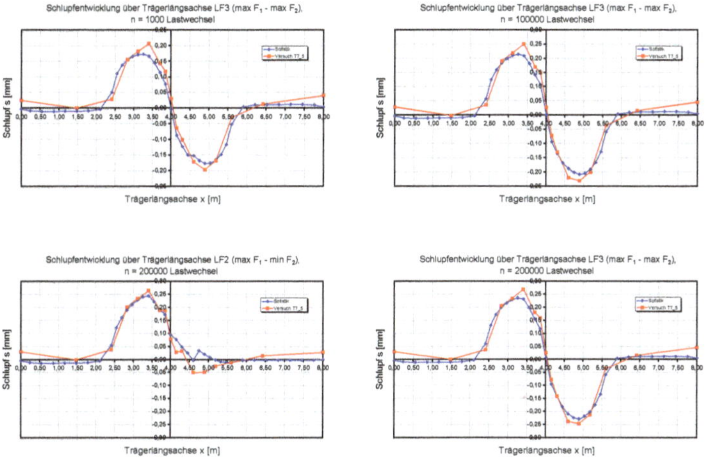

Bild 5.10 Vergleich der berechneten Schlupfentwicklung mit den Versuchswerten für T7_5 und verschiedene Lastwechselzahlen und Laststellungen.

Die gefundenen Zusammenhänge können nun direkt verwendet werden, um mehrere Zyklen der Trägerversuche neu zu berechnen und damit die Auswirkungen des zyklischen Materialverhaltens aufzuzeigen.

Es sei nochmals darauf hingewiesen, dass die Randbereiche der Träger außerhalb der LEP mit starren Federn abgebildet wurden, da sich der Haftverbund hier nicht löste. Deswegen erscheinen die rechnerischen Dübelkraftschwingbreiten hier sehr hoch, obgleich in diesen Bereichen keine Verbundkräfte auf die Verdübelung umgelagert wurden.

Bild 5.10 zeigt exemplarisch für Versuch T7_5, wie gut für verschiedene Laststellungen und Lastwechselzahlen der Schlupf (und damit die Verbundeigenschaften) nach der Implementierung der erarbeiteten Zusammenhänge berechnet werden kann.

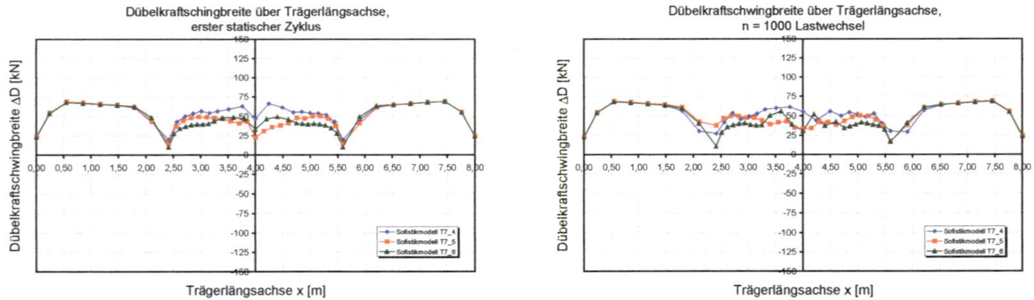

Bild 5.11 Entwicklung der Dübelkraftschwingbreite unter Berücksichtigung zyklischen Materialverhaltens, n = 0 (links), n = 1000(rechts)

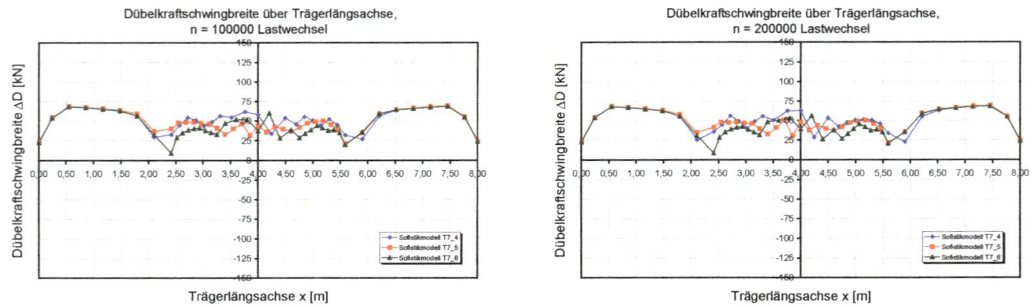

Bild 5.12 Entwicklung der Dübelkraftschwingbreite unter Berücksichtigung zyklischen Materialverhaltens, n = 100000 (links), n = 200000 (rechts)

Entgegen der in Kapitel 4 geäußerten Vermutung, nehmen die Dübelkraftschwingbreiten bereichsweise doch noch etwas zu, vor allem direkt über der Mitte, siehe Bild 5.11 und Bild 5.12. Aus diesem Grund können die in Kapitel 4 angegebenen *Wöhler*linien nun doch als konservative Abschätzung verwendet werden, da die Neigung der *Wöhler*linien unter Berücksichtigung einer zusätzlichen Schwingbreitenerhöhung flacher ausfallen würde, vorausgesetzt, es ließen sich erneut auf iterativem Weg Bestimmungsparameter mit ähnlich guter Korrelation ableiten. Insgesamt finden jedoch keine signifikanten Umlagerungen mehr statt, die eine derart aufwendige Berechnung rechtfertigen würden.

Dies wurde im Rahmen der vorliegenden Arbeit nicht mehr weiter überprüft, da die Beurteilung der Lebensdauer auf der Basis einer Spannungsberechnung aus wissenschaftlicher Sicht eine unbefriedigende Lösung darstellt und die in Kapitel 4 angegebenen *Wöhler*linien bereits eine konservative Abschätzung der Lebensdauern liefern werden.

5.7 Vergleich der FE - Ergebnisse mit einer Handrechnung bei gegebenem Schlupfverlauf

Bild 5.13 zeigt exemplarisch den Vergleich am Beispiel des Versuches T7_4 für n = 102000 Lastwechsel und LS 2 und LS 3. Die Dübelkräfte können im Bereich zwischen den LEP sehr gut abgeschätzt werden, die Übereinstimmung mit der FE-Lösung ist hinreichend genau. In den Randbereichen bildet die Handlösung den Sachverhalt sogar besser ab, da hier praktisch keine Dübelkräfte auftreten, da der Schlupf in diesem Bereich vernachlässigbar ist.

Aus dem totalen Schlupf wird mit Gleichung 5.2 der plastische Anteil ausgewiesen. Mit der aus dem statischen Erstbelastungszyklus abgeleiteten elastischen (Entlastungs-) Steifigkeit der Kopfbolzendübel ist die vereinfachte analytische Beziehung zwischen Dübellast und Schlupf bekannt, und die Dübellast kann in Abhängigkeit des aufgetretenen Schlupfes und mit dem plastischen Schlupfanteil nach Gleichung 5.8 berechnet werden.

$$s_{a,p} = -0{,}030839 + 0{,}806768 \cdot s_a \text{ [mm]} \qquad \text{Gl. 5.2}$$

$$s_{a,t} = s_{a,e} + s_{a,p} = \frac{P_a}{C} + s_{a,p} \qquad \text{Gl. 5.7}$$

liefert nach Umstellung:

$$P_a = \left(s_a - s_{a,p}\right) \cdot C\,. \qquad \text{Gl. 5.8}$$

Als vereinfachte analytische Beschreibung wurde nur die in Abschnitt 5.4.3 abgeleitete Beziehung für wechselnd beanspruchte Kopfbolzendübel verwendet. Durch getrennte Anwendung beider Ansätze ließe sich das Ergebnis sicherlich noch verbessern.

Es zeigt sich damit auch, dass die Verteilung der Dübelkräfte hautsächlich durch die möglichen Relativverschiebungen und damit durch die bereichsweise vorhandene Verbundsteifigkeit gesteuert wird, denn die Rissbildung kann bei der „Handlösung" nicht richtig berücksichtigt werden.

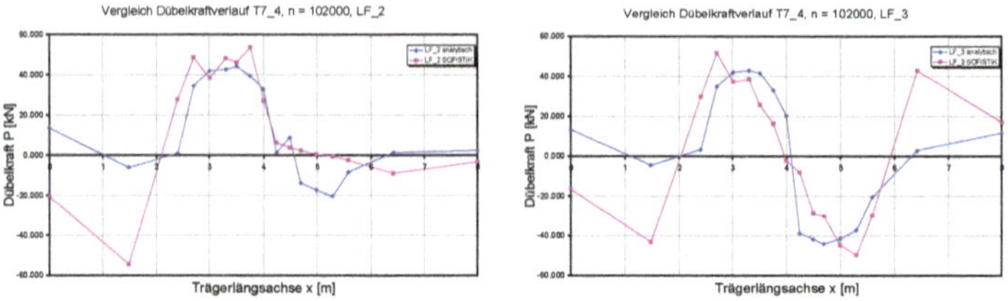

Bild 5.13 Vergleich der Dübelkraftberechnung mit FE und unter Verwendung der analytischen Beziehung am Beispiel T7_4 für n= 102000 Lastwechsel

Sollten die Gesetzmäßigkeiten auf weitere Dübeldurchmesser und andere Steifigkeitsverhältnisse erweitert werden, kann auf diese Art offensichtlich ein sehr leistungsstarkes Hilfsmittel zur Berechnung der Dübelkräfte unter nicht ruhender Beanspruchung zur Verfügung gestellt werden.

5.8 Erarbeitung der Grundbeziehungen eines modifizierten Örtlichen Konzeptes mit der Bezugsgröße „Schlupf"

5.8.1 Allgemeine Erläuterungen zum Örtlichen Konzept [5.2,1.3,1.5,5.1]

Ausführliche Beschreibungen und Hintergründe zum Örtlichen Konzept können der einschlägigen Fachliteratur entnommen werden z.B. [1.3,5.2]. Im Rahmen dieser Arbeit werden nur einige wenige Grundbegriffe und -zusammenhänge dargestellt.

5.8.1.1 Dehnungskontrollierte *Wöhler*-Versuche

Bei der Lebensdauerberechnung nach dem Örtlichen Konzept handelt es sich um eine Berechnung anhand von Kerbgrundbeanspruchungen. Der übliche Versuch zur Erarbeitung entsprechender Gesetzmäßigkeiten ist der dehnungskontrollierte *Wöhler*-Versuch.

Versuche im Zeitfestigkeitsbereich zeigten, dass am Ausgangspunkt eines Schwinganrisses nicht nur eine der Spannungsamplitude proportionale elastische Dehnungsamplitude auftritt, sondern dass die dort örtlich wirkende Gesamt-Dehnungsamplitude einen beachtlichen plastischen Dehnungsanteil aufweist. Im Kurzzeitfestigkeitsbereich ist vorrangig der plastische Dehnungsanteil schwingfestigkeitsbestimmend [5.3].

Dieses elastisch-plastische Verhalten hat starke Auswirkungen auf die Lebensdauerprognose wie *Manson* in [1.5] deutlich zeigt:

Vergleicht man bei metallischen Werkstoffen die prognostizierten Lebensdauern mit den im Versuch erreichten Werten, zeigt sich, dass die auf Spannungen aufbauenden Methoden ein deutlich schlechteres Ergebnis in der Korrelation aufweisen als diejenigen, die auf Dehnungen als Bezugsgröße ausgerichtet sind.

In Bezug auf die Lebensdauer liegen etwa 90% der über die Spannungsschwingbreite ermittelten Werte innerhalb einer Streubreite mit dem Faktor 5, siehe Bild 5.14. Grundlage der Korrelationsuntersuchung ist eine Spannungsberechnung in einem Prüfstab, also einem einfach handhabbaren System! Insgesamt werden in [1.5] Untersuchungen an 29 unterschiedlichen metallischen Werkstoffe vorgestellt.

Vergleicht man aber die im Versuch gemessene totale Dehnungsschwingbreite mit der berechneten totalen Dehnungsschwingbreite, liegt die Streubreite für 90% der Grundgesamtheit nur noch bei einem Faktor 1,5, die Korrelation ist also bedeutend besser, siehe Bild 5.15.

Diese Beobachtung ist über das Werkstoffverhalten begründbar: Wenn ein Werkstoff plastisches Verhalten aufweist, ist der Zusammenhang zwischen Spannung und Dehnung nicht mehr eindeutig, für einen konkreten Spannungswert sind unendlich viele Dehnungszustände möglich.

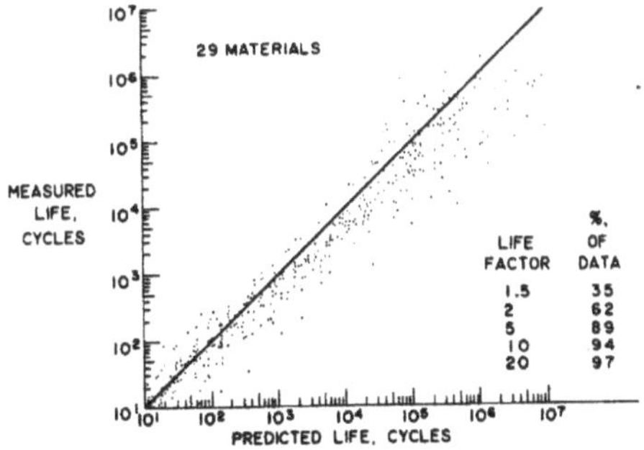

Bild 5.14 Vergleich der über Spannungsberechnungen prognostizierten Lebensdauer mit der im Versuch aufgetretenen Lebensdauer [1.3]

Ähnlich verhält es sich auch mit den einbetonierten KD. Denkt man an das idealisierte zyklische Materialgesetz, siehe z.B. Bild 5.5, dann gehören auch zu einer bestimmten Dübelkraftschwingbreite beliebig viele mögliche Verformungszustände („Schlupfzustände“).

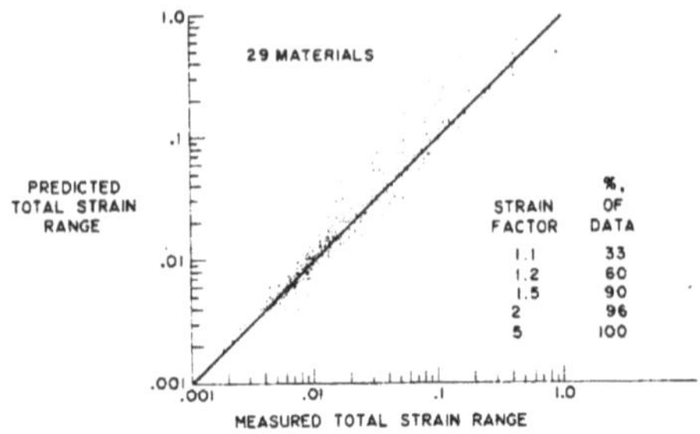

Bild 5.15 Vergleich der prognostizierten Dehnungsamplituden mit den im Versuch gemessenen [1.3]

5.8.1.2 Zyklische Spannungs-Dehnungs-Kurve

Der im *Wöhler* - Versuch bestehende Zusammenhang zwischen der örtlich auftretenden elastisch-plastischen Gesamt-Dehnungsamplitude und der Spannungsamplitude lässt sich am ungekerbten Prüfstab ermitteln, wenn dieser einer vorgegebenen axialen Wechselbeanspruchung unterworfen wird. Bei derartigen dehnungskontrollierten *Wöhler* - Versuchen wird zusätzlich auch noch die sich einstellende Prüfkraft gemessen, um daraus die im Prüfquerschnitt wirkende Spannungsamplitude bestimmen und die sich ergebende Spannungs – Dehnungs - Hysterese aufzeichnen zu können, Bild 5.16.

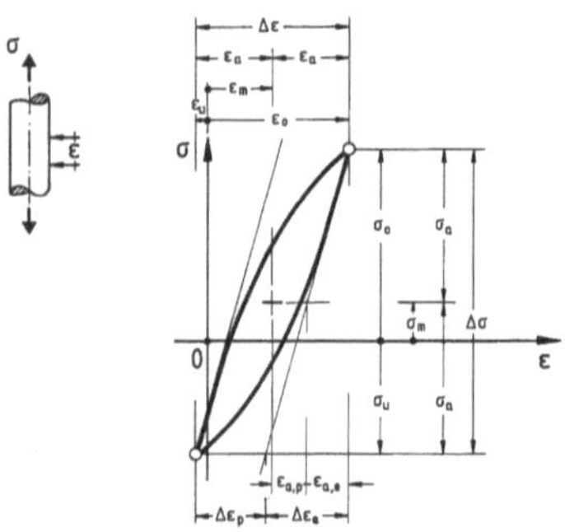

σ_o, ε_o: Oberspannungen und -dehnungen

σ_u, ε_u: Unterspannungen und -dehnungen

σ_m, ε_m: Mittelspannungen und -dehnungen

σ_a, ε_a: Spannungs- und Dehnungsamplitude

$\Delta\sigma = 2\sigma_a$; $\Delta\varepsilon = 2\varepsilon_a$: Spannungs- und Dehnungsschwingbreite (-weite)

$R_\sigma = \dfrac{\sigma_o}{\sigma_u}$; $R_\varepsilon = \dfrac{\varepsilon_o}{\varepsilon_u}$: Spannungs- und Dehnungsverhältnis

$\varepsilon_{a,t} = \varepsilon_{a,e} + \varepsilon_{a,p} = \dfrac{\sigma_a}{E} + \varepsilon_{a,p}$:Totale Dehnung = elast. + plast. Dehnung

Bild 5.16 Beanspruchungsgröße der Hysteresen [4.5]

Die Amplituden oder Schwingbreiten der totalen Dehnungen lassen sich aus den elastischen und plastischen Dehnungsanteilen zusammensetzen. Die elastischen Dehnungen folgen aus den Spannungen durch den E-Modul. Dieser wird entweder als zyklischer E-Modul aus gemessenen Hysteresen oder als statischer E-Modul aus entsprechenden Werkstoffhandbüchern entnommen. Somit lautet der Zusammenhang zwischen totalen, elastischen und plastischen Dehnungen:

$$\varepsilon_{a,t} = \varepsilon_{a,e} + \varepsilon_{a,p} = \frac{\sigma_a}{E} + \varepsilon_{a,p} \quad \text{Gl. 5.9}$$

$$\Delta\varepsilon = \Delta\varepsilon_e + \Delta\varepsilon_p = \frac{\Delta\sigma}{E} + \Delta\varepsilon_p \quad \text{Gl. 5.10}$$

Der Zusammenhang zwischen Spannung und Dehnung stellt sich als Spannungs – Dehnungs - Schaubild dar, Bild 5.17. Als zyklisches Spannungs – Dehnungs - Schaubild (stabilisiertes Spannungs – Dehnungs - Schaubild) bezeichnet es den Zusammenhang zwischen den Amplituden der Spannung und der Dehnung unter einer zyklischen Beanspruchung im *Wöhler*-Versuch, Bild 5.16, und das im Unterschied zum zügigen Spannungs-Dehnungs-Schaubild, das im Zugversuch erhalten wird, siehe Bild 5.18.

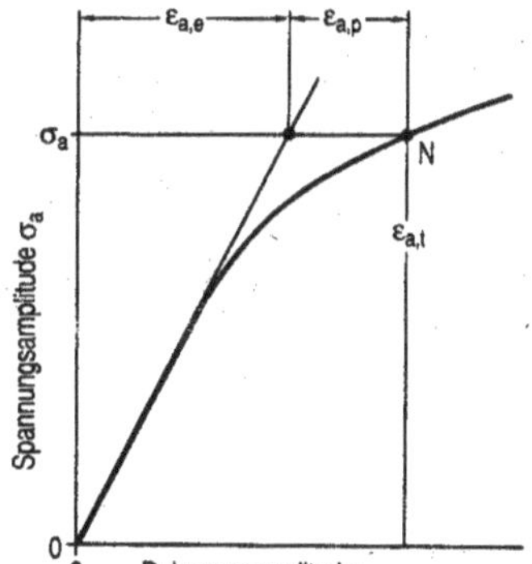

Bild 5.17 Zyklisches Spannungs - Dehnungsschaubild [5.2]

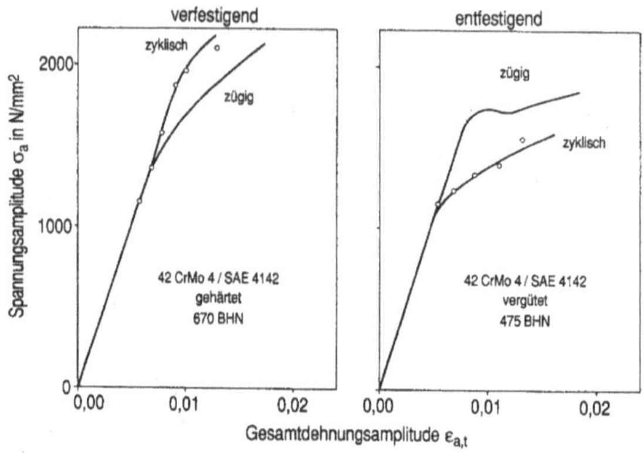

Bild 5.18 Unterschied der zyklischen und der zügigen Spannungs – Dehnungs - Kurve bei verfestigenden und entfestigenden Materialien [5.2]

Dieser Unterschied ist nicht nur allein begrifflicher Art, sondern auch werkstoffabhängig. Die zyklische Spannungs - Dehnungskurve liegt für Werkstoffe, die sich unter der zyklischen Beanspruchung entfestigen, unterhalb, für Werkstoffe, die sich zyklisch verfestigen, oberhalb der zügigen Spannungs – Dehnungs - Kurve. Nur für zyklisch stabile Werkstoffe, die sich also weder verfestigen noch entfestigen, stimmen die zyklische und die zügige Spannungs-Dehnungs-Kurve überein.

Ein Unterschied zwischen der zügigen und zyklischen Spannungs-Dehnungs-Kurve bedeutet, dass sich das elastisch - plastische Werkstoff - Verhalten im *Wöhler* - Versuch unter der einwirkenden Schwingbeanspruchung verändert, siehe z. B. Bild 5.19. Für das punktweise Auftragen der zyklischen Spannungs – Dehnungs - Kurve ist für solche Fälle <u>per Konvention</u> festgelegt, dass die Spannungs-Dehnungs-Kurven bei der halben Anriss-Schwingspielzahl herangezogen werden. Sie gelten dann gewissermaßen als Mittelwerte für die gesamte Lebensdauer, siehe Bild 5.20.

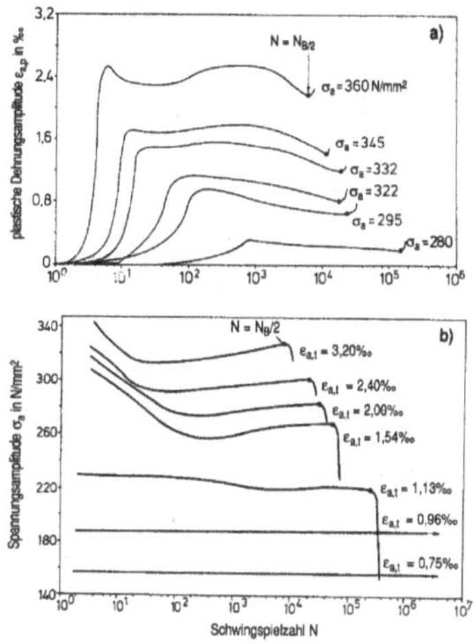

Bild 5.19 Zyklisch instabiles Werkstoffverhalten (a) im dehnungskontrollierten, (b) im spannungskontrollierten Einstufenversuch [5.2]

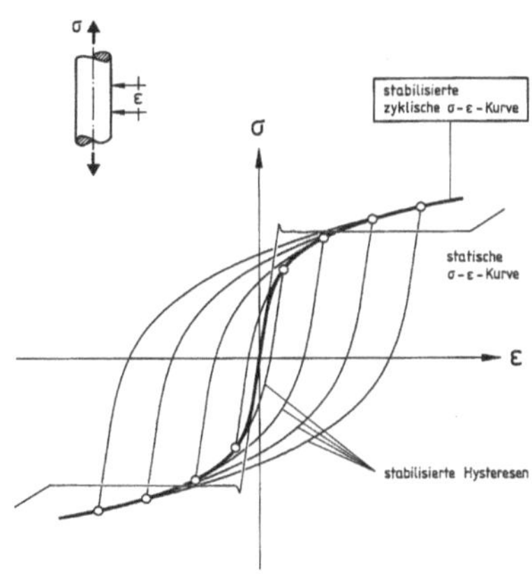

Bild 5.20 Stabilisierte zyklische Spannungs-Dehnungs-Kurve [4.5]

5.8.1.3 Dehnungs - *Wöhler*linie [5.2]

Für die Dehnungs - *Wöhler*linie werden die zyklisch stabilisierten oder die bei den halben Anriss-Schwingspielzahlen bestimmten Amplituden der Gesamtdehnung, der elastischen Dehnung und der plastischen Dehnung über der bis zum Schwinganriss ertragenen Zahl der Schwingspiele N aufgetragen. Wie die Arbeiten von *Coffin* [5.4], *Manson* [1.5] und *Morrow* [5.5] zeigen, lassen sich die Linien der elastischen und der plastischen Dehnungsamplituden im doppeltlogarithmischen Maßstab in guter Näherung als Geraden darstellen und wie folgt beschreiben, siehe Bild 5.21:

*Wöhler*linie für elastische Dehnungen:

$$\varepsilon_{a,e} = \left(\sigma_f'/E\right) \cdot N^b \qquad \text{Gl. 5.11}$$

*Wöhler*linie für plastische Dehnungen:

$$\varepsilon_{a,p} = \varepsilon_f' \cdot N^c \qquad \text{Gl. 5.12}$$

Für die Gesamt - Dehnungsamplitude (*Wöhler*linie für totale Dehnungen) gilt damit:

$$\varepsilon_{a,t} = \left(\sigma_f'/E\right) \cdot N^b + \varepsilon_f' \cdot N^c \qquad \text{Gl. 5.13}$$

mit: c,b Neigungsparameter, der „Geraden“ (im doppeltlogarithmischen Netz)

$\varepsilon_f', \sigma_f'$ Dehnungs- und Spannungswerte für die halbe Anrissschwingspielzahl

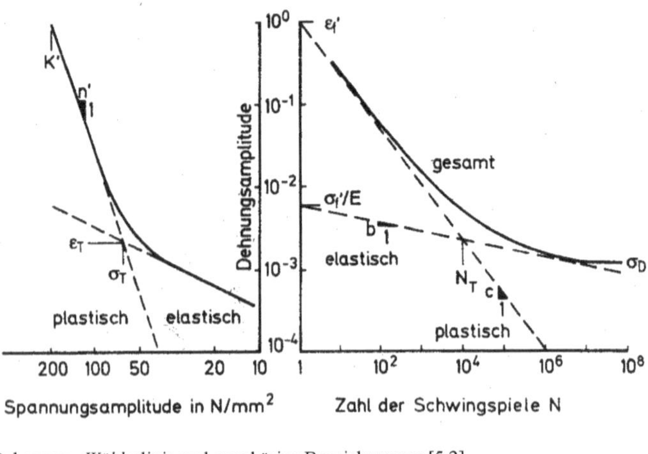

Bild 5.21 Dehnungs - *Wöhler*linie und zugehörige Bezeichnungen [5.2]

Eine direkte Querbeziehung besteht zwischen dem Diagramm der Dehnungs - *Wöhler*linie, Bild 5.21, und dem zyklischen Spannungs-Dehnungs-Schaubild, Bild 5.17 oder Bild 5.20: Ein vertikaler Schnitt im Diagramm der Dehnungs - *Wöhler*linie findet seine Entsprechung in einem horizontalen Schnitt im Spannungs – Dehnungs - Diagramm. Wird in diesem horizontalen Schnitt an der Spannungs – Dehnungs - Kurve die ertragbare Anriss - Schwingspielzahl N als Parameter angeschrieben, Bild 5.17, so enthalten das Spannungs-Dehnungs-Schaubild und das Diagramm der Dehnungs -

*Wöhler*linie eine absolut und vollständig gleiche Information. Denn durch das Zusammenfassen von Bild 5.16 bis Bild 5.21 folgt als Gleichung der zyklischen Spannungs – Dehnungs - Kurve:

$$\varepsilon_{a,t} = \frac{\sigma_a}{E} + \left(\frac{\sigma_a}{K'}\right)^{\frac{1}{n'}} \quad \text{(\textit{Ramberg – Osgood} - Beziehung)} \qquad \text{Gl. 5.14}$$

mit:
$$n' = \frac{b}{c} \qquad \text{Gl. 5.15}$$

$$K' = \sigma'_f \cdot \varepsilon'^{-n'}_f \qquad \text{Gl. 5.16}$$

n' ist der sogenannte Verfestigungsexponent, und K' kann man sich vorstellen als die Spannungsamplitude, die zu einer plastischen Dehnung von 100% ($\varepsilon'_f = 1{,}0$) gehört.

5.8.2 Transformation der Gesetzmäßigkeiten auf die Bezugsgröße „Schlupf“

5.8.2.1 Anwendungsvoraussetzungen

Die analytischen Ansätze des Örtlichen Konzeptes sind theoretisch auf den Schlupf in der Verbundfuge übertragbar. Anzumerken ist jedoch, dass für den einbetonierten KD unter zyklischer Beanspruchung nicht alle Anwendungsvoraussetzungen automatisch erfüllt sind, und aus diesem Grund vereinfachte Annahmen vereinbart werden müssen.

5.8.2.1.1 Anrisszeitpunkt:

Maßgebend beim Örtlichen Konzept ist der Anrisszeitpunkt bzw. die Anrissschwingspielzahl. Der Anriss ist bei den einbetonierten KD aber nur schwer feststellbar, siehe auch Bild A.14 bis Bild A.19. Über den Zeitpunkt können zwar gezielte Vermutungen angestellt werden (z.B. über einen deutlichen Steifigkeitsabfall, der durch die Aufzeichnung der Dübelkräfte messbar ist), aber exakt kann er nicht bestimmt werden. Deswegen wurde im Rahmen dieser Untersuchungen das erste Bolzenversagen innerhalb einer Gruppe von mehreren KD als Anrisszeitpunkt definiert.

Diese Festlegung erscheint durchaus praktikabel, berücksichtigt man nicht nur die Tatsache, dass in den Push-Out Versuchen immer je 8 Dübel aufgeschweißt waren, die z.T. deutlich unterschiedliche Versagensschwingspielzahlen aufwiesen, sondern auch, dass in einem realen Träger eine Vielzahl von KD angeordnet ist. In Kapitel 3 wurde gezeigt, dass es nach dem ersten Bolzenversagen zu einem sukzessiven Versagen der Verbundfuge kommt. Ein Versagensprozess, der dem Risswachstum nach erfolgtem Anriss zumindest sehr ähnlich ist.

5.8.2.1.2 Zyklische Entfestigung und zyklische Verfestigung

Einbetonierte KD weisen kein zyklisch stabiles Tragverhalten auf. Bislang konnte jedoch nicht eindeutig geklärt werden, ob sich KD zyklisch ent- oder verfestigen bzw. ob sich immer ein stabiler Zustand einstellt, siehe Abschnitt 5.9.

Bei den durchgeführten Einstufenversuchen konnte immer eine zyklische Entfestigung beobachtet werden. Je nach Größe der aufgebrachten Schlupfamplitude stabilisierte sich der Entfestigungsprozess irgendwann oder setzte sich kontinuierlich und annähernd linear bis zum Versagen des ersten KD fort, siehe Bild 5.22 (die einzelnen, „regellosen" Datenpunkte resultieren wiederum aus den quasistatischen Messungen, sie konnten nicht vollständig heraus gefiltert werden). Aus Gründen der besseren Vergleichbarkeit wurden die Kurven der Schubspannungsschwingbreite wiederum über der bezogenen Lastspielzahl aufgetragen.

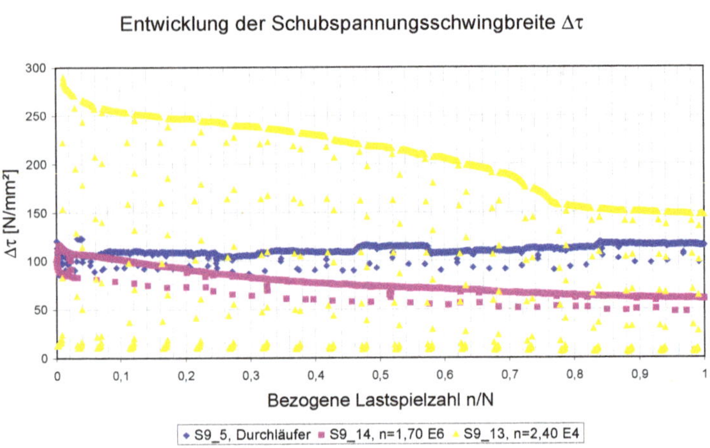

Bild 5.22 Entwicklung der Schubspannungsschwingbreite für verschiedene Einstufenversuche

Der Versuch S9_13 wurde mit einer großen Schwingbreite belastet, hier fand das erste Dübelversagen nach 24000 Lastwechseln statt, es kam zu keiner Stabilisierung. Der Versuch S9_5, der Durchläufer, wies über den gesamten Bereich der Lebensdauer ein in etwa gleiches Kraftniveau auf, er verhielt sich annähernd zyklisch stabil. Der Versuch S9_14, der ebenfalls eine sehr hohe Lastspielzahl bis zum ersten Bolzenversagen aufwies, entfestigte sich kontinuierlicher, kann jedoch abschnittsweise auch als quasi - stabil eingestuft werden.

Die Grundlage für die Ausarbeitung eines Örtlichen Konzeptes bildet die stabilisierte zyklische Kennlinie, siehe Bild 5.20, die i.d.R. für n/N = 0,5, also für die halbe Anrissschwingspielzahl aufgestellt wird. Da sie aber nicht zwangsläufig einen stabilen Zustand, sondern vielmehr einen Mittelwert für die gesamte Lebensdauer darstellen soll, erscheint es aufgrund des nahezu linearen Abfalls des Kraftniveaus durchaus gerechtfertigt, auch in diesem Punkt die Ansätze des Örtlichen Konzeptes zu übernehmen.

Zum zyklischen Verhalten muss angemerkt werden, dass einbetonierte KD nur unter Einstufenbelastung immer die Phänomene der zyklischen Entfestigung aufweisen. Bei den Versuchen mit Wachstumsraten, siehe Tabelle 5.2, konnte beobachtet werden, dass innerhalb eines Versuches sowohl Ent- als auch zyklische Verfestigung beobachtet werden kann, siehe hierzu auch Bild 5.30 und Bild 5.31. Dies ist der mechanische Hintergrund dafür, dass eine lineare Schadensakkumulationshypothese nur schwer oder nur sehr restriktiv anwendbar ist [1.5]. Auf diesen Sachverhalt wird in Abschnitt 5.9 gezielt eingegangen.

5.8.2.1.3 Konstante elastische Steifigkeit

Grundvoraussetzung zur Aufteilung der aufgebrachten Dehnungs- bzw. Schlupfamplituden in einen elastischen und einen plastischen Anteil ist eine konstante elastische Steifigkeit.

Aus den Ausführungen und Abbildungen der Abschnitte 5.4 und 5.5 wurde deutlich, dass die Entlastungssteifigkeit der ersten Beanspruchungshysterese in guter Näherung als konstant angesehen werden kann, denn nach dem „Durchlaufen" des Bereichs kraftloser Verformung nehmen die KD mit annähernd gleichbleibender Steifigkeit wieder Kraft auf.

Dieser Sachverhalt ist durchaus als Näherung zu betrachten, erscheint aber dennoch im Hinblick auf eine Begrenzung des Konzeptes auf den ersten Anriss statthaft. Ein Quantifizierung des Steifigkeitsabfalls im Verlaufe der Lebensdauer wäre in jedem Fall wünschenswert, hier besteht weiterer Forschungsbedarf.

Offensichtlich scheinen alle Anwendungsvoraussetzungen des Örtlichen Konzeptes in guter Näherung auch für den Schlupf in der Verbundfuge gegeben zu sein. Es wird nun versucht, den Werkstoffmodul des Örtlichen Konzepts derart zu manipulieren, dass er auch für die Situation in der Verbundfuge im Rahmen eines neuen Mischkonzeptes angewendet werden kann.

5.8.2.2 Ableitung einer Schlupf - *Wöhler*linie für R = -1

Bei den in Abschnitt 5.4 vorgestellten Versuchen S9_5, S9_6, S9_12, S9_13 und S9_14 handelt es sich um weggeregelte Einstufenversuche mit konstanten Schlupfamplituden, die geeignet sind, eine Überprüfung der nach dem Örtlichen Konzept vorgeschlagenen analytischen Beschreibung der phänomenologischen Schädigungsbeurteilung durchzuführen. Hauptaugenmerk gilt den Ansätzen nach *Manson*, *Coffin* und *Morrow*.

Versteht man, wie in Abschnitt 4.5 geschildert, den Schlupf bzw. die Kraft als aus der Dehnung bzw. Spannung resultierende Größe, so ergeben sich analog die folgenden analytischen Beziehungen für die Verbundfuge:

Für den totalen Schlupf, vgl. Gl. 5.9

$$s_{a,t} = s_{a,e} + s_{a,p} = \frac{P_a}{C} + s_{a,p} \qquad \text{Gl. 5.17}$$

bzw. für die Schlupfschwingbreite, vgl. Gl. 5.10:

$$\Delta s = \Delta s_e + \Delta s_p = \frac{\Delta P}{C} + \Delta s_p . \qquad \text{Gl. 5.18}$$

Für die *Wöhler*linie des elastischen Schlupfes, vgl. Gl. 5.11:

$$s_{a,e} = \frac{P_a}{C} = \frac{P'_f}{C} \cdot N^b \qquad \text{Gl. 5.19}$$

Für die *Wöhler*linie des plastischen Schlupfes, vgl. Gl. 5.12:

$$s_{a,p} = s'_f \cdot N^c \qquad \text{Gl. 5.20}$$

Für die *Wöhler*linie des totalen Schlupfes, vgl. Gl. 5.13:

$$s_{a,t} = s_{a,e} + s_{a,p} = \frac{P'_f}{C} \cdot N^b + s'_f \cdot N^c . \qquad \text{Gl. 5.21}$$

Für die Gleichung der <u>zyklischen Dübelkraft – Schlupf - Kurve</u> (P – s - Kurve) ergibt sich analog der Gl. 5.14:

$$s_{a,t} = \frac{P_a}{C} + \left(\frac{P_a}{K'}\right)^{\frac{1}{n'}} \quad \text{(\textit{Ramberg – Osgood} - Beziehung)} \qquad \text{Gl. 5.22}$$

mit: $n' = \frac{b}{c}$, Gl. 5.23

$K' = P'_f \cdot s'^{\,-n'}_f$. Gl. 5.24

Die zyklische P – s - Kurve (Gl. 5.22) liefert eine bessere Beschreibung des zyklischen Last-Verformungs-Verhaltens als der vereinfachte trilineare Ansatz aus den Abschnitten 5.4.3 oder 5.5.3. Der vereinfachte Ansatz besticht aber durch einfache Handhabbarkeit und ist für verschiedene Anwendungen (Beurteilung des Tragverhaltens einer bestehenden Brücke, iterative Berechnung von Verbundträgern) sehr gut geeignet, das zyklische Verhalten bzw. die zyklischen Veränderungen entlang der nicht ruhend beanspruchten Verbundfuge im Verlaufe der Lebensdauer zu beschreiben, wie es die Abschnitte 5.6 und 5.7 deutlich zeigen. Die mit Gl. 5.22 beschriebene zyklische P-s-Kurve repräsentiert jedoch bereits die Mittelwertkurve über die gesamte Lebensdauer. Sie eignet sich damit zur sofortigen Implementierung als Werkstoffgesetz in ein FE - Modell. Das Berechnungsergebnis – die Δs – Werte - kann dann unmittelbar einer Lebensdauerprognose zugeführt werden.

Der Versuch, die Ansätze nach *Manson*, *Coffin* und *Morrow* auf die nicht ruhend beanspruchte Verbundfuge zu übertragen, wurde erstmals von *Bode* und *Dorka* für KD19 in Vollbetonplatten unternommen [5.8,5.9,5.10]. Bild 5.23 zeigt den gefundenen Zusammenhang.

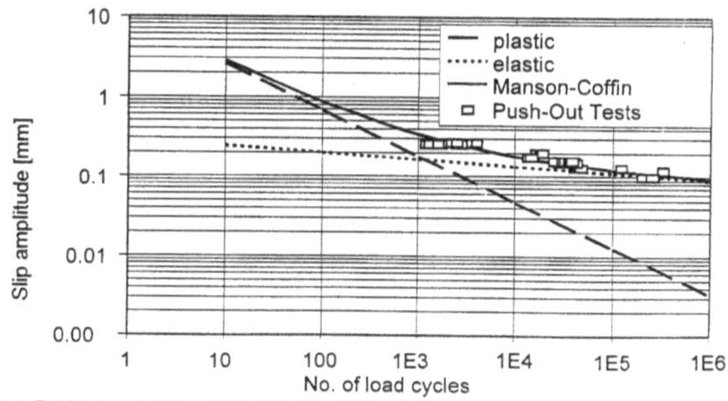

Figure 7: Manson-Coffin relationship resulting from the tests.

Bild 5.23 *Manson-Coffin*-Beziehung für KD19 nach [5.8,5.9,5.10]

Die damals durchgeführten Versuche wiesen nur Lastspielzahlen zwischen 5000 und 200000 auf, ließen jedoch bereits erkennen, dass sich die Gesetzmäßigkeiten offensichtlich gut übertragen lassen. Es ist aber zu erwarten, dass sich der Kurvenverlauf bei Berücksichtigung größerer Lastwechselzahlen nochmals deutlich verschieben wird.

In [5.8-5.9] werden leider keine Erläuterungen dazu gemacht, auf welche Art und Weise die Gesetzmäßigkeiten abgeleitet wurden. Es fehlen Angaben über den Ansatz und die Größe der elastischen Steifigkeit.

Bei der Durchsicht der zur Verfügung gestellten Versuchsdaten fiel außerdem auf, dass nicht alle zur Auswertung herangezogenen Versuchsdaten tatsächlich als Einstufenversuche betrachtet werden können. Auf die Schwierigkeiten bei der Durchführung von dynamischen Versuchen mit sehr kleinen Wegen wurde bereits in Abschnitt 5.2 eingegangen, es kann daher sehr schnell zu Abweichungen der Steuervorgaben kommen.

Aufgrund der Arbeiten von *Bode* und *Dorka* wurde in der hier vorliegenden Arbeit versucht, die Versuche mit sehr kleinen Wachstumsraten, vgl. Tabelle 5.2, ebenfalls näherungsweise als Einstufenversuche zu betrachten. Allein schon aus dem Grund, dass die zur Verfügung stehende Datenbasis der Einstufenversuche mit nur 5 Versuchen sehr klein war. Es zeigte sich aber, dass dies bereits zu starken Veränderungen der Gesetzmäßigkeiten führt. Da zu diesem Zeitpunkt aber noch keine Aussage darüber getroffen werden kann, ob sich diese Veränderungen bei einer größeren Datenbasis von Einstufenversuchen ähnlich darstellen würden, wurde von diesem Vorgehen wieder Abstand genommen. Stattdessen wird im Rahmen dieser Arbeit versucht, die Zulässigkeit des Verfahrens eindeutig zu zeigen. Die abgeleiteten Gesetzmäßigkeiten können vom aktuellen Bearbeitungsstand aus jedoch nur als Trend verstanden werden, hier müssen weitere Einstufenversuche zeigen, inwiefern sich der endgültige Kurvenverlauf vielleicht nochmals ändert.

Im folgenden wird das Vorgehen zur Aufstellung der Schlupf-*Wöhler*linie aufgezeigt. Aus den zugrundeliegenden dynamischen Versuchswerten werden wie beim Örtlichen Konzept üblich die Werte in der Hälfte der Lebensdauer des Schlupfes und der Dübelkraft entnommen. Diese repräsentieren den Mittelwert der Lebensdauer, bzw. die Werte im stabilisierten Zustand.

Die elastische Anfangssteifigkeit wird aus dem Mittelwert der elastischen Entlastungssteifigkeit im ersten statischen Zyklus aller Push-Out Versuche gebildet, C = 427 kN/cm. Unter Verwendung dieser Werte kann nach dem *Hook*'schen Gesetz der elastische Anteil des Schlupfes separiert, Gl. 5.25, und anschließend der plastische Anteil nach Gleichung 5.26 berechnet werden.

$$s_{a,e} = \frac{P_a}{C} \qquad \text{Gl. 5.25}$$

$$s_{a,p} = s_a - s_{a,e} \qquad \text{Gl. 5.26}$$

Eine lineare Regressionsberechnung mit einer Überlebenswahrscheinlichkeit von 50% im doppellogarithmischen Netz für den Schlupfamplitudenanteil $s_{a,e}$ bzw. $s_{a,p}$ über der Lebensdauer N ergibt die *Wöhler*linien für die elastische bzw. plastische Schlupfamplitude.

Die Definition des Versagenskriteriums, wie in Abschnitt 5.8.2.1.1 dargelegt, sieht den ersten gemessenen Bolzenabriss vor. Der Zusammenhang lässt sich also wie bei metallischen Werkstoffen als Gerade darstellen, Bild 5.24. Die Addition der beiden Schlupf-*Wöhler*linien ergibt die *Wöhler*linie für die totale Schlupfamplitude.

Die Versuchswerte – ebenfalls in Bild 5.24 eingetragen – liegen sehr nahe an der so ermittelten Kurve. Der Wert mit der Versagensschwingspielzahl $N = 3 \cdot 10^6$ stammt aus dem Versuch S9_5 (Durchläufer), er ist nicht Bestandteil der *Wöhler*linienberechnung.

Es ist deutlich erkennbar, dass dieser Versuchswert dem Dauerfestigkeitsbereich zugeordnet werden muss, was die damit vorgeschlagene Beziehung stützt.

Die materialabhängigen Parameter ergeben sich in dieser Berechnung zu:

b = -0,1406 als Neigungsexponent für die elastische *Wöhler*linie

c = -0.2386 als Neigungsexponent für die plastische *Wöhler*linie

$$\frac{P'_f}{C} = 10^{1,5669} = 36{,}89 \ [\text{mm}/100]$$

$$s'_f = 10^{2,2222} = 166{,}80 \ [\text{mm}/100]$$

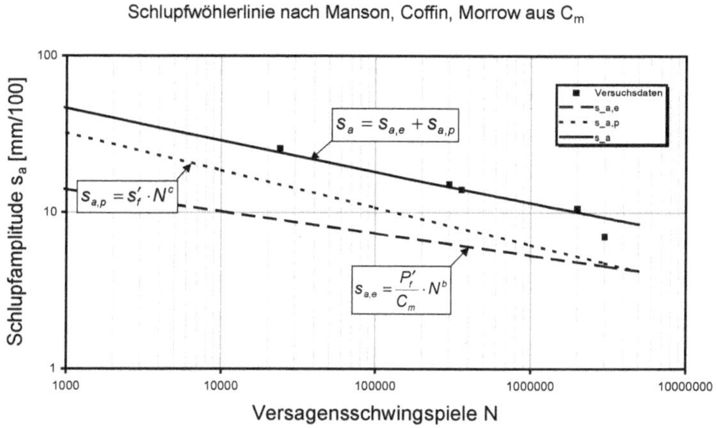

Bild 5.24 Schlupf - *Wöhler*linie nach Ansatz von *Manson/Coffin/Morrow* für einbetonierte Kopfbolzendübel ∅22

Die Krümmung der berechneten Schlupf - *Wöhler*linie ist noch sehr groß, möglicherweise lässt sich der Zusammenhang mit doppeltlogarithmischen Netz auch mit einer Geraden beschreiben, was die Handhabung wesentlich vereinfachen würde, insbesondere bei der Schädigungsrechnung. In dieser Arbeit bleibt der analytische Ansatz nach *Manson, Coffin* und *Morrow* in der angegebenen Form dennoch bestehen, weil die Grundgesamtheit lediglich fünf Versuche umfasst. Es muss also davon ausgegangen werden, dass sich der Verlauf der Kurve unter Zugrundelegung weiterer Versuchsdaten merklich ändern kann.

5.8.2.3 Zyklische Dübelkraft-Schlupf-Kurve nach *Ramberg – Osgood*

Neben dem Aufstellen der Schlupf - *Wöhler*linie lässt sich aus den Versuchswerten auch die zyklische Dübelkraft – Schlupf - Kurve nach *Ramberg – Osgood* (Gl. 5.22) ableiten, indem man die Dübelkraft P über den Schlupf s in der Hälfte der Lebensdauer aufträgt, Bild 5.25. Auch dieser analytische Ansatz ist damit für einbetonierte Kopfbolzendübel anwendbar.

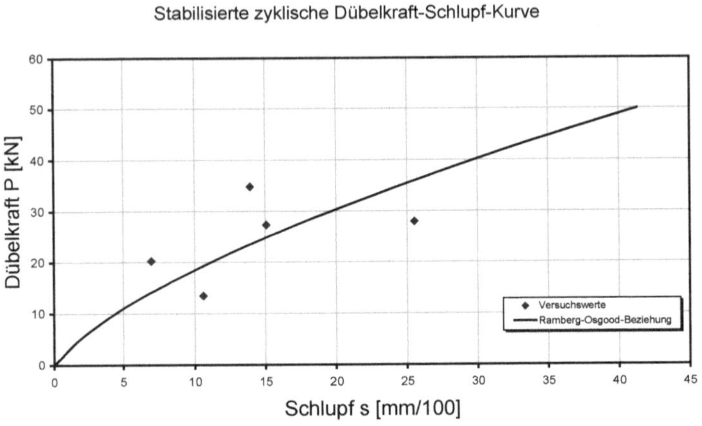

Bild 5.25 Stabilisierte zyklische Dübellast – Schlupf - Kurve für einbetonierte KD22 nach *Ramberg* und *Osgood* (Darstellung für 1. Quadranten, punktsymmetrisch zum Ursprung)

Durch die geringe Datenbasis zeigt auch diese Gesetzmäßigkeit als Mittelwertkurve naturgemäß noch sehr starke Abweichungen von den Versuchswerten. Zusätzliche Versuchsergebnisse werden diese Beziehung noch verändern oder stützen. Es fällt aber bereits auf, wie flach diese Beziehung entgegen der statischen Last-Verformungskurve geneigt ist. Sie ist damit Ausdruck des stark nichtlinearen, zeitlich veränderlichen Materialverhaltens.

Bild 5.26 veranschaulicht den elastischen und plastischen Schlupfanteil in Abhängigkeit der Dübelkraft nach der *Ramberg – Osgood* - Beziehung, Bild 5.27 weist den gleichen Zusammenhang aus, hier werden die Schlupfanteile aber auf den totalen Schlupf bezogen. Ab einer Dübelkraft von P = 15 kN wiegen sich der elastische und der plastische Anteil auf, darunter dominiert der elastische, darüber der plastische Anteil. Aus der Vergleichsberechnung nach Abschnitt 5.7 wird ersichtlich, dass die maximalen Dübelkräfte bis zu P = 60 kN betragen. Daraus ergibt sich, dass das Kraft – Verformungs - Verhalten in der Verbundfuge mit Kopfbolzendübeln bereits auf Gebrauchslastniveau stark von der Plastizität bestimmt wird.

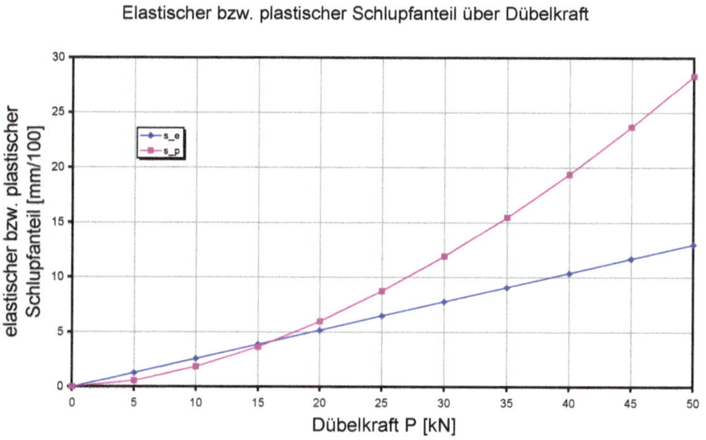

Bild 5.26 Absoluter elastischer bzw. plastischer Schlupfanteil über der Dübelkraft

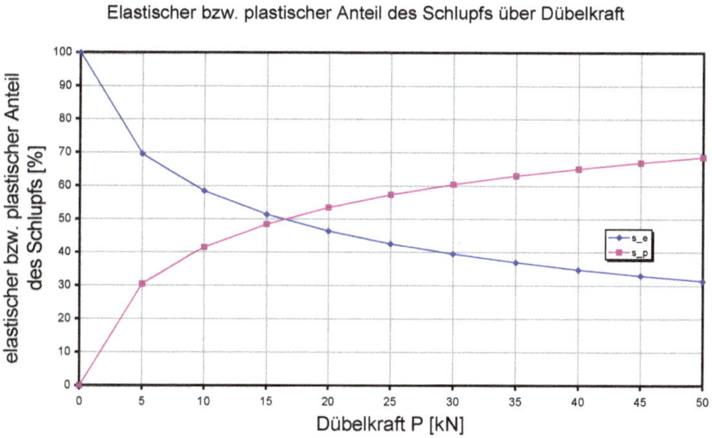

Bild 5.27 Prozentualer elastischer und plastischer Schlupfanteil nach *Ramberg – Osgood*

5.9 Überprüfung der Anwendbarkeit einer linearen Schadensakkumulationshypothese auf das Ermüdungsverhalten einbetonierter KD

5.9.1 Theoretische Vorbetrachtungen

Die Anwendbarkeit einer linearen Schadensakkumulationshypothese setzt voraus, dass sich in jedem Stadium der Beanspruchungsgeschichte des Materials die Schädigung proportional zur aktuellen Beanspruchungsgröße verhält. Hierbei handelt es sich lediglich um eine einfache, ingenieurmäßige Annahme, die aber auch mehr oder weniger falsche Lebensdauerprognosen zur Folge haben kann.

Aus diesem Grund werden im folgenden einige Situationen für metallische Werkstoffe aus [1.5] diskutiert, die Aufschluss geben sollen, wann die *Miner* - Regel gute bzw. schlechte Ergebnisse liefert.

Gegenstand dieser beispielhaften Betrachtung ist das Materialverhalten von Aluminium 2024-T4 unter kumulierter Ermüdungsbeanspruchung, wenn zyklische Ver- und Entfestigungseigenschaften berücksichtigt werden.

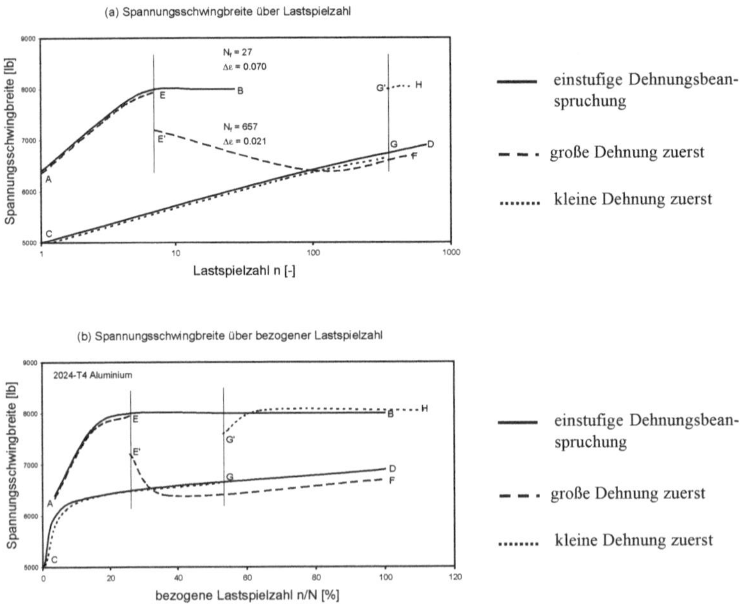

Bild 5.28 Zyklische Verfestigung unter Zweistufenkollektiven [1.5]

Bild 5.28 zeigt die Entwicklung der Spannungsschwingbreite für ein zweistufiges Beanspruchungskollektiv, (a) über der absoluten Lastspielzahl und (b) über der bezogenen Lastspielzahl.

Die Kurven AB und CD zeigen die Entwicklung der Spannungsschwingbreiten für die entsprechenden Einstufenversuche mit konstanter Dehnungsschwingbreite von $\Delta\varepsilon = 0{,}070$ bzw. $\Delta\varepsilon = 0{,}021$. Im ersten Fall ergibt sich eine Lebensdauer von $n = 27$ Schwingspielen und im zweiten Fall eine Lebensdauer von $n = 657$ Schwingspielen.

Im folgenden wird die Dehnungsschwingbreite zunächst über 25% der Lebensdauer ($\approx$ 8 Lastwechsel) auf einem Niveau von $\Delta\varepsilon = 0{,}070$ gehalten, daraus ergibt sich die Kurve AE. Anschließend wird die Dehnungsschwingbreite bis zum Probenversagen auf $\Delta\varepsilon = 0{,}021$ gesenkt, dieser Abschnitt wird durch E'F beschrieben.

Die Kurve E'F ist in der in Bild 5.28 (a) gewählten Darstellung schwieriger einzuordnen, da sich das Material anscheinend zunächst zyklisch ent- und anschließend wieder verfestigt. Durch die Darstellungsart in Bild 5.28 (b) wird das Verhalten verständlicher.

Die Abszisse ist hier linear gewählt und stellt die auf die Lebensdauer bezogenen Schwingspiele n/N in Prozent dar. Es ist der gleiche Beanspruchungsverlauf dargestellt: Zunächst die Verfestigung im Bereich AE. Nach der Verringerung der Dehnungsschwingbreite auf $\Delta\varepsilon = 0{,}021$ tendiert die Kurve <u>innerhalb weniger Zyklen</u> zum Verlauf des Einstufenversuches CD hin.

Der Verlauf von CD weist auch nach 25% der Lebensdauer noch zyklische Verfestigung auf. Dieses Verhalten wird nach der raschen Annäherung von E'F an CD von der Kurve E'F wieder aufgenommen.

Ein gleiches Ergebnis wird erreicht, wenn der Versuch in umgekehrter Belastungsreihenfolge durchgeführt wird, mit der kleinen Schwingbreite als erstes. In Bild 5.28 wird dies dargestellt für den Fall, dass in der Hälfte der Lebensdauer auf der Kurve CD eine Erhöhung des Horizontes der Dehnungsschwingbreite vorgenommen wird. Die Teilkurve CG folgt wie erwartet dem Verlauf von CD; der zweite Teil wird durch den Verlauf G'H angezeigt.

In der Darstellung Bild 5.28 (a) zeigt sich dieses Teilstück scheinbar losgelöst von den restlichen Verläufen. Die Darstellung nach Bild 5.28 (b) zeigt jedoch deutlich, dass sich die Kurve G'H ebenfalls innerhalb weniger Zyklen der Kurve AB annähert und ihr anschließend im weiteren Verlauf fast deckungsgleich folgt.

Zeigt ein Material oder ein Bauteil ein solches Verhalten, dann kann eine lineare Schadensakkumulationshypothese zuverlässig angewendet werden, denn der Grad der zyklischen Verfestigung wird in jedem Punkt der Belastungsgeschichte wieder erreicht.

Weitere Versuche mit dem gleichen Material führen zum selben Ergebnis: Kurz nachdem die Dehnungsschwingbreite geändert wird, stellt sich unter <u>jeder beliebigen bezogenen Lebensdauer auf einem neuen Dehnungsniveau das korrespondierende Spannungsniveau ein</u>.

Damit ein Material sich so verhält, braucht es die Eigenschaft der spontanen zyklischen Entfestigung, um sich wieder dem Verlauf der Verfestigung nähern zu können. Im umgekehrten Fall ist die spontane zyklische Verfestigung notwendig. Diese Ergebnisse sind bemerkenswert, weil sie darauf schließen lassen, dass sich das Material unter jeder beliebigen Teilschädigung – basierend auf der linearen Schadensakkumulation – auf dem Spannungsniveau „einpendelt", mit dem die aktuelle Dehnungsschwingbreite und die aufgebrauchte bezogene Lebensdauer korrespondiert.

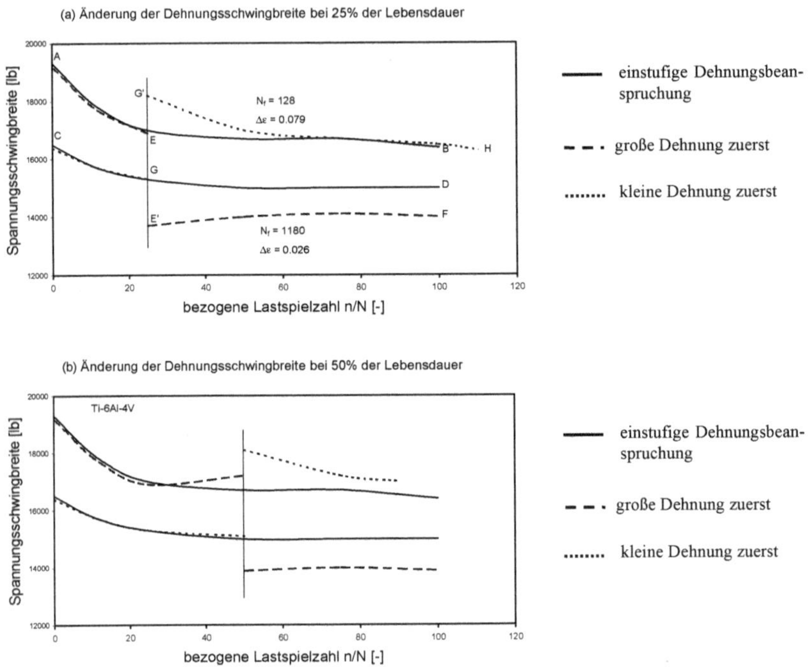

Bild 5.29 Zyklische Entfestigung unter Zweistufenkollektiven [1.5]

Bild 5.29 [1.5] zeigt die Ergebnisse für ein zweites, unterschiedliches Material, eine Titaniumlegierung mit der Eigenschaft der zyklischen Entfestigung. Das grundsätzliche Materialverhalten kommt dem des zuvor diskutierten für zyklische Verfestigung zwar nahe, wenn aber die Dehnungsschwingbreite geändert wird, erreicht die Spannung nicht das zur neuen Dehnungsschwingbreite korrespondiere Niveau in der zuvor beschriebenen Qualität.

Für beide Materialien konnte für mehrere gleichartige Versuche mit der linearen Schadensakkumulation eine Summe der Teilschädigungen berechnet werden, die zwischen 0,8 und 1,3 lag, die meisten Werte lagen nahe bei 1,0.

Diese Versuche lassen darauf schließen, dass für die untersuchten Materialien unter der vorliegenden Beanspruchung die Verwendung der linearen Schadensakkumulation statthaft ist. Die den Versuchen zugrundeliegenden Materialien haben die Eigenschaft, dass der größte Anteil der Lebensdauer durch die Anrissbildung bestimmt wird und nicht durch den Rissfortschritt.

In [1.5] wird gezeigt, dass für Materialien, bei denen der überwiegende Teil der Lebensdauer dem Rissfortschritt zuzuschreiben ist, ein Anriss also relativ früh erfolgt, eine lineare Schadensakkumulationshypothese i.d.R. keine zuverlässigen Ergebnisse liefert.

Es lässt sich also festhalten, dass zur Anwendung der *Miner* - Regel vor allem drei Kriterien erfüllt sein müssen:

1. Fähigkeit zur spontanen zyklischen Entfestigung mit anschließender Verfestigung
2. Fähigkeit zur spontanen zyklischen Verfestigung
3. Überwiegender Teil der Lebensdauer wird zur Erzeugung eines Anrisses benötigt.

Zum dritten Punkt wurden bereits in Kapitel 1 entsprechende Ausführungen gemacht, für den Fall der einbetonierten KD erfolgt der Anriss offensichtlich schon sehr früh, der überwiegende Teil der Lebensdauer ist dem Rissfortschritt zuzuschreiben. Inwiefern der einbetonierte KD den beiden ersten Punkten gerecht wird, kann nur in entsprechenden Mehrstufenversuchen untersucht werden. Dazu ist zunächst eine entsprechende Datenbasis von Einstufenversuchen notwendig, um abgesicherte Spannungsentwicklungen für verschiedene Beanspruchungsniveaus zu erhalten, zwischen denen dann hin- und hergewechselt werden kann.

5.9.2 Auswertung der Versuche mit linearem Schlupfwachstum

Wie im vorangegangenen Abschnitt erläutert wurde, können die hier vorgestellten Versuche mit einem linearen Schlupfwachstum nicht dazu dienen, das phänomenologische Verhalten eindeutig zu zeigen, auch hier besteht weiterer Forschungsbedarf.

Aufgrund der Ausführungen darf aber erwartet werden, dass eine lineare Schadensakkumulationshypothese bei KD nicht ohne weiteres anwendbar ist. Das zeigte sich auch schon bei den Auswertungen zu Kapitel 4. Zwar konnte dies durch ergänzende Betrachtungen ermöglicht werden, die Folge davon war jedoch eine stark geneigte *Wöhler*linie, was darauf schließen lässt, dass die in Abschnitt 5.9.1 genannten Grundvoraussetzungen eigentlich nicht gegeben sind. Die folgenden Abbildungen sollen exemplarisch aufzeigen, dass die einbetonierten KD bei einer Beanspruchung mit einem lineare Schlupfwachstum sowohl die Phänomene zyklischer Entfestigung als auch der Verfestigung aufzeigen.

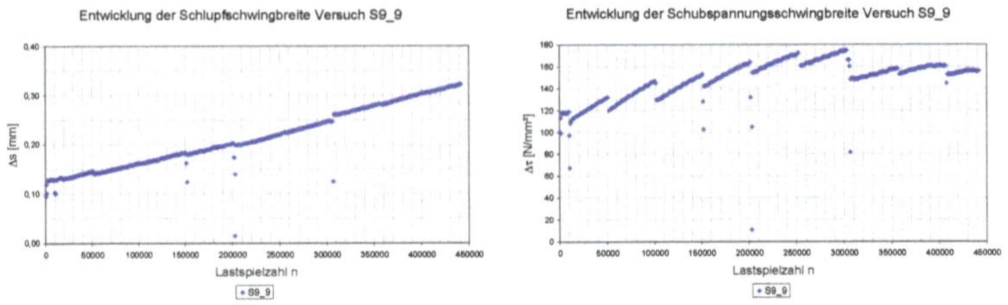

Bild 5.30 Entwicklung der Schlupf- und der korrespondierenden Schubspannungsschwingbreite in Versuch S9_9.

Bild 5.30 zeigt, dass die Schubspannungsschwingbreite nur bis ungefähr zur halben Versagensschwingspielzahl korrespondierend zur Schlupfamplitude ansteigt, das Bauteil verfestigt sich. Danach erfolgt ein Abbau der Spannungen, obgleich der Schlupf weiter ansteigt. Bild 5.31 zeigt ein ähnliches Verhalten für den schwellend beanspruchten Versuch S10_4. Hier wird die Entwicklung der Ober- und der Unterlast korrespondierend zur Schlupfschwingbreite gezeigt. Außerdem ist hier die schon beschriebene Schubkraftumkehr bei der Entlastung zu sehen, die in den vorangegangen Kapiteln beschrieben wurde.

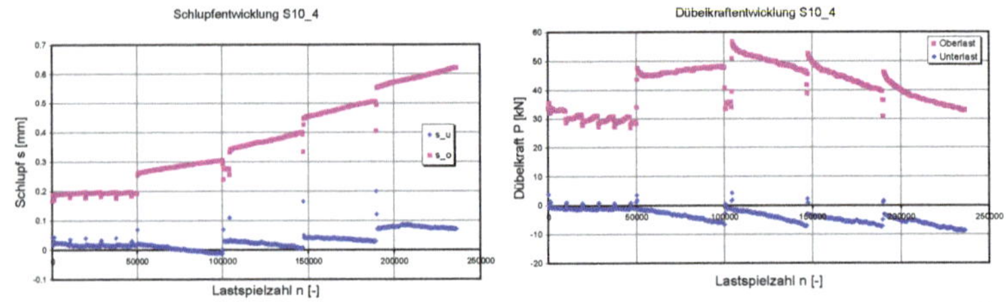

Bild 5.31 Entwicklung der Schlupf- und der korrespondierenden Schubspannungsschwingbreite in Versuch S10_4.

Ansatzweise ist zu erkennen, dass bei der schlagartigen Vergrößerung der Schlupfschwingbreite nach 50000 Lastwechseln auch sofort ein deutlich größeres Lastniveau eingestellt wird. Die Fähigkeit zur spontanen Verfestigung scheint demnach zunächst vorhanden zu sein. Im weiteren Verlauf des Versuches kommt es jedoch wieder zu einer Entfestigung. Wie bereits erwähnt, konnte dieser Sachverhalt nicht umfassend geklärt werden, hier besteht weiterer Forschungsbedarf.

Die in Abschnitt 5.8.2.2 abgeleitete Schlupf - *Wöhler*linie soll jetzt dazu verwendet werden, eine Lebensdauer für die mit Schlupfsteigerungsrate beanspruchten Versuche zu prognostizieren. Die Grundlage für das Vorgehen ist die lineare Schadensakkumulationshypothese nach der <u>elementaren</u> Form der *Miner* - Regel. Die elementare Form der *Miner* - Regel vernachlässigt zwar das Vorhandensein einer Dauerfestigkeitsgrenze, aber der Fehler gegenüber der modifizierten bzw. konsequenten Form der *Miner* - Regel ist von vernachlässigbar kleiner Ordnung, weil die Neigung der *Wöhler*linie bei Lastspielzahlen um den Dauerfestigkeitsbereich oder darüber hinaus sehr gering ist. Die Original - Form der *Miner* - Regel scheint in diesem Zusammenhang aber ungeeignet zu sein, weil die Lebensdauerprognose dann auf der unsicheren Seite liegt.

Die Lebensdauerberechnung erfolgt durch zwei Vorgehensweisen, zum einen über die *Wöhler*linie für totalen Schlupf mit totalen Schlupfamplituden s_a und zum zweiten über die *Wöhler*linie für plastischen Schlupf mit plastischen Schlupfamplituden $s_{a,p}$, und dies, weil die Schädigung offensichtlich fast ausschließlich durch das plastische Verhalten verursacht wird. Beide Varianten sollten aber zu etwa gleichen Ergebnissen führen.

Zunächst erfolgt eine Klassierung des jeweiligen Beanspruchungskollektivs (der totalen Schlupfamplituden s_a und der plastischen Schlupfamplituden $s_{a,p}$) für jeden Versuch. Dabei werden Klassen eingeführt und die absoluten Häufigkeiten gezählt, Bild 5.32 zeigt beispielhaft die Klassierung der totalen Schlupfamplitude s_a für Versuch S9_9.

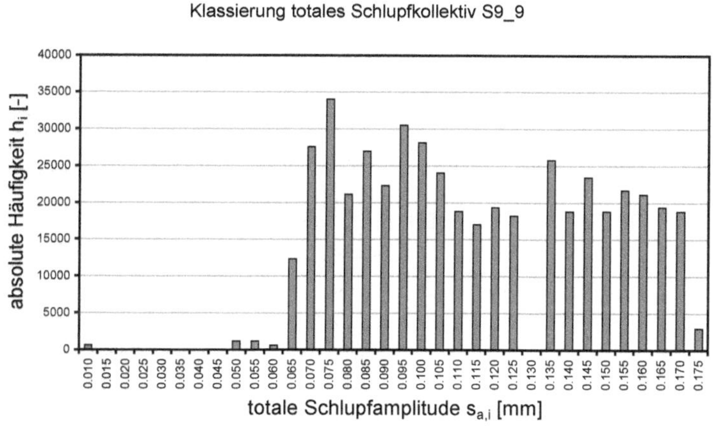

Bild 5.32 Klassierung des totalen Schlupfamplitudenkollektivs

Die Intervallbreite der Klassierung wird zu $s_{a,i}$ = 0,005 mm gewählt. Der vorliegende Versuch wurde mit linear steigender Schlupfamplitude beansprucht, deshalb sollte es sich hier idealerweise um ein Rechteckkollektiv handeln. Näherungsweise liegt diese auch vor, die Abweichungen resultieren z. T. aus der Versuchssteuerung. Als etwas störend wird die Klasse mit $0{,}125 < s_a \leq 0{,}130$ empfunden, weil dort die absolute Häufigkeit $h_i = 0$ beträgt. Die Versuchsdurchführung musste in diesem Fall nach jeweils $\Delta n = 50000$ Lastwechseln unterbrochen werden, um den nächsten Kollektivabschnitt in die Versuchssteuerung einzuspielen. Dabei wird der letzte Wert von $s_{a,i-1}$ aus dem Vorgängerkollektivabschnitt nicht exakt vom ersten Wert $s_{a,i}$ aus dem aktuellen Kollektivabschnitt getroffen. Bei geringer Abweichung ergeben sich Unregelmäßigkeiten im Kollektiv, und bei größeren Abweichungen können derartige „Lücken“ bzw. Überlagerungen im Kollektiv entstehen.

Ist das Beanspruchungskollektiv bekannt, können für die einzelnen Klassen Lebensdauern nach Gleichung 5.21 berechnet werden. Diese Berechnung kann nur iterativ erfolgen, weil sich Gleichung 5.21 durch die Summe zweier Potenzansätze darstellt, die nicht direkt nach der Lebensdauer N aufgelöst werden kann.

Die Summation der Teilschädigungen n_i/N_i ergibt die rechnerische Lebensdauer. Tabelle 5.4 zeigt die Ergebnisse der Lebensdauerprognose im Vergleich mit der tatsächlichen Lebensdauer aus dem Versuch.

Tabelle 5.4 Vergleich der Versuchswerte mit der berechneten Lebensdauer

Versuch	N	totale Schlupfmplitude s_a			totale Schlupfmplitude s_a		
		cal N	$\Sigma n_i/N_i$	Abweichung	cal N	$\Sigma n_i/N_i$	Abweichung
	[-]	[-]	[%]	[%]	[-]	[%]	[%]
S9_1	213367	376587	56.66	76.50	493049	43.28	131.08
S9_4	436613	3988852	10.95	813.59	23038585	1.90	5176.66
S9_7	239504	1001346	23.92	318.09	2647990	9.04	1005.61
S9_8	329248	1285928	25.60	290.56	2862656	11.50	769.45
S9_9	474382	514198	92.26	8.39	514236	92.25	8.40
S9_10	780230	673351	115.87	-13.70	896236	87.06	14.87
S9_11	145025	255756	56.70	76.35	255756	63.01	76.35

Die Versuche S9_4 und S9_8 werden von der hier vorgenommenen Auswertung aus Gründen fehlerhafter Versuchssteuerung ausgeschlossen, sie sind nur der Vollständigkeit halber in Tabelle 5.4 aufgeführt.

Die Lebensdauerprognosen liefern bis auf S9_10 ein auf der unsicheren Seite liegendes Ergebnis. Bei den Tests S9_9 und S9_10 weicht die errechnete Lebensdauer von der tatsächlich vorhandenen nur wenig ab. Beide weisen gegenüber den vergleichbaren Versuchen S9_7 und S9_11 eine relativ geringe Schlupfsteigerungsamplitude von $s_a = 0{,}25 \cdot 10^{-6}$ [mm/Lastzyklus] auf und verfügen über eine gleichmäßigere Verteilung der Schlupfamplituden, die Rechteckform liegt hier näherungsweise vor.

S9_1 (Originalkollektiv aus T7_4) erreicht eine bessere Übereinstimmung von berechneter und erreichter Lebensdauer, was scheinbar auf ein Beanspruchungskollektiv zurückzuführen ist, das über einen großen Teil der Lebensdauer durch relativ konstante Schlupfamplituden s_a bestimmt wird.

Die der Schlupf - *Wöhler*linie zugrunde liegende Grundgesamtheit reicht nicht aus, um die Frage der Anwendbarkeit der *Miner* - Regel zu klären, die Schlupf - *Wöhler*linie ist hierfür noch nicht ausreichend verifiziert. Es können an dieser Stelle lediglich Tendenzen angegeben werden.

Um das Verhalten unter sich ändernden Beanspruchungen zu studieren, wird vorgeschlagen, wie in [1.5] Zwei- bzw. Dreistufenkollektive zu verwenden. So kann geklärt werden, ob die Verbundfuge mit Kopfbolzendübeln über ein ausreichendes zyklisches Verfestigungsvermögen verfügt, um das geänderte Niveau der Dübelkraft P_a der neu eingestellten korrespondierenden totalen Schlupfamplitude s_a zu erreichen. Dies kann jedoch erst erfolgen, wenn die vorgesehene Schlupf - *Wöhler*linie mit hinreichend vielen Versuchsergebnissen untermauert wurde.

5.9.3 Lebensdauerprognose für Trägerversuche T7_4, T7_5 und T7_6 mit der Schlupf - *Wöhler*linie nach Abschnitt 5.8.2.2

In diesem Abschnitt wird versucht, die Lebensdauer der Kopfbolzendübel über der Stütze (mittlere Dübelreihe) aus den Trägerversuchen T7_4 bis T7_6 mit der abgeleiteten Schlupf - *Wöhler*linie zu prognostizieren.

Die Kopfbolzendübel werden im vorliegenden Fall näherungsweise durch ein Einstufenkollektiv wechselnd beansprucht. Das Vorgehen deckt sich mit dem in Abschnitt 5.9.2 angegebenen, jedoch wird die Lebensdauer ausschließlich über die *Wöhler*linie für den totalen Schlupf berechnet.

Tabelle 5.5 Vergleich Lebensdauerprognose nach totaler Schlupf - *Wöhler*linie mit im Versuch eingetretener Lebensdauer

Versuch	N [-]	cal N [-]	$\Sigma n_i/N_i$ [%]	Abweichung [%]
T7_4	228500	178572	127.98	-21.85
T7_5	955000	3841073	24.88	302.21
T7_6	400000	365984	109.33	-8.50

In Tabelle 5.5 sind die Ergebnisse der Lebensdauerprognose für diese Dübelpaare zusammengestellt. In den Versuchen T7_4 und T7_6 wird der Versagenszeitpunkt relativ gut abgeschätzt, T7_5 weist jedoch eine große Abweichung auf. Die Ergebnisse sind aber mit Rücksicht auf die geringe Datenbasis, die der Schlupf- *Wöhler*linie bislang zugrunde liegt, trotzdem vielversprechend. Wenn die Schlupf - *Wöhler*linie ausreichend mit weiteren Versuchen abgesichert ist, stehen über 50 vollständig aufgezeichnete Schlupfkollektive der Trägerversuche zur Verfügung, die zur Erarbeitung der endgültigen Schadensakkumulationshypothese herangezogen werden können.

Bild 5.33 zeigt beispielhaft die Klassierung des aufgezeichneten Schlupfkollektivs für den Versuch T7_6, das die Eingangsgröße zur Schädigungsrechnung nach der elementaren Form der *Miner* - Regel darstellt. Die Klassierung weist annähernd eine Normalverteilung auf.

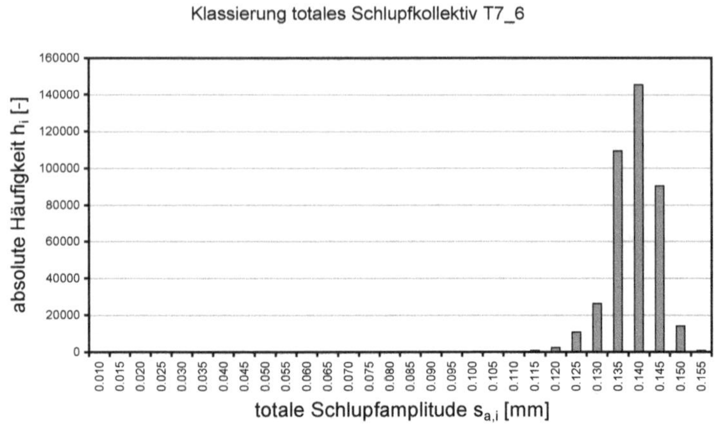

Bild 5.33 Klassierung des totalen Schlupfamplitudenkollektivs

5.10 Iterative Ableitung der Bestimmungsparameter einer Spannungs - *Wöhler*linie anhand der aufgezeichneten Dübelkraftkollektive

In Kapitel 4 wurde gezeigt, dass die Bestimmungsparameter der (Spannungs-) *Wöhler*linie unter der Voraussetzung der Anwendbarkeit der *Miner* - Regel iterativ aus den Trägerversuchen bestimmt werden können. Dabei zeigte sich, dass die *Wöhler*linie für rein wechselnde Beanspruchung (R = -1) sehr steil geneigt ist. Es wurde vermutet, dass dies eventuell auf die Interaktion mit der Flanschnormalspannung zurück zu führen ist. Aus diesem Grund soll jetzt die gleiche Untersuchung für die gemessenen Dübelkraftkollektive der wechselnd beanspruchten Push-Out Versuche durchgeführt werden, da hier planmäßig keine Zugspannungen im Stahlprofil vorhanden sind.

Bild 5.34 zeigt die berechneten Werte. Die Übereinstimmung ist weniger gut als in den Trägerversuchen, aber in Anbetracht der üblichen Streuungen der Versuchsergebnisse bei Untersuchungen zum Ermüdungsverhalten einbetonierter KD erscheint sie noch immer akzeptabel. Es ist zu erkennen, dass sich offensichtlich für rein wechselnd beanspruchte Dübel ein günstigeres Verhalten einstellt, als es sich bei Trägerversuchen darstellte. Interessanterweise ergibt sich ein Mittelwert des Neigungsexponenten von $m \approx 3$, was auch dem Wert für „normale" geschweißte Kerbdetails entspricht.

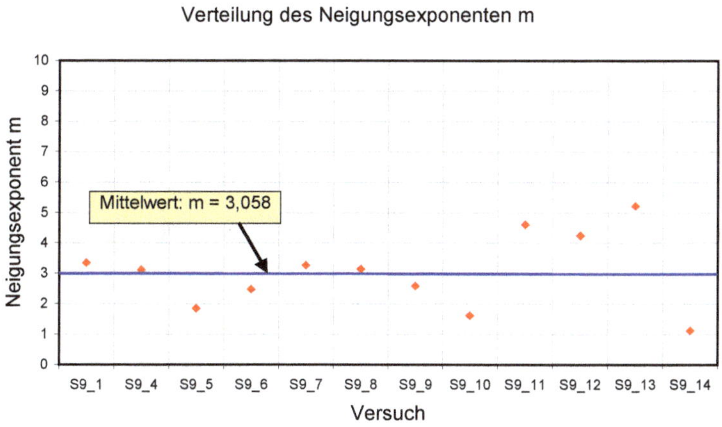

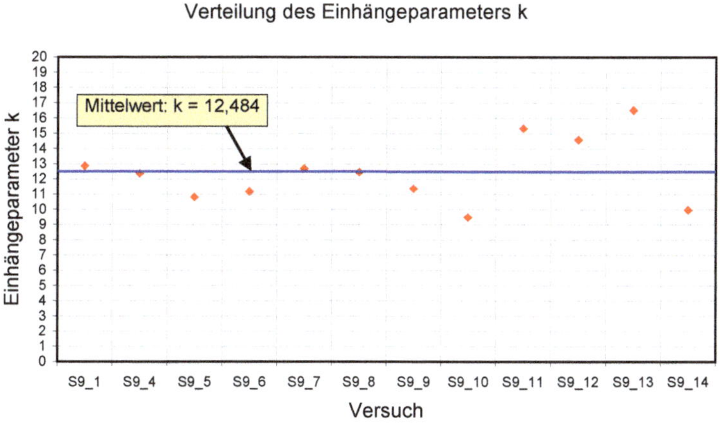

Bild 5.34 Iterativ abgeleitete Bestimmungsparameter einer Spannungs - *Wöhler*linie aus gemessenen Dübelkraftkollektiven der Push-Out Versuche

Die größeren Abweichungen bei der Ermittlung der Bestimmungsparameter ist wiederum ein eindeutiges Indiz dafür, dass der einbetonierte KD offensichtlich nicht alle notwendigen phänomenologischen Voraussetzungen erfüllt, die zur Anwendbarkeit der *Miner* - Regel erforderlich sind. Dies wird vor allem dann offensichtlich, wenn, wie es in den Push-Out Versuchen der Fall war, die Dübelkraftunterschiede innerhalb eines Versuches sehr deutlich ausfallen, die notwendigen Eigenschaften der spontanen zyklischen Verfestigung bzw. Entfestigung also ständig „abgefragt“ werden.

Bei den Trägerversuchen war dieser Einfluss weniger stark ausgeprägt, da die Dübelkräfte keinen allzu großen Schwankungen unterworfen waren, vgl. Abschnitt 5.6.

In guter Näherung kann demnach für Dübel mit reiner Wechselbeanspruchung anstelle der in Abschnitt 4.5, Bild 4.47 angegebenen Gleichung der *Wöhler*linie folgende, weniger restriktive Beziehung vorgeschlagen werden:

$$\log N = 12{,}484 - 3{,}058 \cdot \log \Delta\tau \qquad \text{Gl. 5.27}$$

Diese Gleichung versteht sich wie alle anderen als <u>charakteristischer Wert</u>, sie dient noch nicht Bemessungszwecken. Zur Anwendung dieser Gleichung sollten die Dübelkräfte möglichst genau, zumindest unter Berücksichtigung der Dübelnachgiebigkeit ermittelt werden. Die in Abschnitt 4.5 vorgeschlagene Beziehung, die aus den Trägerversuchen abgeleitet wurde ist vermutlich durch den interaktiven Einfluss der Flanschnormalspannungen „verfälscht".

6 Zusammenfassung

Die vorliegende Arbeit behandelt das Ermüdungsverhalten einbetonierter Kopfbolzendübel KD22 unter nicht ruhender Beanspruchung in Vollbetonplatten. Das Bemessungskonzept des EC4, Teil 2, welches die Lebensdauer auf der Basis von Nennspannungen unter Verwendung von (Spannungs-) *Wöhler*linien und der linearen Schadensakkumulationshypothese nach *Palmgren* und *Miner* vorschlägt, wurde dabei deduktiv überprüft.

In großmaßstäblichen Trägerversuchen zeigte sich, dass das Bemessungskonzept grundsätzlich nicht ausreichend gut geeignet ist, für durchlaufende Träger unter Berücksichtigung der Interaktion mit der Flanschnormalspannung im Obergurt des Stahlprofils aber offensichtlich konservative Ergebnisse hinsichtlich des ersten Bolzenversagens liefert. Das tatsächliche Trag- und Versagensverhalten unter nicht ruhenden (Gebrauchs-) Lasten wird jedoch nicht wider gespiegelt. Das hat vor allem drei Gründe:

1. Das Tragverhalten ist auch unter Einhaltung der geforderten konstruktiven Randbedingungen des EC4 grundsätzlich nichtlinear. Die Nachgiebigkeit der Verbundmittel vor allem beeinflusst die Dübelkraftverteilung derart, dass die auftretenden Beanspruchungen nicht gut mittels Methoden der elementaren Biegelehre berechnet werden können.

2. Die KD und ihre Umgebung weisen unter nicht ruhenden Beanspruchungen ein zyklisches Materialverhalten auf, das stark elastisch - plastisch und zeitlich veränderlich ist, auch bereits bei sehr geringen Beanspruchungen. Dadurch ist der lebensdauerbestimmende Zusammenhang zwischen einer Nennspannung und der daraus resultierenden Lastspielzahl nicht mehr eindeutig.

3. Durch die innerlich statische Unbestimmtheit des Tragsystems Verbundträger ist die Beanspruchung der KD nicht in erster Linie kraftkontrolliert. Es liegt hier vielmehr eine verformungskontrollierte Beanspruchung vor, die Dübelkräfte stellen sich infolge der Steifigkeitsverteilung aller am Tragverhalten beteiligten Komponenten ein. Vor allem die abschnittsweise vorhandene Verbundsteifigkeit beeinflusst die Verteilung der Dübelkräfte mehr als beispielsweise die Rissbildung im gezogenen Betongurt.

4. Ein Anriss erfolgt aufgrund der schweißtechnologischen Rahmenbedingungen frühzeitig, wodurch der überwiegende Teil der Lebensdauer ist dem Risswachstum zuzuschreiben ist.

Einerseits ist also die Ermittlung der lokalen Beanspruchungen mit elementar statischen Methoden nur unzureichend möglich, andererseits wird das ganze (Nennspannungs-) Konzept dem tatsächlichen Tragverhalten im Grunde nicht gerecht oder, anders ausgedrückt, die Voraussetzungen zur Anwendung des Nennspannungskonzept, vgl. Abschnitt 1.4.4, werden im vorliegenden Fall nicht erfüllt. Nachdem in Kapitel 1 und 2 ein Überblick über den Stand der Normung und der Forschung mit Hintergrundinformationen und auch alternative, bereits bestehende Bemessungskonzepte erläutert wurden, konnten in den darauffolgenden Kapiteln kontinuierlich eigene Vorschläge zur Verbesserung des bestehenden Konzeptes erarbeitet werden. In Kapitel 5 wird dann ein neues, ganz eigenständiges Ermüdungskonzept vorgestellt, welches die Grundbeziehungen des Örtlichen Konzepts verwendet.

Zur Erarbeitung der Verbesserungsvorschläge war es allerdings notwendig, die Versagensvorgänge innerhalb des Gesamtsystems zuverlässig zu erfassen. Hierzu wurde eine neue Messmethode entwickelt, mit der das Bolzenversagen eindeutig bestimmt werden kann. Diese Methode kann zukünftig auch zu Zwecken des Bauwerksmonitoring eingesetzt werden, die Überprüfung bereits bestehender Brückentragwerke ist ebenfalls annähernd zerstörungsfrei möglich. Insgesamt können drei Alternativen zur Verbesserung des bestehenden Konzepts, sowie ein eigenständiges Konzept vorgeschlagen werden :

Alternative 1 (vgl. Kapitel4, Abschnitt 4.1):

Als Übertragungsfunktion zur Ermittlung der Dübelkräfte und der Dübelkraftschwingbreiten bleibt die „Cousinenformel" weiterhin gültig, auch die *Miner* - Regel findet zukünftig Anwendung. Die Rissbildung im gezogenen Betongurt wird nach den Vorschlägen von *Hanswille*, entsprechend Anhang L des EC4, berücksichtigt.

In Abschnitt 4.1 wurde gezeigt, dass die Bestimmungsparameter der *Wöhler*linie unter diesen Voraussetzungen ($Q \cdot S/I$ und *Miner* - Regel) iterativ und direkt aus den Trägerversuchen abgeleitet werden können, allerdings muss zwischen wechselnder und schwellender Beanspruchung unterschieden werden. Der Verlauf der Ermüdungsfestigkeitskurven unterscheidet sich deutlich von dem Vorschlag des EC4, Teil 2. Die Gründe dafür wurden erläutert.

Dieses Konzept ist sehr praxisfreundlich, da sich am gängigen Bemessungsvorgehen nichts ändert, lediglich die Gleichung der *Wöhler*linie muss modifiziert werden. Bild 4.6 zeigt die ermittelten charakteristischen Werte.

Alternative 2 (vgl. Kapitel 4, Abschnitt 4.4):

Die Dübelkraftschwingbreiten werden auf der Basis einer nichtlinearen Berechnung eines Belastungszyklus, respektive einer „Überfahrt" des ermüdungsrelevanten Lastkollektives, unter Berücksichtigung der Dübelnachgiebigkeit und der Rissbildung im Betongurt ermittelt, auch die *Miner* - Regel findet Anwendung.

In Abschnitt 4.4 wurde gezeigt, dass auch unter diesen Voraussetzungen *Wöhler*linien iterativ bestimmt werden können. Der Verlauf der Ermüdungsfestigkeitskurven stellt sich gegenüber der ersten Alternative nun leicht verändert ein, wodurch der exakteren Beanspruchungsermittlung Rechnung getragen wird. Die Bilder 4.46 und 4.47 zeigen die charakteristischen Werte. Es ist auch hier wieder nach der Art der Beanspruchung zu unterscheiden, allerdings kann die in Bild 4.46 angegebene Gleichung für reine Wechselbeanspruchung (R = -1) durch Gl. 5.27 ersetzt werden, sollte keine Interaktion mit der Flanschnormalspannung vorliegen.

Außerdem wurde gezeigt, dass es für die Ermittlung der Dübelkraftschwingbreiten unter nicht ruhender Beanspruchung wichtig ist, die elastische Steifigkeit der Verbundmittel richtig abzuschätzen. Hier sollte bei einer vereinfachten, linear elastischen Abbildung des Last-Verformungsverhaltens (zulässig für Oberlasten bis ca. $0{,}5 \cdot P_u$) die Entlastungssteifigkeit des ersten statischen Zyklus verwendet werden. Für KD22 in zweireihiger Anordnung konnte dieser Wert aus Push-Out Versuchen abgeleitet werden. Sollten große Dübeloberlasten vorliegen, so muss das Materialgesetz vollständig nichtlinear mit Be- und Entlastungspfad angegeben werden. Eine Möglichkeit hierfür ist z. B. der analytische Ansatz von *Gattesco* [1.11,1.20,1.21], dessen Implementierung, auch unter Berücksichtigung des zyklischen Materialverhaltens von *Meiswinkel, Kandels, Lang* und *Leffer* in [1.23] gezeigt wird. Es kann jedoch auch jeder andere Ansatz gewählt werden, der das nichtlineare Last-Verformungsverhalten vollständig beschreibt.

Alternative 3 (vgl. Kapitel 5, Abschnitt 5.4 und 5.5):

Mit Hilfe weggeregelter Push-Out Versuche gelang es, das zeitlich veränderliche Materialverhalten für nicht ruhende Gebrauchslasten vereinfacht durch einen trilinearen Ansatz analytisch zu beschreiben. Es zeigte sich, dass die Entwicklung des Bereiches annähernd kraftloser Verformung eindeutig durch die Gesamtamplitude des Schlupfes beschreibbar ist, siehe Abschnitt 5.4 und 5.5. Dadurch ist die vollständige Beschreibung des zeitlich veränderlichen Materialverhaltens möglich. Dies kann wie folgt verwendet werden.

Zum einen kann nun die annähernd exakte iterative Berechnung der Dübelkräfte mit Hilfe der FEM erfolgen. Es wird sich bereits nach der Berechnung weniger Lastzyklen zeigen, ob das System sich stabilisiert oder ob ein sogenannter „*incremental collapse*“ stattfindet. Die Berechnungsergebnisse können dann zweifach einer Lebensdauerprognose zugeführt werden. Einerseits können die ermittelten Beanspruchungskollektive unter Verwendung der *Miner* - Regel und der in Alternative 2 vorgeschlagenen *Wöhler*linien beurteilt werden.

Andererseits kann die akkumulierte Schlupfschwingbreite mit dem in Alternative 4 vorgeschlagenen modifizierten Örtlichen Konzept hinsichtlich der Lebensdauer beurteilt werden. Dazu muss das modifizierte Örtliche Konzept allerdings noch weiter abgesichert werden.

Die quantifizierte Beschreibung des vereinfachten zyklischen Materialgesetzes kann auch dazu verwendet werden, um die nichtlinearen Dübelkräfte bei gegebenem Schlupfverlauf sofort, sozusagen „von Hand“ zu berechnen. Die Beurteilung bestehender Brückenbauwerke kann bei zuverlässiger Abschätzung der elastischen Verbundsteifigkeit dadurch sehr viel besser durchgeführt werden.

Eigenständiges Bemessungskonzept (vgl. Kapitel 5, Abschnitt 5.8 und 5.9):

In Kapitel 5 wird ein eigenständiges, alternatives Bemessungskonzept erarbeitet. Dazu werden die analytischen Ansätze des Werkstoffmoduls des Örtlichen Konzeptes auf die Bezugsgröße Schlupf transformiert. Die Voraussetzungen dazu werden ausführlich erläutert. Die Berechnung des Schlupfes in der Verbundfuge kann auf zwei Wegen erfolgen, in beiden Fällen ist jedoch eine nichtlineare Berechnung erforderlich.

Die Schlupfschwingbreite kann iterativ, wie bei Alternative 3 beschrieben, erfolgen. Eine weitaus einfachere Berechnung ist jedoch durch die Implementierung des zyklischen Materialgesetzes nach den Ansätzen von *Ramberg* und *Osgood* möglich, welches die stabilisierte Hysterese für die halbe Versagensschwingspielzahl darstellt. Der Schlupf wird dann nur durch einen einzigen Berechnungsgang gut abgeschätzt und kann sofort mit der erarbeiteten Schlupf - *Wöhler*linie beurteilt werden.

Die in Kapitel 5 vorgeschlagenen Gleichungen und Gesetzmäßigkeiten sind nur als eine erste Tendenz zu verstehen. Hier stand die Intention im Vordergrund, die grundsätzliche Überführbarkeit des Örtlichen Konzeptes auf Verbundträger zu zeigen, um dem tatsächlichen elastisch - plastischen Tragverhalten durch ein dementsprechendes Bemessungskonzept gerecht werden zu können. Zur zuverlässigen Angabe endgültiger Beziehungen fehlen noch weitere Versuche.

In Abschnitt 5.9 wird außerdem gezeigt, dass zur endgültigen Anwendung einer linearen Schadensakkumulationshypothese noch nicht alle phänomenologischen Voraussetzungen umfassend geklärt sind. Dadurch kann auch begründet werden, warum zum momentanen Zeitpunkt die Anwendung der *Miner* - Regel, als praxisnahe Rechenhilfe, zu sehr restriktiven Bemessungsansätzen führen muss.

In Anhang A wird das Bolzenschweißverfahren mit Hubzündung hinsichtlich seiner Eignung für die Anwendung in nicht ruhend beanspruchten Bauteilen kritisch betrachtet. Es zeigt sich, dass hier noch sinnvolle Entwicklungsarbeit notwendig ist, um das Schweißdetail zu verbessern. Die Existenz eines Dauerfestigkeitsbereichs muss bei der gängigen Ausführung der Bolzenschweißnaht eindeutig hinterfragt werden. Die Standardbolzenschweißung mit ihren unvermeidbaren Kerbwirkungen entspricht sicherlich nicht den Grundprinzipien des „Betriebsfestigkeitsgerechten Konstruierens".

Durch einfache schweiß- und werkstofftechnologische Betrachtungen wird dargelegt, dass es beim einbetonierten KD frühzeitig zu einem Anriss kommen muss. Der Großteil der Lebensdauer wird dann entgegen den üblichen Schweißdetails durch das Risswachstum geprägt. Hier liegt der Hauptgrund dafür, dass eine lineare Schadensakkumulationshypothese nicht gut angewendet werden kann. Dies zeigten bereits die Untersuchungen von *Manson* an metallischen Werkstoffproben [1.5].

7 Ausblick

Hinsichtlich des Ermüdungsverhaltens einbetonierter KD besteht noch weiterer Forschungsbedarf. Die vorliegende Arbeit gibt Anlass, bisher durchgeführte Untersuchungen zu hinterfragen und viele Ergebnisse hinsichtlich ihrer tatsächlichen Aussagefähigkeit zu überdenken. So zum Beispiel die Angabe jeglicher Ermüdungsfestigkeitskurven, die mittels kraftgeregelter Einstufenversuche ermittelt wurden. Ihre Anwendung ist ohne eine gültige Schadensakkumulationshypothese nicht zu gewährleisten, es sei denn, es lägen noch alle Versuchsdaten vor, und eine Transformation der Bestimmungsparameter entsprechend dem in Kapitel 4 vorgestellten Verfahren wäre durchführbar. Ohne den Anspruch auf Vollständigkeit sollen einige offene Punkte skizziert werden.

Die Frage nach der Schadensakkumulationshypothese ist generell noch nicht umfassend geklärt. In Abschnitt 5.9 wurde vorgeschlagen, Zwei- oder Dreistufenversuche durchzuführen, um die phänomenologischen Eigenschaften tatsächlich grundlegend zu klären. Hier müssten vor allem die Fähigkeit des Bauteils zur spontanen zyklischen Ver- und Entfestigung untersucht werden.

Das vorgeschlagene modifizierte Örtliche Konzept ist für KD22 abschließend zu untersuchen. Für die Ableitung der stabilisierten zyklischen Kennlinie nach den Ansätzen von *Ramberg* und *Osgood* könnten möglicherweise sogenannte *Incremental - step Tests* eine wesentliche Verkürzung der Versuchszeiten herbeiführen.

Sämtliche Untersuchungen müssten auch auf andere Bolzendurchmesser und andere Beanspruchungsverhältnisse ausgeweitet werden. Die wenigen Versuche mit schwellender Beanspruchung lassen hier noch keine endgültige Schlussfolgerung zu, es deutet sich aber an, dass der Mittelspannungseinfluss nicht signifikant ist. Da es sich offensichtlich um deutlich elastisch - plastisches Ermüdungsverhalten handelt, gewinnt auch die Frage nach unterschiedlichen Materialgüten des Grundmaterials eine neue Bedeutung.

Nicht endgültig geklärt ist auch die Frage, ob das EC4 - Konzept, sollte daran dennoch festgehalten werden, auch für einfeldrige Träger, wie sie gerade im Verbundbrückenbau häufig Anwendung finden, in jedem Fall konservative Ergebnisse liefert. Großmaßstäbliche Trägerversuche unter realitätsnaher Belastungsfolge, ähnlich den hier vorgestellten Trägern, könnten hier Aufschluss liefern.

Mit Hilfe der FEM kann das schlupfbasierte Örtliche Konzept in ein stahlbauübliches dehnungsbasiertes Konzept überführt werden. Hierzu laufen bereits erste Untersuchungen an der Universität Kaiserslautern. Die Ableitung von Spannungskonzentrations- und Spannungsintensitätsfaktoren zur Erarbeitung eines Strukturspannungs- oder Rissfortschrittkonzeptes sind ebenfalls mit Hilfe der FEM denkbar.

Eine weitere offene Frage gilt der Trennung des statischen Nachweises und des Nachweises gegen Ermüdung unter nicht ruhenden Gebrauchslasten, ähnlich dem Konzept von *Oehlers*. Neben der besseren Erfassung des tatsächlichen Verhaltens hätte dies auch großen baupraktischen Nutzen, da die Verdübelung einer Verbundbrücke momentan mehr als einmal bemessen werden muss. Hier muss bis zu dreimal nachgebessert werden. Hierzu ist jedoch eine eindeutige Quantifizierung des Tragfähigkeitsabfalls über die Lastspielzahl für brückenbautypische Bolzendurchmesser erforderlich. Verfolgt man weiterhin ein Örtliches Konzept und begrenzt den Anwendungsbereich auf das erste Bolzenversagen, kann eventuell auf eine Reduzierung der Tragfähigkeit durch die Stützwirkung benachbarter Dübel verzichtet werden.

Es hat den Anschein, als würden zusätzliche Einflussfaktoren wie etwa die Betonfestigkeit unter weggeregelter Beanspruchung ihre Bedeutung verlieren. Die meisten oder viele dieser Fragen können aber noch nicht endgültig beantwortet werden. Eine systematische Untersuchung des Einflusses der Betongüte, vor allem auch der Zuschlagszusammensetzung, wäre sicherlich sinnvoll.

Unabhängig der Untersuchungen, die einer Erarbeitung praxisgerechter, aber auch wissenschaftlich zutreffender Bemessungskonzepte dienen, muss auf jeden Fall die konstruktive Verbesserung des Schweißdetails angestrebt werden. Das haben ausführliche Untersuchungen des Schweißdetails in Anhang A der vorliegenden Arbeit ergeben. Diesem Sachverhalt wurde in der Vergangenheit leider zu wenig Aufmerksamkeit geschenkt. Das Standardverfahren „Bolzenschweißung mit Hubzündung“, welches für statische Belange sicherlich ein nicht nur praxistaugliches, sondern auch sehr wirtschaftliches Schweißverfahren darstellt, ist für den Einsatz in nichtruhend beanspruchten Bauteilen und Bauwerken nur bedingt geeignet.

Zu dessen Verbesserung sind einerseits industrielle Entwicklungsarbeiten hinsichtlich der Schweißmöglichkeit (Fertigung) erforderlich. Andererseits kann das Detail mit Sicherheit auch durch werkstofftechnologische Forschungsarbeiten (Stichwort: Schweißeignung) verbessert werden. Hier sollte über die Kooperation mit den Forschungsinstitutionen der Werkstoffkunde nachgedacht werden, um die Möglichkeiten zur Verbesserung der Gefügestrukturen zu erörtern und um außerdem ein besseres Verständnis der Rissentstehung und der Rissentwicklung innerhalb des Schweißdetails zu erlangen. Hierfür sind allerdings Untersuchungen im makro-, meso- und mikroskopischen Bereich erforderlich, die nur durch die Verfügbarkeit entsprechender Laborausstattungen (Elektronenrastermikroskop) durchgeführt werden können.

A Untersuchungen des Schweißdetails

Die vorliegenden Untersuchungen warfen im Laufe der Bearbeitung des zugehörigen Forschungsprojektes [2.19] viele Fragen hinsichtlich der generellen Eignung von aufgeschweißten KD unter nicht ruhender Beanspruchung auf. So wurde unter anderem das gängige und hier auch angewandte Schweißverfahren „Bolzenschweißen mit Hubzündung" eingehender untersucht.

Bei der Anwendung und Ausführung des Bolzenschweißens mit Hubzündung sind folgende Normen und Richtlinien zur Gütesicherung zu beachten [A.1]:

- DIN 8563-10: 1984-12: Sicherung der Güte von Schweißarbeiten: Bolzenschweißverbindungen an Baustählen – Bolzenschweißen mit Hub- und Ringzündung [A.2].
- E DIN 8563-10: 1995-02: Sicherung der Güte von Schweißarbeiten – Teil 10: Bolzenschweißen von metallischen Werkstoffen (Vorschlag für eine Europäische Norm) [A.3].
- DVS-Richtlinie 0905, Teil 2: Sicherung der Güte von Bolzenschweißverbindungen – Bolzenschweißen mit Hub- und Ringzündung [A.4].

Im Dezember 1998 ist die DIN EN ISO 14555 [A.5] erschienen, welche die o.g. Regelungen ersetzen soll und nach einer Übergangszeit im Bauwesen bindend sein wird. Darüber hinaus gibt es eine Vielzahl weiterer Normen und Vorschriften, die z.B. die zu verwendenden Bolzen regelt, wie DIN 32500, Teil 1-6: Bolzen für Bolzenschweißen mit Hubzündung [A.6].

Interessanterweise werden in keiner dieser Normen Ausführungen zur besonderen Gütesicherung beim Bolzenschweißen für Bauteile mit nicht ruhender Beanspruchung gemacht. Es handelt sich lediglich um die Anforderungen an die Gütesicherung, die auch bei vorwiegend ruhender Beanspruchung vorgeschrieben sind, wie z. B. die Sichtprüfung, die Biegeprüfung, die Kerbbiegeprüfung, die Zugprüfung oder die Durchstrahlung. Darüber hinaus werden Makroschliffe gefordert.

Dies ist um so erstaunlicher, als es in den vergangenen Jahren zahlreiche Untersuchungen, vor allem der SLV München über die dynamische Beanspruchung von Bauteilen mit aufgeschweißten Bolzen gab, siehe die dazugehörigen Veröffentlichungen [6.7,6.8,6.9]. Die Ergebnisse sind zusammenfassend von *Trillmich* und *Welz* in [6.1] dargestellt. Hier sei kritisch angemerkt, dass beim Studium dieser Literatur auffällt, wie ungenügend die einzelnen Ingenieurdisziplinen z. T. ineinander greifen, was in den folgenden Abschnitten gezeigt werden soll. Bei den bereits in den 70er Jahren durchgeführten Untersuchungen ging es vornehmlich um das Verhalten des <u>Bauteils</u>, also im Regelfall des Bleches, auf das der Bolzen aufgeschweißt wurde.

Es wurden folgende Versuchsreihen durchgeführt, deren Ergebnisse kurz dargestellt werden:

A.1 Zugschwellversuche am Bolzen [6.1,6.7]

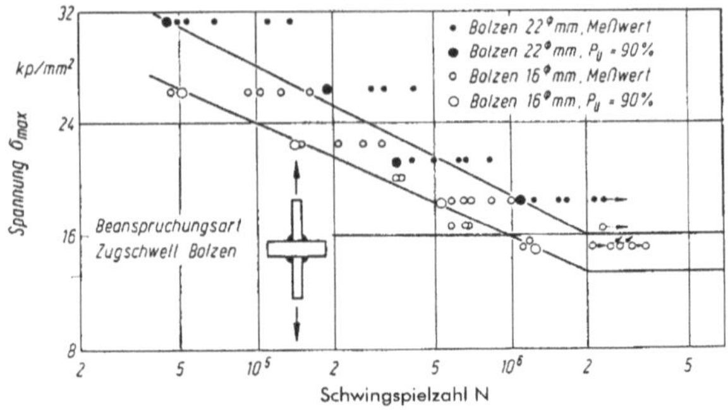

Bild A.1 Ergebnisse der Zugschwellversuche, Blechwerkstoff St 37.2; Bolzenwerkstoff St 37-3; KD16 mit R_{eH} 377 N/mm² und KD22 mit R_{eH} 407 N/mm²

Der Bruch beginnt an der Kerbstelle im Übergang Bolzen – Schweißwulst und verläuft im allgemeinen außerhalb der Schweißzone, auch außerhalb von Schweißnahtfehlern wie Poren und Schrumpfrissen. Die Zugfestigkeit wirkt sich direkt auf die Dauerfestigkeit aus. Diese Bruchform wurde in der Regel auch in den Push-Out Versuchen beobachtet, obgleich dort durch die Abspannung annähernd keine Zugkräfte in den Bolzen eingeleitet wurden. Dieses Versagen entspricht dem Versagenstyp A, vgl. Bild 1.6.

A.2 Zugschwellversuche mit überlagerter Biegebeanspruchung im Blech [A.1,A.7]

Hier wurde festgestellt, dass sich bei der Art der Beanspruchung die Wulstform deutlich auf die Dauerfestigkeit auswirkt. Außerdem lagen die Werte etwa 35% niedriger als bei der reinen Zugschwellbeanspruchung. Es wird im weiteren Verlauf des Kapitels gezeigt werden, dass die in Bild A.2 dargestellte optimale Eintauchtiefe und die schematisch gezeigte Wulstform praktisch kaum zu realisieren sind. Über den Verlauf des Risses wurde nichts ausgesagt, es ist aber anzunehmen, dass sich dieser nun im Übergangsbereich zwischen Schweißwulst und Grundmaterial ausbildet.

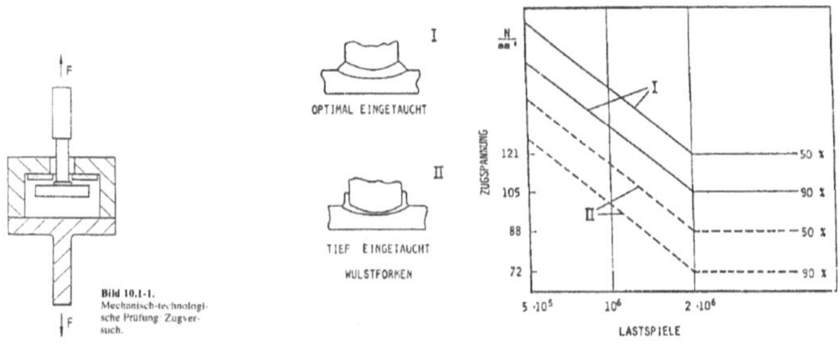

Bild A.2 Versuchsvorrichtung (links) und Ergebnisse mit unterschiedlicher Eintauchtiefe (rechts)

A.3 Biegewechselversuche am Bolzen [A.1,A.7]

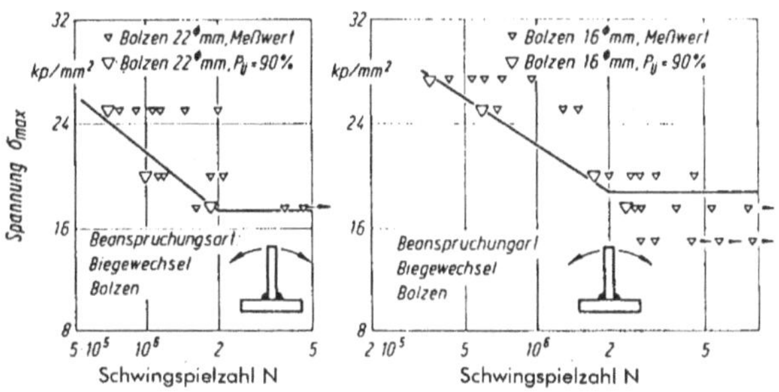

Bild A.3 Ergebnisse der Biegewechselversuche: Blechwerkstoff St 37-2, Bolzenwerkstoff St 37-3

Der Bruch verläuft bei diesen Versuchen schalenförmig im Blechwerkstoff, außerhalb der Wärmeeinflusszone. Diese Versagensform konnte bei fast allen Bolzen in den Trägerversuchen beobachtet werden, er entspricht dem Versagenstyp B, siehe auch Bild 1.5.

A.4 Biegewechsel- und Biegeschwellversuch am Blech [A.1,A.7]

Diese Versuche lieferten insgesamt die kürzesten Lebensdauern. Der Riss beginnt unter dem Schweißwulst am Übergang zum Blech und schreitet anschließend senkrecht zur sich einstellenden Hauptspannungsrichtung fort.

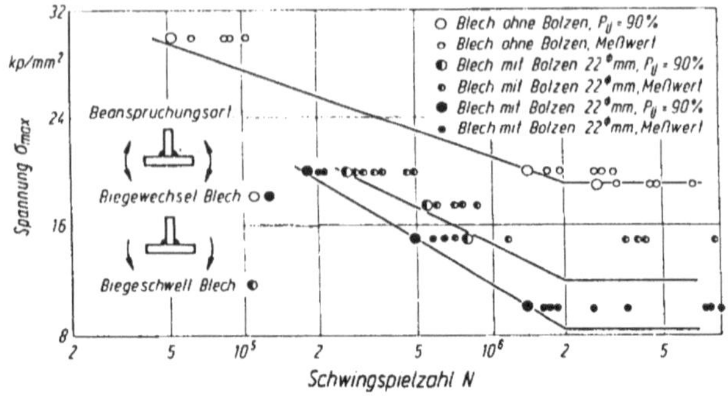

Bild A.4 Ergebnisse der Biegewechsel- und Biegeschwellversuche am Blech, Blechwerkstoff St 37-2. Bolzenwerkstoff St 37-3

Weiterhin wurde festgestellt:

- Die Wulstgeometrie hat keinen großen Einfluss auf die Dauerfestigkeit. Sie ist durch den Keramikring aber weitgehend vorgegeben.
- Die Dauerfestigkeit sinkt bei gleicher Probengröße mit steigendem Bolzendurchmesser.
- Nachwärmen der Prüfkörper auf 200°C bis 600°C (Spannungsarmglühen) bringt eine deutliche Erhöhung der erreichbaren Schwingspielzahl.

Warum wurden diese „alten" Ergebnisse so ausführlich zusammengestellt? Wenn man die Ermüdungsfestigkeitskurven untereinander vergleicht, so fällt zunächst einmal auf, dass die Kurve für die Biegewechselbeanspruchung am Bolzen (Versagenstyp B) und die Kurve für die Zugschwellbeanspruchung (Versagenstyp A) annähernd deckungsgleich sind. Des weiteren ist auffällig, dass keine dieser Kurven auch nur annähernd einen Neigungsexponenten von m = 8 oder gar 9,2, wie er sich als charakteristischer Wert aus den statistischen Auswertungen des Hintergrundberichts zum EC4, Teil 2 ergab, aufweist. Gleichzeitig aber versagt in keinem der vorgestellten Fälle das untersuchte Bauteil „Blech mit aufgeschweißtem KD"! Bei allen Versuchen kommt es zur Rissentstehung entweder am Übergang des Schweißwulstes zum Bolzenmaterial oder am Übergang des Schweißwulstes zum Grundmaterial. Anschließend wird der Bolzen „abgetrennt". Entweder entsprechend dem Versagenstyp A oder B.

Aus ingenieurmäßiger Sicht ist es darum zunächst unverständlich, warum sich durch die Betonumgebung nun plötzlich ein gänzlich anderes Ermüdungsverhalten einstellen soll. Betrachtet man innerhalb der einzelnen Ermüdungsfestigkeitsdiagramme einmal die Grenze der Dauerfestigkeit, so fällt auf, dass die Spannungen klein sind: es ist also keine große Spannung an der Kerbspitze erforderlich, um einen Anriss zu erzeugen. Eine gewisse Vorsicht ist dennoch geboten, denn die Spannungen, die hier zur Auftragung herangezogen wurden, sind die Spannungen im Blech, die röntgenografisch gemessen wurden. Es stellt sich demnach die Frage, wie sich die (Nenn-)Schubspannung im Bolzen im Verhältnis zur Blechspannung an der Kerbspitze verhalten und sich eventuell dadurch der ganz anderer Verlauf der Ermüdungsfestigkeitskurve ergibt.

Es erscheint aber offensichtlich unerheblich zu sein, woraus die Spannung nun resultiert: durch Biegebeanspruchungen im Blech selbst oder durch eine Krafteinleitung in das Blech durch die übertragene Dübelkraft des aufgeschweißten Bolzens. Dass ein Riss aufgrund der äußerst ungünstigen Kerbform zwangsläufig am Übergang Bolzen - Grundmaterial oder am Übergang Schweißwulst - Bolzen auch entstehen muss, sollen die nachfolgenden eigenen Untersuchungen mit Makroschliffen belegen.

A.5 Eigene Untersuchungen mit Makroschliffen

In Bild A.2 ist schematisch der optimale Schweißwulst dargestellt (Skizze Nummer I). Im Labor für Konstruktiven Ingenieurbau der Universität Kaiserslautern wurden über 20 Testschweißungen durchgeführt, bei denen systematisch die folgenden Schweißparameter variiert wurden:

- Stromstärke
- Zündzeit
- Hub
- Überstand
- Dämpfung
- Anordnung von Ausgleichsmassen

Dabei haben wir uns immer an den in [A.1] angegebenen Richtwerten für das Aufschweißen von KD22 orientiert. Eine Wulstform, wie sie in Bild A.2 dargestellt ist, konnte nicht erzielt werden. Dies hat vermutlich folgende Ursachen:

- Die Geometrie des Keramikringes lässt die Ausformung eines „kehlnahtähnlichen“ Schweißwulstes nicht zu.
- Die Eintauchgeschwindigkeit kann bei neueren Schweißgeräten nur relativ ungenau eingestellt werden. Dies kann nur über hydraulische oder pneumatische Dämpfer beeinflusst werden, die zudem nur über Pauschalwerte (0 bis 4) gewählt werden kann. Dadurch entzieht sich die Eintauchbewegung einer wesentlichen Steuergröße. Die seitliche Verdrängung des Schweißgutes kann fast nicht beeinflusst werden. Betrachtet man veröffentlichte Bilder von Makroschliffen, so wird man beobachten, dass die Wulstausbildung entsprechend Bild A.2, Systemskizze II, dem Regelfall entspricht.

Die nachfolgenden Abbildungen zeigen sowohl positive als auch negative Beispiele aus der Vielzahl der durchgeführten Testschweißungen. Es werden ebenso Makroschliffe gezeigt, die nach Beendigung des Trägerversuchs T7_5 an noch „intakten" Bolzen durchgeführt wurden.

Gerade diese Ergebnisse lieferten einen wesentlichen Beitrag zur Sensibilisierung für die gesamte Problematik, bei der es in Zukunft noch viele Fragen zum optimalen Bolzenschweißen gibt.

A.5.1 Makroschliffe aus dem Trägerversuch T7_5

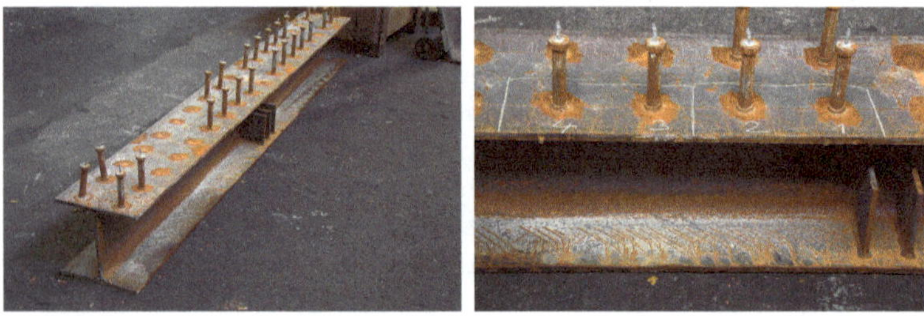

Bild A.5 Träger T7_5 nach dem Aufstemmen der Betonplatte (links) und untersuchte Bolzen links der Mitte (rechts)

Bild A.6 Herausgetrenntes Blech (links) und Blickrichtung auf die anschließenden Schliffe (rechts)

Man kann auf Bild A.6 (rechts) auch im leicht angerosteten Zustand noch erkennen, dass der Schweißwulst allseitig geschlossen ist. Im ursprünglichen Zustand war er auch „hochglänzend", Schweißfehler wie etwa Poren und Lunker sind nicht zu erkennen. Es ist aber sehr deutlich zu sehen, dass der Wulst keinesfalls „kerbfrei" ausläuft, also eine Kehle gleichmäßige ausformt.

Bild A.7 KD 1 im angeätzten Zustand (links) und im ungeätzten, geschliffenen Zustand (rechts)

Der KD 1 war der erste Bolzen links der Mitte. Beim Heraustrennen brach der Flansch dort lokal entzwei, deswegen fehlt ein Stück. Man kann sehr gut erkennen, dass der Riss von beiden Seiten aus wächst. Der Riss entstand jeweils an der Übergangsstelle Schweißwulst-Grundmaterial. Er setzte sich danach unterhalb der WEZ durch das Grundmaterial fort. Betrachtet man nun die Wulstform, so ist auch dem „ungeschulten" Auge sofort ersichtlich, dass es am Rande des Schweißwulstes zu einer sehr starken geometrischen Kerbe kommt: hier ist der Wulst regelrecht hinterschnitten, was mindestens ebenso negative Auswirkungen auf das Ermüdungsverhalten hat wie eine Einbrandkerbe. Aus Sicht der Werkstoffkunde ist diese Geometrie bereits als Anriss zu bewerten. Die Fehlstelle auf der rechten Seite ist keinesfalls als Schweißfehler zu betrachten, da es aufgrund des Temperaturgefälles innerhalb des Schweißbades dort zu keiner planmäßigen Abschmelzung des Bolzenmaterials und demnach auch nicht zum Verschmelzen mit dem Grundmaterial kommt. Es handelt sich um verdrängtes Schmelzbad bei der Eintauchbewegung. Es ist deutlich zu erkennen, dass die Eintauchtiefe hier etwas zu groß gewesen ist, es wird zu viel Schmelze verdrängt. Ansonsten war der Schweißwulst annähernd gleicher Dicke, wobei auch diese nicht optimal gewesen ist. Etwas rechts der Mitte kam es zu einer Verdickung, die auf zu geringen Hub schließen lässt: es kam zu einer verstärkten Abschmelzung in Bolzenmitte. Dies kann durch ungleichmäßige Abkühlvorgänge leicht zu Schwindungslunkern in Dickenrichtung führen, da beim Abkühlen noch flüssige Zonen in Bolzenmitte abgeschnürt werden.

Neben der geometrischen Kerbe, ist die Bolzenschweißung auch aus rein schweißtechnologischer Sicht im Hinblick auf nicht ruhende Beanspruchungen kritisch zu bewerten: Es handelt sich um eine unvergütete Einlagenschweißung unterschiedlicher Werkstoffe. Das bedeutet, dass weder eine anschließende Normalisierung durch zusätzliche Wärmeeinbringung erfolgt und dass darüber hinaus auch ein Aufmischung in der Schmelze entsteht, die unterschiedliche Wärmeableitungen zur Folge hat (Gefahr der Heißrissbildung). Des weiteren gibt es keine Untersuchungen über die kritische Abkühlgeschwindigkeit beim Bolzenschweißen. Es ist aber klar, dass die Abkühlung relativ schnell erfolgt und je nach verwendetem Grund- oder Bolzenmaterial und den geometrischen Verhältnissen (Blechdicke zu Bolzendurchmesser) u. U. die Martensit - Starttemperatur (MS) unterschritten werden kann: es kann zu Aufhärtungen und damit verbunden zu einer Reduktion der Zähigkeit kommen.

Betrachtet man den Schweißwulst genau, so ist sofort zu erkennen, dass die starke geometrische Kerbe bedingt durch das Schweißverfahren direkt in der Wärmeeinflusszone (WEZ) liegt. Die WEZ enthält normalerweise einen Bereich, der durch eine Grobkornstruktur gekennzeichnet ist. Entsteht dort ein Anriss, der hier bereits durch die geometrische Kerbe gegeben ist, so wird das Risswachstum durch diesen Bereich begünstigt, der Riss setzt sich nach Durchschreiten der WEZ senkrecht zu den Hauptzugspannungen fort. Es ist anzunehmen, dass sich der Riss im Grundmaterial dann aber langsamer fortsetzt.

Es kann demnach folgendes festgehalten werden:

- Die eigentliche Wulstform, wie es in [A.1] auch bereits beschrieben wurde, kann keinen deutlichen Einfluss auf die Dauerfestigkeit haben, solange sie sich nicht <u>deutlich</u> von den hier dargestellten Formen unterscheidet: die Verhältnisse sind immer annähernd gleichermaßen ungünstig.
- Dass die Dauerfestigkeit bei gleicher Geometrie und steigendem Bolzendurchmesser sinkt, wie es in [A.1] dargestellt wurde, kann auf die verstärkte Wärmeableitung durch den größeren Bolzendurchmesser zurück zu führen sein.
- Durch Spannungsarmglühen konnte eine Steigerung der Dauerfestigkeit beobachtet werden [A.1]. Eine Normalisierung, also eine Wärmebehandlung mit Gefügeumwandlung, sollte einen noch deutlicheren, positiven Einfluss auf die Dauerfestigkeit haben. Hier besteht weiterer Forschungsbedarf.
- Ein Anriss muss unweigerlich frühzeitig erfolgen, eigentlich ist er schon durch die Schweißung bedingt von Beginn an vorhanden. Der Großteil der Lebensdauer ist demnach durch das Risswachstum bestimmt. Wie *Manson* bereits in [1.5] erläuterte, so kann ein solches Kerbdetail nur sehr schwer einer linearen Schadensakkumulationshypothese zugänglich gemacht werden. Hierfür wäre es erforderlich quantifizierte Aussagen über das Risswachstum treffen zu können. Eingehendere Untersuchungen bereits geschädigter Bolzen im mikroskopischen Bereich (Elektronenrastermikroskop) können hier Aufschlüsse über das Geschehen im Riss liefern (Stichwort: Schwingungslinien ≠ Rastlinien, Rissfortschrittskonzept).

Bild A.8 KD2 im angeätzten Zustand (links) und im ungeätzten, geschliffenen Zustand (rechts)

Auch KD2 zeigt bereits einen weit fortgeschrittenen Riss, der ebenfalls wieder an der (fast unvermeidlichen) Stelle der Hinterschneidungen in der WEZ entsteht. Es ist deutlich zu sehen, dass bereits 20cm links der Mitte (Position von KD2) der Einfluss der Wechselbeanspruchung zurück geht: der Riss wird hauptsächlich von <u>einer</u> Seite aus vorangetrieben. Dadurch ist auch ersichtlich, dass selbst der stark verdübelte Träger T7_5 unter dem Einfluss der Dübelnachgiebigkeit steht, denn nach elementarer Biegelehre liegt an dieser Stelle im Träger eine reine Schwellbeanspruchung vor, die Querkraft wird aber über das Lager herüber gehängt. Der Schweißwulst selbst war hier von etwas besserer Qualität, die Dicke war sehr gleichmäßig, die Eintauchbewegung jedoch auch hier nicht optimal.

Bild A.9 KD3 im angeätzten Zustand (links) und im ungeätzten, geschliffenen Zustand (rechts)

Hier liegt nun eine reine Schwellbeanspruchung vor, der Riss entsteht wieder an der Hinterschneidung in der WEZ, der Rissfortschritt verläuft nach deren Durchschreitung unterhalb der WEZ, die Fehlstelle rechts hatte keine Auswirkung, ebenso wenig wie der zu geringe Hub (Verdickung des Wulstes rechst der Mitte) oder der kleine Schweißfehler etwas rechts der Mitte.

Bild A.10 KD4 im angeätzten Zustand (links) und im ungeätzten, geschliffenen Zustand (rechts)

Der Schweißfehler hätte mit Ultraschallprüfung gefunden werden können. Aber der Fehler war auch hier unbedeutend für die Entstehung oder den Fortschritt des Ermüdungsrisses. Dieser geht wiederum von der „Einbrandkerbe“ in der WEZ aus und setzt sich infolge einer reinen Schwellbeanspruchung fort. Im Anschluss wurden noch weitere 5 Bolzen rechts der Mitte untersucht, sie zeigten alle ähnliche, weit fortgeschrittene Ermüdungsrisse.

A.5.2 Makroschliffe der Testschweißungen

Es wurde versucht, den Schweißwulst möglichst zu optimieren. Die folgenden Abbildungen zeigen die besten Ergebnisse.

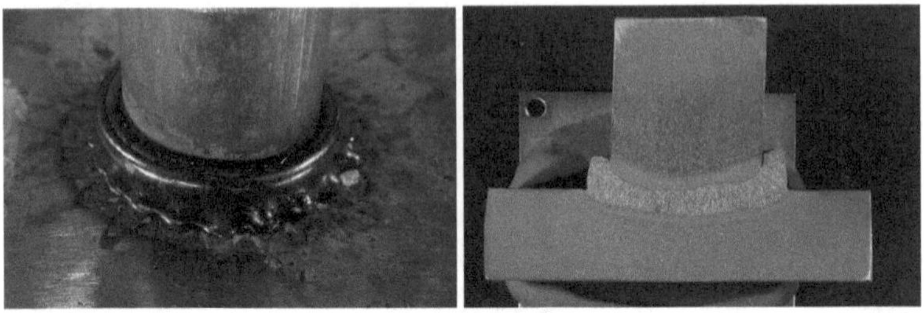

Bild A.11 Testschweißung (links) und Makroschliff (rechts)

Links ist die Schweißwulstausformung vor dem Schliff zu sehen, sie kann als sehr gut bezeichnet werden kann. Der Wulst ist allseitig geschlossen, sehr gleichförmig und hochglänzend. Der Schliff (rechts) kann dies bestätigen. Dennoch ist auch hier eine immer noch geringfügige Hinterschneidung (Einbrandkerbe links) zu erkennen. Allein der schroffe Geometriewechsel wird zwangsläufig zum Ermüdungsanriss führen.

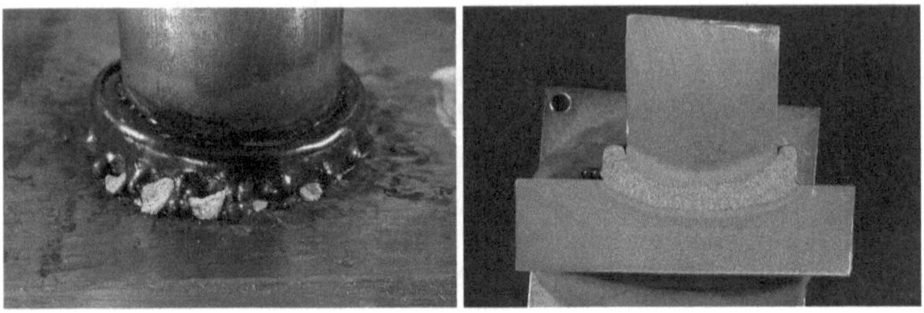

Bild A.12 Testschweißung (links) und Makroschliff (rechts)

Bild A.12 zeigt ein ähnlich gutes Resultat, welches jedoch noch immer weit von der Optimalform entfernt ist. Alle Push-Out Versuche wurden mit den Schweißparametern der hier dargestellten Testschweißungen hergestellt. Doch auch hier wird sich zeigen, dass es allein aufgrund der manuellen Ausführung immer wieder zu Abweichungen von der „Optimalform" kommt.

In der Folge wurde der Push-Out Versuch S9_5, der Durchläufer, näher untersucht, um Gewissheit über den Zustand der Schweißnaht nach mehr als 2,5 Millionen Lastwechseln mit einer sehr kleinen Schwingbreite zu erhalten.

Bild A.13 Ausgebohrter Versuchskörper S9_5 und herausgetrennter Bolzen

Es wurde versucht, den Bolzen zusammen mit der Betonumgebung heraus zu trennen und zu beschleifen, um einen Eindruck über den Zustand des Betons direkt am Bolzenfuß zu gewinnen.

Bild A.14 Schliff von KD1 mit Betonumgebung, Versuch S9_5 (Durchläufer)

Der Schweißwulst ist hier wiederum von minderer Qualität, ein Anriss ist aber zunächst nur rechts innen, am Übergang Schweißwulst - Bolzen zu erkennen. Es liegt außerdem ein Bindefehler in Bolzenmitte vor, vermutlich ein Schwindungslunker aufgrund zu geringer Hubhöhe. Die Betonumgebung ist nahezu ungeschädigt, lediglich ein minimales „Ablösen" am Bolzenfuß ist zu erkennen.

Die gekennzeichneten Stellen wurden nun mit Mikroschliffen näher untersucht, an allen vier Stellen sind Anrisse zu erkennen.

Bild A.15 Anrisse links außen und links innen, Versuch S9_5

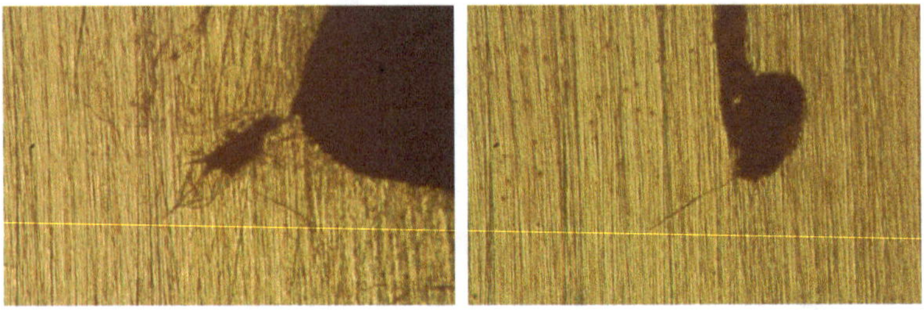

Bild A.16 Anrisse rechst außen (links) und rechst innen (rechts), Versuch S9_5

Der Dübel wurde zuvor mit Ultraschall geprüft, dabei konnte aber nur der Bindefehler gefunden werden, obgleich der Riss rechts innen bereits eine Länge von mehr als 2mm aufwies, siehe Tabelle A.1.

Es wurde noch ein zweiter Bolzen untersucht, der bei einer Ultraschallprüfung keine Fehler aufwies, was auch deutlich machen soll, wie schwierig es ist, einen Anriss mittels Ultraschallprüfung tatsächlich festzustellen, erst recht dann, wenn man diese Untersuchungen an einem realen Brückentragwerk durchführen wollte.

Bild A.17 KD2 aus Durchläufer S9_5, geätzt.

Die Schweißnahtausformung war hier von besserer Qualität, Risse sind zunächst nicht erkennbar. Die folgenden Abbildung zeigen wiederum die Aufnahmen der Mikroschliffe an den vier in Bild A.14 gekennzeichneten Stellen.

Bild A.18 Anrisse links außen (links) und links innen (rechts), Versuch S9_5

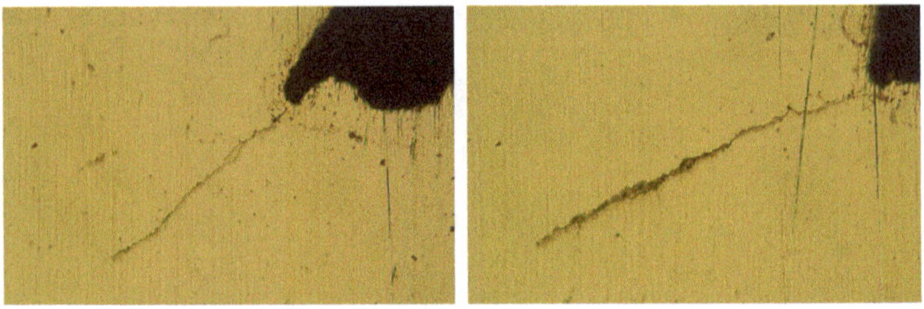

Bild A.19 Anrisse rechst außen (links) und rechst innen (rechts), Versuch S9_5

Tabelle A.1 Übersicht über die Risslängen

Bolzennummer	KD1	KD2
Links außen	0,49 mm	1,40 mm
Links innen	0,12 mm	0,95 mm
Rechts außen	0,57 mm	0,26 mm
Rechts innen	2,20 mm	0,40 mm

Es ist also sehr wahrscheinlich, dass es aufgrund der ungünstigen Schweißwulstausbildung, deren geometrische Kerbe direkt in der WEZ mit einem Bereich grobkörnigem Gefüge liegt, zu einem frühen oder gar sofortigen Anriss kommen wird, selbst bei extrem kleinen Schlupfschwingbreiten. Die Existenz eines Dauerfestigkeitsbereiches muss also deutlich in Frage gestellt werden. Das Bolzenschweißverfahren mit Hubzündung muss im Hinblick auf die Anwendung in nicht ruhend beanspruchten Bauteilen modifiziert werden, die Konstruktion eines neuen Keramikrings, der ein „Auslaufen" des Schmelzbades ermöglicht und so wenigstens die geometrische Kerbe entschärft, wäre ein erster Schritt dazu. Im Rahmen der vorliegenden Arbeit wurde ebenfalls versucht, die Bolzen unter Pulver (UP) zu schweißen. Dies lieferte bereits vielversprechende Ergebnisse hinsichtlich einer günstigeren Wulstform. Dabei wurde der Keramikring durch eine lose Pulverschüttung ersetzt. Eine durchgängig gute Qualität ließ sich im Rahmen der ersten Tests jedoch nicht erzielen, hierfür wären weiterführende Entwicklungsarbeiten notwendig gewesen.

In einem Pilotversuch wurde ein Push-Out Körper (S9_15) hergestellt, bei dem die Bolzen mittels WI - Gasschweißung (WIG) nachgeschweißt wurden. Dabei wurde der Bolzen zunächst standardmäßig mittels Hubzündung aufgeschweißt, der Schweißwulst spanabhebend abgearbeitet und danach mit einer WIG - Schweißung nachgeschweißt. Die folgenden Abbildungen zeigen einen Schliff und den Push-Out Versuch.

Bild A.20 Schweißwulst (WIG - geschweißt) und zugehöriger Makroschliff (rechts)

Deutlich ist die auslaufende Kehlnaht zu erkennen, eine solche Schweißung müsste eigentlich ein besseres, zumindest ein anderes Ermüdungsverhalten aufweisen.

Bild A.21 Push-Out Versuch S9_15 vor dem Betonieren (rechts) und Nahaufnahme (rechts)

Der Versuch S9_15 wurde mit der gleichen Schlupfamplitude wie S9_13 (s_a = 0,25 mm) belastet, er erzielte eine Schwingspielzahl von 15000 Lastwechseln bis zum ersten Versagen. Der vergleichbare Versuch S9_13 erzielte bei der gleichen Amplitude von s_a = 0,25 mm jedoch 20000 Lastwechsel. Es war aber auffällig, dass die KD in Versuch S9_15 (WIG) eine erkennbar größere Steifigkeit aufwiesen (siehe Bild A.20: „Anschlussquerschnitt") als nach normaler Bolzenschweißung: es wurden deutlich größere Dübelkraftschwingbreiten erzeugt, siehe Bild A.22. Der positive Einfluss der (geometrisch) kerbärmeren Schweißnahtausführung wurde dadurch kompensiert, in Versuch S9_15 traten innerhalb der ersten 10000 Lastwechsel fast durchgängig Schwingbreiten von deutlich über 100 kN auf.

Dies war jedoch nicht der einzige Unterschied, denn das Versagensszenario gestaltete sich ganz anders. Im Unterschied zu einer normalen Bolzenschweißung nahm die Schwingbreite innerhalb der zyklischen Belastung weniger ab. Es ist anzunehmen, dass sich die WIG - geschweißten Bolzen annähernd wie „normale" Kerbdetails verhielten. Die Entfestigung ist hauptsächlich auf das Betonversagen und Plastizierungserscheinungen im Bolzenschaft zurück zu führen und weniger auf einen „sofortigen" Anriss. Nach Versuchsende war auch zu erkennen, dass <u>keiner</u> der WIG -

geschweißten Bolzen im Bereich der Schweißnaht versagte. Die Bolzen wurden alle oberhalb der Schweißnaht, im Bolzenschaft, abgeschert. Nach dem Anriss, der anhand der Dübelkraftentwicklung bei etwa 9000 Lastwechseln zu vermuten ist, erfolgt ein relativ schnelles Versagen.

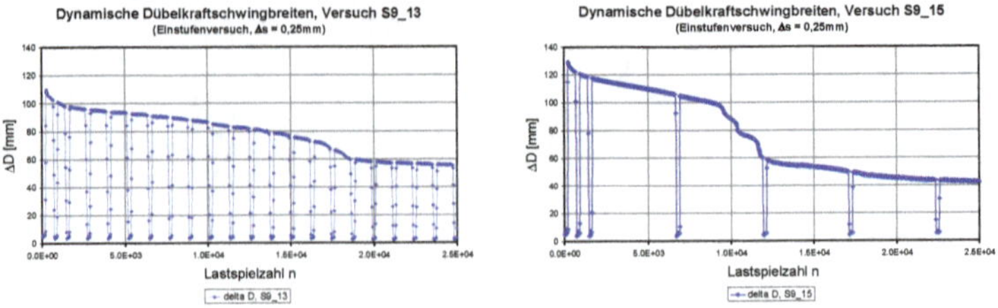

Bild A.22 Entwicklung ΔD Versuch S9_13 (links) und S9_15 (rechts, WIG)

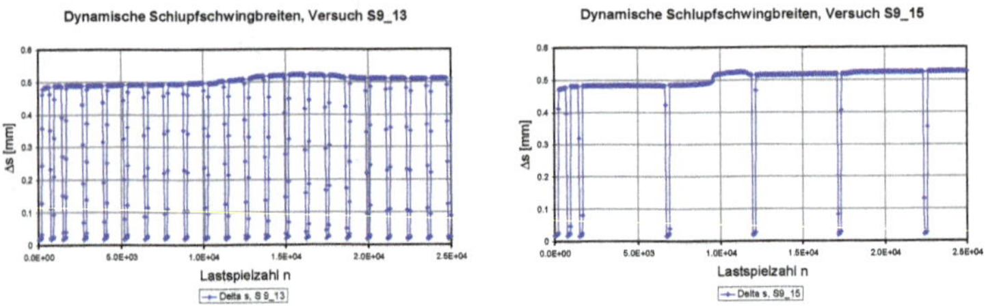

Bild A.23 Entwicklung Δs Versuch S9_13 (links) und S9_15 (rechts, WIG)

Nach den Aussagen von *Manson* in [1.5] darf erwartet werden, dass in diesem Fall eine lineare Schadensakkumulationshypothese eher Anwendung finden kann. Trotz der in diesem Fall kürzeren Lebensdauer der WIG - geschweißten Bolzen muss für diese die Existenz eines Dauerfestigkeitsbereiches nicht ausgeschlossen werden. Für die üblicherweise vorhandenen kleinen Schlupfschwingbreiten, dürfen hier mit Sicherheit längere Lebensdauern erwartet werden. Bild A.24 zeigt, dass sich trotz der anderen Wulstausbildung das gleiche phänomenologische, quasistatische Last-Verformungsverhalten einstellt. Es ist auch hier wiederum gut zu sehen, dass beim ersten Zyklus die größte Nachgiebigkeit auftritt und die darauffolgenden Zyklen wieder näherungsweise trilinear abgebildet werden können, wobei sich die Steifigkeit an der Entlastungssteifigkeit des ersten statischen Zyklus orientiert.

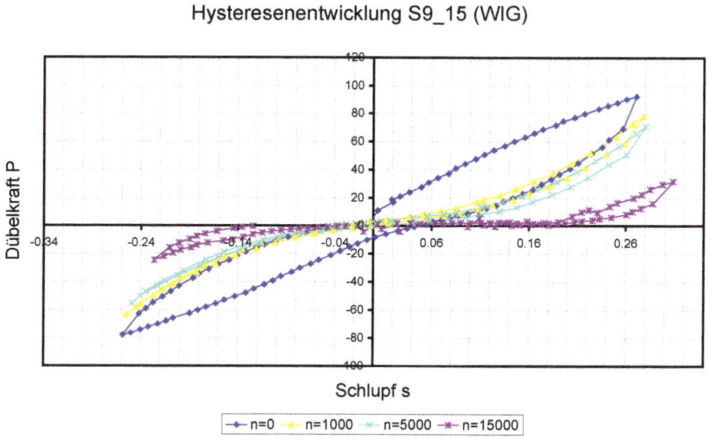

Bild A.24 Hysteresenentwicklung Versuch S9_15 (WIG)

Literaturverzeichnis

Kapitel 1

[1.1]	Petersen, C.:	Stahlbau; Grundlagen der Berechnung und baulichen Ausbildung von Stahlbauten; 3., überarbeitete und erw. Aufl., Braunschweig; Wiesbaden:Vieweg,1993. ISBN 3-528-28837-X.
[1.2]	Galilei, G.:	Discorsi e dimostrazioni matematiche, intorno a due nuove science, Leyden 1638. Deutsche Übersetzung von A. von Öttingen in Oswalds Klassiker Nr.11
[1.3]	Seeger, T.:	Grundlagen für Betriebsfestigkeitsnachweise; Stahlbau Handbuch 1, Teil B; Stahlbauverlagsgesellschaft mbH, Köln, 1996.
[1.4]	Gassner, E:	Festigkeitsversuche mit wiederholter Beanspruchung im Flugzeugbau; Luftwissen 6 (2), S. 61-64, 1939.
[1.5]	Manson, S. S. :	Fatigue: A complex subject – some simple approximations, The William M. Murray Lecture, 1964; Experimental Mechanics 5 (1965) Nr. 7, S. 193-226.
[1.6]	Lungershausen, H.:	Zur Schubtragfähigkeit von Kopfbolzendübeln, Technisch-wissenschaftliche Mitteilung Nr. 88-7; Institut für Konstruktiven Ingenieurbau Ruhr-Universität Bochum; Bochum, Oktober 1988.
[1.7]	Roik, K. Hanswille, G.:	Bemessungswerte für Kopfbolzendübel im EUROCODE 4; Festschrift Polonyi; 1990.
[1.8]	Bode, H.:	Euro-Verbundbau, Konstruktion und Berechnung; 2. Auflage, Werner-Verlag, 1997.
[1.9]	Roik, K., Hanswille, G.:	Hintergrundbericht zu EC4: Nachweis des Grenzzustandes der Betriebsfestigkeit für Kopfbolzendübel; Bericht EC4/11/90; Bochum, 1990.
[1.10]	Mensinger, M.:	Zum Ermüdungsverhalten von Kopfbolzendübeln im Verbundbau; Dissertation; Universität Kaiserslautern, Kaiserslautern 2000.

[1.11]	Gattesco, N.:	Fatigue in Stud Shear Connectors; IABSE (ISBN 3-85748-092-0), 1997.
[1.12]	Taplin, G.; Grundy, P.:	Steel concrete composite beams under repeated load, Composite Construction Conference IV, Conference Proceedings, Banff, Canada 2000.
[1.13]	ENV 1994-2: Eurocode 4, Teil 2:	Bemessung und Konstruktion von Verbundtragwerken aus Stahl und Beton, Teil 2: Verbundbrücken; Deutsche Fassung, 1. Entwurf, Mai 1999.
[1.14]	DIN 18880, Teil 5	Stahlbauten, Verbundtragwerke aus Stahl und Beton; Bemessung und Konstruktion; Entwurf April 1998.
[1.15]	N. N.:	Richtlinie für die Bemessung und Ausführung von Stahlverbundträgern, März 1981; Ergänzende Bestimmungen zu den Richtlinien für die Bemessung und Ausführung von Stahlverbundträgern, März 1984.
[1.16]	ENV 1993 Eurocode 3:	Bemessung und Konstruktion von Stahlbauten, Teil 1-1: Allgemeine Bemessungsregeln, Bemessungsregeln für den Hochbau; April 93. Teil 2: Stahlbrükken, Entwurf Juli 1996.
[1.17]	ENV 1991-3: Eurocode 1, Teil 3:	Grundlagen für Entwurf, Berechnung und Bemessung sowie Einwirkungen auf Tragwerke, Teil 3: Verkehrslasten auf Brücken; 1993.
[1.18]	ENV 1992 Eurocode 2	Planung von Stahlbeton- und Spannbetontragwerken, Deutsche Fassung Juni 1992.
[1.19]	Oehlers, D.J.:	Deterioration in Strength of Stud Connectors in Composite Bridge Beams; Journal of Structural Engineering, Vol. 116, No. 12, 1990.
[1.20]	Gattesco, N.:	Fatigue in stud shear connectors, Proceedings of the IABSE Conference "Composite Construction – Conventional and Innovative", Innsbruck (1997).
[1.21]	Gattesco, N.; Giuriani, E.;	Low-Cycle fatigue test on stud shear connectors, Journal of Structural Engineering, Vol. 123, No. 2, February 1997.

	Gubana, A.:	
[1.22]	Bode, H. Mensinger, M. Leffer, A.:	Verdübelung von Verbundträgern unter nichtruhender Belastung im Brückenbau; AIF Forschungsbericht Nr. 11266, Kaiserslautern, 2000.
[1.23]	Meiswinkel, R.; Kandels, M.; Lang, M.; Leffer, A.:	FE - Modellierung von Ermüdungsphänomenen Im Stahlverbundbrückenbau, Stahlbau 71 (2002), Heft 3, 2002.
[1.24]	Oehlers, D.J.:	Methods of Estimating the Fatiuge Endurances of Stud Shear Connections; IABSE Periodica 3/1990, Zürich, 1990.
[1.25]	ENV 1994-1-1: Eurocode 4, Teil 1:	Bemessung und Konstruktion von Verbundtragwerken aus Stahl und Beton; 1992.
[1.26]	Leonhardt, F.; Andrä, W.; Andrä, H.-P.; Saul, R.; Harre, W.:	Zur Bemessung durchlaufender Verbundträger die dynamischer Belastung, Der Bauingenieur 62 (1987), S. 311-324.
[1.27]	Slutter, R.G. Fisher, J.W.:	Fatigue strength of shear connectors; Highway Research Record No. 147, 1967.
[1.28]	Hallam, M. W.:	The beahviour of stud shear connectors under repeated loading, Research Rep. R 281; School of Civil Engineering, University of Sydney, 1976.
[1.29]	Mainstone, R.J. Menzies, J.B.:	Shear connectors in steel-concrete beams for bridges, Part 1: Static and fatigue tests on push-out specimens; Concrete, Volume 1, No. 9, 1967.
[1.30]	Roik, K. Hanswille, G.:	Zur Dauerfestigkeit von Kopfbolzendübeln bei Verbundträgern; Bauingenieur 62, 1987.
[1.31]	Akao, S. Kurita, A.	Fatigue strength of stud shear connectors with concrete desposited from different placing directions; IABSE Fatigue, Lausanne, 1982.

	Hiragi, H.:	
[1.32]	Roik, K. Holtkamp, H.J.:	Untersuchungen zur Dauer- und Betriebsfestigkeit von Verbundträgern mit Kopfbolzendübeln; Stahlbau 58, 1989.
[1.33]	Roderick, J.W. Ansourian, P.:	Repeated loading of composite beams; The Civil Engineering Transactions of the Institution of Engineers, Australia, Paper No. 3549, 1976.
[1.34]	Kretz, J.:	Zur Zeitfestigkeit von Verbundträgern mit Profilblechen, Dissertation, Fachbereich Architektur / Raum- und Umweltplanung / Bauingenieurwesen, Universität Kaiserslautern; Kaiserslautern 1999.
[1.35]	Oehlers, D.J. Bradford, M. A.::	Composite Steel and Concrete Structural Members, Fundamental behaviour, Elsevier Science Inc., ISBN 0 08 0419194.
[1.36]	Oehlers, D.J.; Foley, L.:	The fatigue strength of stud shear connections in composite beams; Proc. Instn. Civ. Engres. 79, 1985.
[1.37]	Oehlers, D.J.; Coughlan, C. G.:	The shear stiffness of stud shear connections in composite beams, Journal of Constructional Steel Research, England, Vol. 6, S. 273 – 284, 1986.
[1.38]	Oehlers, D.J.:	Uni-Directional Fatigue Tests on Stud Shear Connectors; Research Report No. R87, University of Adelaide; 1992.
[1.39]	Maeda, Y. Matsui, S. Hiragi, H.:	Effects of Concrete-Placing Direction on Static an Fatigue Strengths of Stud Shear Connectors; Technology Reports of the Osaka University, Vol. 33, No. 1733, October 1983.
[1.40]	Oehlers, D. J.; Singleton, W. M.:	The Simulation of simply supported composite beams tested under fatigue loads, Proc.; Institute of Civil Engineers, Part 2, London, England, Vol. 81, S. 647 – 657, 1986.
[1.41]	Oehlers, D.J.:	Design and Assessment of Shear Connectors in Composite Bridge Beams; Journal of Structural Engineering, Vol. 121, No. 2, 1995.

[1.42] Johnson, R. P.: Resistance of stud shear connectors to fatigue, Warwick School of Engineering, Research Report CE62, März 1999.

Kapitel 2

[2.1] Becker, J.: Beitrag zur Auslegung der Verdübelung von Verbundträgern des Hochbaus unter ruhender und nichtruhender Belastung; Dissertation, Kaiserslautern, 1997.

[2.2] Geißler, K.: Beitrag zur probabilistischen Berechnung der Restnutzungsdauer stählerner Brücken; Dissertation; Schriftenreihe des Instituts für Tragwerke und Baustoffe; Technische Universität Dresden; Dresden 1995.

[2.3] Pohl, S.: Definition von charakteristischen Werten für Straßenverkehrsmodelle auf der Basis der Fahrzeuge sowie Fraktilwerte der Lasten des Eurocode 1-Modells; Interner Forschungsbericht Bundesanstalt für Straßenwesen, 1993.

[2.4] Merzenich, G.: Entwicklung eines europäischen Verkehrslastmodells für die Bemessung von Straßenbrücken; Dissertation; Schriftenreihe Stahlbau RWTH - Aachen, Heft 29; Aachen 1994.

[2.5] Bruls „Calibration of load model for fatigue calculation", IABSE-Workshop: Remaining fatigue life of steel structures; Lausanne, 1990.

[2.6] Merzenich, G. Sedlacek, G.: European load model for road bridges; Structural Dynamics-EURODYN'93, Moan et al. (eds) Balkema, Rotterdam, 1993.

[2.7] König, G. Gerhardt H.-C.: Verkehrslastmodell für Straßenbrücken; Bauingenieur 60, 1985.

[2.8] Puche, M. Absicherung eines Verkehrslastmodells durch Messungen an Spannstahldehnungen; Bauingenieur 66,

	Gerhardt H.-C.:	(1991).
[2.9]	König, G. Seifert, P.:	Ermüdungsnachweis-Konzept für Straßenbrücken aus Beton auf der Grundlage von Verkehrsmessungen in Europa; Beton- und Stahlbetonbau 86, 1991.
[2.10]	Schütz, K. G.:	Verkehrslasten für die Bemessung von Straßenbrükken; Bauingenieur 66 (1991).
[2.11]	Merzenich, G. Sedlacek, G.:	Hintergrundbericht zum Eurocode 1- Teil 3.2: „Verkehrslasten auf Straßenbrücken“; Forschung Straßenbau und Straßenverkehrstechnik; Heft 711, 1995.
[2.12]	ENV 1991-3: Eurocode 1, Teil 3:	Grundlagen für Entwurf, Berechnung und Bemessung sowie Einwirkungen auf Tragwerke, Teil 3: Verkehrslasten auf Brücken; 1993.
[2.13]	Bode, H.; Mensinger, M.; Leffer, A.:	The influence of the stress range history on the fatigue behaviour of headed studs, Composite Construction Conference IV, Conference Proceedings, Banff, Canada 2000.
[2.14]	Bode, H.; Mensinger, M.; Leffer, A.:	Verdübelung von Verbundträgern unter nicht ruhender Belastung im Brückenbau, Stahlbau 70 (2001), Heft 3.
[2.15]	Schanzenbach, J.:	Zum Einfluss der Dübelnachgiebigkeit und Unterverdübelung auf das Tragverhalten von Verbundurchlaufträgern im Hoch- und Industriebau; Dissertation, Fachbereich Architektur / Raum- und Umweltplanung / Bauingenieurwesen, Universität Kaiserslautern; Kaiserslautern 1988.
[2.16]	Hoischen, A.:	Verbundträger mit elastischer und unterbrochener Verdübelung; Der Bauingenieur 1954, Heft 7.
[2.17]	Sattler, K.:	Ein allgemeines Berechnungsverfahren für Tragwerke mit elastischem Verbund; Veröffentlichungen des DStV, Heft 8, Köln 1955.
[2.18]	Sattler, K.:	Theorie der Verbundkonstruktionen; Verlag Ernst und Sohn, Berlin 1953.
[2.19]	Bode, H.;	Die Übertragungsfunktion beim Nachweis der Betriebsfestigkeit von Stahlverbundbrücken im negati-

	Leffer, A.:	ven Momentenbereich unter besonderer Berücksichtigung einer nachgiebigen Verdübelung. DFG-Forschungsprojekt BO 733/11.
[2.20]	Taplin, G.; Grundy, P.:	The incremental slip behaviour of stud shear connectors, 14th Australasian Conference on the Mechanics of Structures and Materials, Hobart, Australia, Conference Proceedings, pp. 84 – 87, 1995.
[2.21]	Taplin, G.; Grundy, P.:	Incremental slip of stud shear connectors under repeated loading, Proceedings of the IABSE International Conference Composite Construction – Conventional and Innovative, Innsbruck 1997, pp. 145 – 150.
[2.22]	Lo, K.K.:	Fatigue behaviour of stud connectors in composite plate and slab systems, MengSc Thesis, University of Melbourne, 1978.
[2.23]	Pinger, T.:	Vergleich internationaler Bemessungsverfahren zum Nachweis der Betriebsfestigkeit einbetonierter KD, und Ableitung von Ermüdungsfestigkeitskurven auf stochastischer Basis unter Berücksichtigung physikalisch nichtlinearen Verhaltens, Studienarbeit im FG Stahlbau der Universität Kaiserslautern, Kaiserslautern 2001.
[2.24]	Maeda, Y. Matsui, S.:	Fatigue Tests of Concrete Bridge Decks by Wheel Trucking Machine; Festschrift Roik, Technische-wissenschaftliche Mitteilungen, Institut für Konstruktiven Ingenieurbau, Ruhr-Universität Bochum, Nr. 84-3, 1984.
[2.25]	Menzies, J.B.:	CP 117 and shear connectors in steel-concrete composite beams made with normal density or light weight concrete; The Structural Engineer, Vol. 49, No. 3, 1971.
[2.26]	Gattesco, N.; Giuriani, E.:	Experimental study on stud shear connectors subjected to cyclic loading, Journal of Constructional Steel Research, Vol. 38, No. 1, pp. 1-21, 1996.
[2.27]	Thirugnanasundralingam, K.:	Continuous composite beams under moving loads, PhD Thesis, Monash University, Australien, 1991.

[2.28]	Dorka, U.; Bode, H.:	Manson – Coffin Relationship for shear connectors, Composite Construction Conference IV, Conference Proceedings, Banff, Canada 2000.
[2.29]	Dorka, U., Bode, H. Flygare, E.:	Crack initiation life of composite beams with large web openings, DFG-Schlussbericht, DO360/6-1
[2.30]	Taplin, G.:	The behaviour of composite beams under repeated loading, PhD Thesis, Monash University, Australien, 1999.
[2.31]	Dorka, U.	Anrisslebensdauer von Verbundträgern mit großen Stegöffnungen, DFG Forschungsprojekt DO360/6.
[2.32]	Dorka, U.; Bode, H.:	Fatigue of composite beams with large web openings, ASCCS-6-2000 Conference on steel and concrete composite structures, Conference proceedings, Los Angeles 2000.

Kapitel 3

[3.1]	Bode, H. Kretz, J.:	Trägerverbund im Industriebau unter nicht ruhender Belastung bei Verwendung von Profilblechen; AIF Forschungsbericht Nr. 6744, Kaiserslautern, 1988.
[3.2]	Elz, S.:	Untersuchungen zum Riss- und Tragverhalten des Betongurtes von Verbundträgern im negativen Momentenbereich, Dissertation, Fachbereich Architektur / Raum- und Umweltplanung / Bauingenieurwesen, Universität Kaiserslautern; Kaiserslautern 1999.
[3.3]	CEB-FIP Model Code 90:	Comite Euro-International du Beton; Final draft 1991.
[3.4]	Roik, K.: Hanswille, G.:	Zur Frage der Rissbreitenbeschränkung bei Verbundträgern, Der Bauingenieur 61 (1986), S. 535 – 543.
[3.5]	Hanswille, G.:	Zum Nachweis der Ermüdung von Verbundträgern nach Eurocode 4 Teil 1-1, Stahlbau 63 (1994), Heft

9, S. 284 – 289.

[3.6] Roik, K.: Hanswille, G.: Rissbreitenbeschränkung bei Verbundträgern, Stahlbau 60 (1991), S. 371 – 378.

[3.7] Lang, M.: FE – Modellierung eines 2 – Feld Verbundträgers zur Untersuchung des Einflusses von vorhandenen Nichtlinearitäten auf die Zeitfestigkeit der Verdübelung bei nicht ruhender Belastung, Studienarbeit im FG Stahlbau, Universität Kaiserslautern, Kaiserslautern 2000.

[3.8] DIN 1048 Prüfverfahren für Beton, Juni 1991

[3.9] DIN 50125 Prüfung metallischer Werkstoffe, Zugproben, April 1991.

Kapitel 4

[4.1] Sachs, L.: Angewandte Statistik – Anwendung statistischer Methoden, 7. Auflage, Springer Verlag, Berlin 1991.

[4.2] Plate, E. J.: Statistik und angewandte Wahrscheinlichkeitslehre für Bauingenieure, Ernst & Sohn Verlag, Berlin 1993

[4.3] Wassermann, K.: Bauinformatik I – Statistik, Arbeitsblätter zur Vorlesung, Universität Kaiserslautern, 1995

[4.4] Feldmann, M.: Zur Rotationskapazität von I-Trägern unter statischer und dynamischer Belastung, Dissertation RWTH Aachen, 1994.

[4.5] Seeger, T.: Betriebsfestigkeit auf der Grundlage örtlicher Beanspruchungen. Seminar des Fachgebiets Werkstoffmechanik der TU Darmstadt, März, 1998.

[4.6] Seeger, T.; Nowak, B.: Über den Einfluss von Eigenspannungen und plastischen Vorverformungen auf die Dauerfestigkeit; Veröffentlichung des Instituts für Statik und Stahlbau der Technischen Hochschule Darmstadt, Darmstadt 1970.

[4.7] Seeger, T.; Nowak, B.: Einfluss von plastischen Vorverformungen auf die Dauerfestigkeit gekerbter und ungekerbter Proben aus St52; Veröffentlichung des Instituts für Statik und Stahlbau der Technischen Hochschule Darmstadt, Darmstadt 1976.

[4.8] Sofistik GmbH Handbücher für Sofistik Statik- und FE – Programme.

[4.9] Klein, J.: Nichtlineare Analyse durchlaufender Verbundträger unter Berücksichtigung zyklischen Materialverhaltens zur Erfassung zeitlich veränderlicher Kräfteumlagerungen, Diplomarbeit im FG Stahlbau, Universität Kaiserslautern, Kaiserslautern 2002.

[4.10] Leis, R.: Nichtlineare statische und dynamische Analyse von Zweifeldverbundträgern unter Berücksichtigung streuender Materialparameter, Diplomarbeit im FG Stahlbau, Universität Kaiserslautern, Kaiserslautern 2001.

[4.11] E DIN 1045 Tragwerke aus Beton, Stahlbeton und Spannbeton, Entwurf Dezember 1998.

[4.12] Heilmann, H. G.: Beziehung zwischen Zug- und Druckfestigkeit des Betons, Beton 1969, Heft 2.

[4.13] BS 5400 Steel, concrete and composite bridges, British Standards Institution, 1980.

Kapitel 5

[5.1] Gesella, H.: Ableitung zyklischer Materialkennlinien, Ermüdungsfestigkeitskurven (Manson – Coffin – Beziehungen) und vereinfachter Schädigungsmodelle einbetonierter KD unter nicht ruhender Beanspruchung zur rechnerischen Erfassung von Schubkraftumlagerungen entlang der Verbundfuge, Diplomarbeit im FG Stahlbau, Universität Kaiserslautern, Kaiserslautern 2002.

[5.2]	Haibach, E.:	Betriebsfestigkeit – Verfahren und Daten zur Bauteilberechnung; VDI-Verlag, Düsseldorf, 1989.
[5.3]	Rie, K. T.; Haibach, E.:	Vorträge des Internationalen Symposiums über Kurzzeit – Schwingfestigkeit und elasto – plastisches Werkstoffverhalten. Deutscher Verband für Materialprüfung, Berlin 1979.
[5.4]	Coffin, L. F. jr. :	A study of the effects of cyclic thermal stresses on a ductile metal. Trans. ASME 76 (1954) Nr. 6, S. 931 – 950.
[5.5]	Morrow, J. D.:	Cyclic plastic strain energy and fatigue of metals, In: ASTM STP 378, American Society for Testing and Materials (1965), S.45 – 87.

Anhang A

[A.1]	Trillmich, R.; Welz, W.:	Bolzenschweißen, Grundlagen und Anwendung, Dt. Verlag für Schweißtechnik, DVS – Verl., 1997, ISBN 3-87155-172-4.
[A.2]	DIN 8563 – 10: 1984-12	Sicherung der Güte von Schweißarbeiten – Bolzenschweißverbindungen an Baustählen – Bolzenschweißen mit Hub- und Ringzündung, 1984.
[A.3]	E DIN 8563 – 10: 1995-02	Sicherung der Güte von Schweißarbeiten – Teil 10: Bolzenschweißen von metallischen Werkstoffen (Vorschlag für eine Europäische Norm).
[A.4]	DVS 0905-1:1977-08	Sicherung der Güte von Bolzenschweißverbindungen - Bolzenschweißen mit Hub- und Ringzündung; DVS – Merkblätter.
[A.5]	DIN EN ISO 14555	Bolzen für Bolzenschweißen mit Hubzündung, Entwurf für eine Europäische Norm, Dezember 1998.
[A.6]	DIN 32500	Bolzen für Bolzenschweißen mit Hubzündung.
[A.7]	Welz, W.; Dennin, G.:	Dauerfestigkeit von Konstruktionen mit aufgeschweißten Bolzen; Schweißen und Schneiden 33

(1981), Heft 2, S. 63 – 66.

[A.8] Welz, W.; Dietrich, G.: Festigkeitsuntersuchungen an Bolzenschweißverbindungen, Schweißen und Schneiden 23 (1971), Heft 8, S. 308 – 311.

[A.9] Rehm, W.; Welz, W.; Habenicht, G.: Untersuchung zur Verringerung der Fehleranfälligkeit beim Bolzenschweißen mit Hubzündung; Schweißen und Schneiden 34 (1982), Heft 9, S. 433 – 437, und DVS – Bericht Band 76 (1983), S. 39 - 46.

Lebenslauf

Andreas Leffer

Geboren am:	06.07.1972 in Saarbrücken
Familienstand:	ledig, keine Kinder
Staatsangehörigkeit:	Deutsch

Schulbildung

1978 – 1982	Grundschule Niederwürzbach
1982 – 1991	Von der Leyen Gymnasium, Blieskastel

Wehrdienst

1991 – 1992	Grundwehrdienst im Fernmelderegiment Daun

Universität

10/1992 – 08/1998	Studium des Bauingenieurwesens an der Universität Kaiserslautern, Vertiefungsrichtung Konstruktiver Ingenieurbau Abschluss. Diplom-Ingenieur
11/1998 – 06/2002	wissenschaftlicher Mitarbeiter im Fachgebiet Stahlbau der Universität Kaiserlautern

Saarbrücken, im Dezember 2002

Andreas Leffer